科学出版社"十四五"普通高等教育本科规划教材
卓越计划·工程力学丛书

材料力学基础

（第二版）

杨少红　胡明勇　吴　菁　主　编

科　学　出　版　社
北　京

内 容 简 介

本书根据教育部高等学校力学教学指导委员会制定的"材料力学课程教学基本要求"编写而成。全书共 14 章，包括材料力学基本知识，材料的力学性能，轴向拉伸和压缩，剪切，扭转，弯曲内力，弯曲应力，梁弯曲时的位移，简单的超静定问题，应力状态分析与强度理论，组合变形，压杆稳定，能量法，动载荷和疲劳等。附录列出了静力学平衡问题、截面的几何性质、应变分析、型钢表、主要符号表等内容。书末还附有部分习题答案。本书内容丰富，与工程实际问题联系密切，适用范围广。

本书既可以作为高等学校理工科非力学专业材料力学教学用书，也可以作为工程力学（静力学＋材料力学）教学用书，还可以供有关技术人员参考。

图书在版编目（CIP）数据

材料力学基础 / 杨少红，胡明勇，吴菁主编. -- 2 版. -- 北京 ： 科学出版社，2024. 5. --（卓越计划·工程力学丛书）(科学出版社"十四五"普通高等教育本科规划教材). -- ISBN 978-7-03-078734-7

Ⅰ．TB301

中国国家版本馆 CIP 数据核字第 2024WL9462 号

责任编辑：王 晶 崔慧娴 / 责任校对：王萌萌
责任印制：彭 超 / 封面设计：苏 波

科 学 出 版 社 出版

北京东黄城根北街 16 号
邮政编码：100717
http://www.sciencep.com

武汉中科兴业印务有限公司印刷
科学出版社发行 各地新华书店经销

*

2024 年 5 月第 二 版 开本：787×1092 1/16
2024 年 5 月第一次印刷 印张：20 3/4
字数：530 000

定价：79.00 元

（如有印装质量问题，我社负责调换）

前　言

本书自 2017 年 6 月出版以来，得到了广大读者的热情支持，成为较多高校本科生和研究生相关课程的教材。本书共 14 章，包括材料力学基本知识，材料的力学性能，轴向拉伸和压缩，剪切，扭转，弯曲内力，弯曲应力，梁弯曲时的位移，简单的超静定问题，应力状态分析与强度理论，组合变形，压杆稳定，能量法，动载荷和疲劳等。附录列出了静力学平衡问题、截面的几何性质、应变分析、型钢表、主要符号表等内容。书末还附有部分习题答案。本次再版对内容作了如下调整和更新。

（1）突出以学为中心和宽口径、厚基础的教育思想，优化知识体系。本书讲述清晰，文字简练，逻辑性强，着重介绍基本概念、基本理论和基本分析方法，方便学习和理解。同时以力学问题为需求牵引，应用截面法、能量法、动静法、实验法等方法，综合解决问题，创新和拓展知识体系。精选例题和习题，突出重点和难点，加深对知识的理解和对方法的掌握，打牢力学根基。

（2）注重能力培养和工程应用，创新内容设计。书中部分内容是从科研内容、工程实际中简化来的力学问题。在问题引入中，增加了工程应用图片，形象直观地描述力学概念和原理，增强对工程和装备构件的感性认识，提高力学建模能力。在问题分析中，结合工程实际，启发思考，掌握定性分析和定量计算的方法，提高科学计算能力。理论联系实际，结合实验验证假设的可靠性、理论的正确性和计算结果的合理性，提高实验分析能力。每章都有思考与讨论，对于增强学生的思维能力非常重要，可在教学中形成良性互动。

（3）引入信息化教学手段，扩展学习内容。通过二维码技术，将全书主要知识点以微课形式显示，并将重难点、工程实例等嵌入其中，辅以视频、动画、图片等元素，多方位展示教学内容，激发学生学习兴趣，提升学习效果。

本书既可以作为高等学校理工科非力学专业材料力学教学用书，也可以作为工程力学（静力学＋材料力学）教学用书，还可以供有关技术人员参考。

本书第 1～5 章和附录由杨少红编写，第 6、7 章由吴菁编写，第 8、9 章由黄方编写，第 10、11 章由胡明勇和吴林杰编写，第 12、14 章由吴蒙蒙编写，第 13 章由胡年明编写。朱子旭、孙亮编写了部分习题。全书由杨少红负责统稿。

本书由章向明教授主审，并得到海军工程大学教务处和基础部的大力支持，在此表示衷心感谢。

由于编者水平有限，书中难免存在一些疏漏和不足之处，恳请读者批评指正。

编　者

2023 年 3 月

目　　录

第1章　材料力学基本知识

1.1　材料力学的任务

1.1.1　构件及变形

在工程实际中，建筑、桥梁、机械、船舶等结构承受各种外力作用，组成这些结构的零部件统称为**构件**（member）。如图 1.1 所示屋架中的桁架、檩条，图 1.2 所示斜拉索桥的拉索、桥墩，图 1.3 所示油井打油装置的横梁、支座中的杆件，图 1.4 所示舰艇上层建筑中的各种杆件等都是构件。

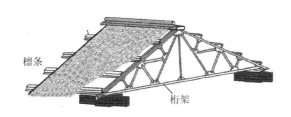

图 1.1　屋架

图 1.2　斜拉索桥

图 1.3　油井打油装置

图 1.4　舰艇上层建筑

构件所承受的主动力称为**载荷**（load）。如图 1.5 所示桥式起重机起吊的重物，在载荷作用下，构件会发生形状或尺寸的改变，称为**变形**（deformation）。如图 1.6 所示悬臂吊车架的横梁 *AB*，在重物的作用下将由原来的位置弯曲到 *AB'* 位置，即产生变形。

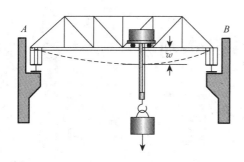

图 1.5　桥式起重机

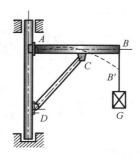

图 1.6　悬臂吊车

构件的变形分为两类：卸除载荷后可恢复的变形称为**弹性变形**（elastic deformation），卸除载荷后不可恢复的变形称为**塑性变形**（plastic deformation）。例如，张弓射箭，弓的变形是弹性的；用力踩一个易拉罐，易拉罐不能恢复其原来的形状，其变形是塑性的，而且是显著的。

1.1.2　强度、刚度和稳定性

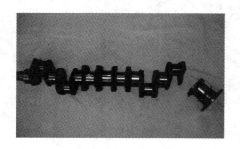

图 1.7　曲轴断裂

使用工程结构时，应该关注构件能否正常工作。构件在较大的载荷作用下丧失正常功能的现象称为**失效**（failure）。如图 1.7 中的曲轴断裂。

为保证构件安全正常地工作，要求构件具有足够的承载能力，不能发生失效。

材料力学是研究构件承载能力的科学，构件的承载能力体现在以下三个方面。

（1）具备足够的强度。**强度**（strength）是构件抵抗破坏的能力。构件在载荷作用下不能发生断裂或显著塑性变形。例如，储气罐不应爆破；机器中的齿轮轴不应断裂等。

（2）具备足够的刚度。**刚度**（stiffness）是构件抵抗变形的能力。构件在载荷作用下不能产生过大的弹性变形。例如机床主轴不应变形过大，否则会影响加工精度；再如齿轮传动轴的弹性变形不应过大，否则将影响齿轮间的正常啮合，加大磨损，缩短齿轮在役寿命。

（3）具备足够的稳定性。**稳定性**（stability）是构件保持原有平衡状态的能力。某些构件在特定外力（如压力）作用下会突然变弯，从而失去稳定。例如千斤顶的螺杆，内燃机凸轮机构的挺杆等。

如图 1.8 所示，导弹发射车的顶杆，如果变形过大（刚度不足），就会影响导弹发射精度；如果受力过大，就会导致屈服或断裂（强度破坏）；由于过于细长，当压缩载荷超过一定数值时，顶杆便会从直线平衡状态突然转变到弯曲平衡状态，致使顶杆丧失正常功能（失去稳定性）。

图 1.8　导弹发射车

在设计构件时，除应满足上述强度、刚度和稳定性要求外，还应尽可能合理地选用材料与节省材料，从而降低制造成本、减轻构件重量。**材料力学的主要任务就是研究构件在载荷作用下的变形、受力与失效的规律，为合理设计构件提供有关强度、刚度和稳定性分析的基本理论与方法。**

构件的强度、刚度和稳定性问题均与所用材料的力学性能有关，而材料的力学性能主要是由实验来测定，一些理论分析结果也需要实验来检验。因此，实验研究和理论分析是完成材料力学任务所必需的手段。

1.1.3　材料力学的研究对象

工程中实际构件有各种不同的形状，所以根据形状的不同将构件分为：杆件、板、壳和块体。杆件（bar）是长度远大于横向尺寸的构件，其几何要素是横截面和轴线，如图 1.9（a）所示，其中横截面（cross-section）是与轴线垂直的截面，轴线是横截面形心的连线。

在材料力学中，主要研究**杆件**。按横截面和轴线两个因素可将杆件分为：等截面直杆，如图 1.9（a）、（b）所示；变截面直杆，如图 1.9（c）所示；曲杆，如图 1.9（d）所示。

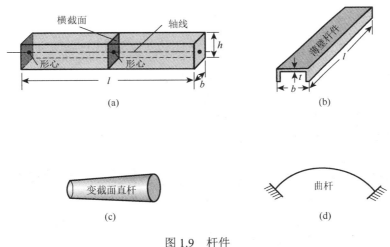

图 1.9　杆件

1.2　材料力学的基本假设

在材料力学中，研究的构件一般都是可变形固体。可变形固体的组成与微观结构非常复杂，为了便于对强度、刚度和稳定性进行理论分析，需要对材料的性质和变形做出假设。

1.2.1　连续性假设

连续性假设（continuity assumption）是指构件的材料在其整个体积内都毫无空隙地充满了物质，忽略了体积内空隙对材料力学性质的影响。材料在变形后仍然保持连续性，既不产生新的空隙或孔洞，也不出现重叠现象。按此假设，构件中的一些力学量，如各点的位移，可用坐标的连续函数表示。

1.2.2　均匀性假设

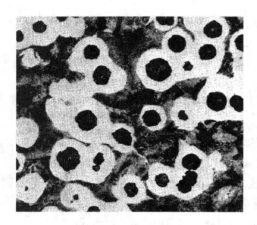

图 1.10　金属显微组织

均匀性假设（homogenization assumption）是指构件的材料各部分的力学性能是相同的，与位置无关。从任意一点取出的材料或单元体，都具有同样的力学性能。通过试样所测得的力学性能，可用于构件内的任何部位。

对于实际材料，其微观组成各部分的力学性能往往存在不同程度的差异。例如，金属是由无数微小晶粒所组成（图 1.10），各个晶粒的力学性能不完全相同，晶粒交界处的晶界物质与晶粒本身的力学性能也不完全相同。但是，由于构件的尺寸或者取出的单元体远大于其组成部分的尺寸，例如 1 mm^3 的钢材中包含了数万甚至数十万个晶粒。因此，按照统计学观点，仍可将材料看成是均匀的。

1.2.3　各向同性假设

各向同性假设（isotropy assumption）是指构件的材料在各个方向的力学性能是相同的，即认为是各向同性的。如玻璃，即为典型的各向同性材料。而金属的各个晶粒，每个方向的性质是不一样的，属于各向异性体。但由于金属构件所含晶粒极多，而且在构件内的排列又是随机的，所以宏观上仍可将金属看成是各向同性材料。至于由增强纤维（碳纤维、玻璃纤维等）与基体材料（环氧树脂、陶瓷等）制成的复合材料（图 1.11），则属于各向异性（anisotropy）材料。

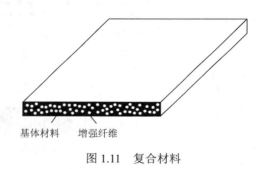

基体材料　　增强纤维

图 1.11　复合材料

1.2.4　小变形假设

绝大多数工程构件的变形都极其微小，比构件本身的尺寸要小得多，以致在分析构件所受外力，如写出静力平衡方程时，通常不考虑变形的影响，而仍可以用变形前的尺寸，称为小变形假设。材料力学研究的变形通常局限于弹性范围和小变形前提。如图 1.12（a）所示桥式起重机主梁，变形后简图如图 1.12（b）所示，截面最大垂直位移 w 一般仅为跨度 l 的 1/1500～1/700，且 B 支撑的水平位移 u 更微小，在求解支座反力 F_A、F_B 时，不考虑这些微小变形的影响。

综上所述，在材料力学中，一般将实际材料看成是**连续、均匀和各向同性的可变形固体**，且在大多数场合下局限**在弹性范围和小变形前提下**进行研究。实践表明，在此基础上所建立的理论与计算结果，具有足够的计算精度，符合工程要求。

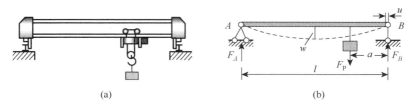

图 1.12　桥式起重机及变形

1.3　外力和内力

1.3.1　外力

　　外力（external force）是外部物体对构件的作用力，包括外加载荷和约束反力。

　　按外力的作用方式分为**体积力**和**表面力**。体积力是连续分布于构件内部各质点上的力，如重力和惯性力。表面力是作用在构件表面的力，又可分为分布力与集中力。**分布力**是连续分布在构件表面某一范围的力，如作用在船体上的水压力。如果分布力的作用范围远小于构件的表面积，或沿杆件轴线的分布范围远小于杆件长度，则可将分布力简化为作用于一点处的力，称为**集中力**，如列车车轮对钢轨的压力。

　　按外力的性质可分为**静载荷**（static load）和**动载荷**（dynamic load）。随时间变化极缓慢或不变化的载荷，称为**静载荷**。其特征是在加载过程中，构件的加速度很小，可以忽略不计。随时间显著变化或使构件各质点产生明显加速度的载荷，称为**动载荷**。例如，如图 1.13 所示锻造时气锤锤杆受到的冲击力 F_B 为动载荷，连杆 AB 所受压力 F_P 随时间变化，也属于动载荷。构件在静载荷与动载荷作用下的力学表现或行为不同，分析方法也不完全相同，但前者是后者的基础。

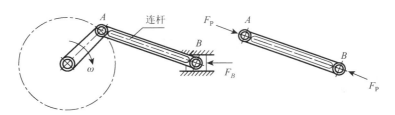

图 1.13　锻造机的气锤锤杆

　　外力以不同方式作用在杆件上，杆件产生不同的变形。在工程结构中，杆件的基本变形有以下四种：**轴向拉伸和压缩**（axial tension and compression）、**剪切**（shearing）、**扭转**（torsion）、**弯曲**（bending），如图 1.14 所示。杆件同时发生几种基本变形，称为**组合变形**（combined deformation）。

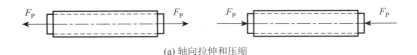

(a) 轴向拉伸和压缩

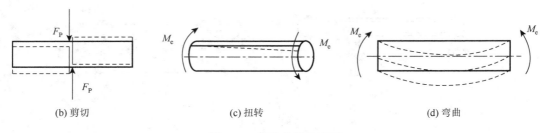

(b) 剪切　　　　　　　　　　(c) 扭转　　　　　　　　　　(d) 弯曲

图 1.14　杆件的基本变形

1.3.2　内力

构件受外力作用，内部相邻部分材料间产生的相互作用力，称为**内力**（internal force）。构件的强度、刚度和稳定性，与内力的大小及其在构件内的分布情况密切相关。因此，内力分析是解决构件强度、刚度和稳定性问题的基础。

内力是分布力系，在截面各处的集度、方向都不相同，直接计算较为困难。为便于分析和研究，从两方面着手：一是总体考虑，即研究截面上内力的总和；二是局部考虑，即研究截面上一点的内力。

要分析构件的内力，例如要分析图 1.15（a）所示杆件横截面 *m-m* 上的内力，必须假想地沿该截面将杆件切开，于是得到切开截面的内力，如图 1.15（b）、（c）所示。应用力系简化理论，将上述分布内力向横截面的形心 C 简化，得到主矢 $\boldsymbol{F_R}$ 与主矩 $\boldsymbol{M}$［图 1.16（a）］。如图 1.16（b）所示，将主矢和主矩分解成垂直于截面和位于截面内的分量，其中：

作用线垂直于截面的内力分量 F_N，称为**轴力**（axial force）；

作用线位于所切横截面的内力分量 F_S，称为**剪力**（shear force）；

矢量垂直于截面的内力偶矩分量 T，称为**扭矩**（torsional moment）；

矢量位于所切横截面的内力偶矩分量 M，称为**弯矩**（bending moment）。

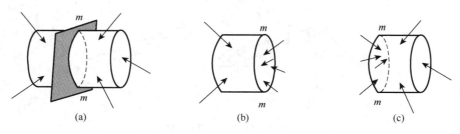

(a)　　　　　　　　　　(b)　　　　　　　　　　(c)

图 1.15　杆件切开后的内力

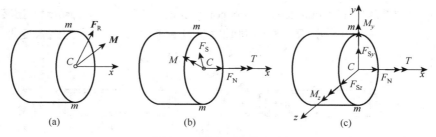

(a)　　　　　　　　　　(b)　　　　　　　　　　(c)

图 1.16　横截面上的内力

如图 1.16（c）所示，以截面形心为原点，沿垂直于截面的轴线方向建立坐标轴 x，在所切横截面内建立坐标轴 y 与 z，则得六个内力分量：轴力 F_N，剪力 F_{Sy} 与 F_{Sz}，扭矩 T，弯矩 M_y 与 M_z。上述内力分量与作用在切开杆段上的外力保持平衡，因此，由平衡方程

$$\sum F_x = 0, \quad \sum F_y = 0, \quad \sum F_z = 0$$
$$\sum M_x = 0, \quad \sum M_y = 0, \quad \sum M_z = 0$$

即可建立内力与外力间的关系。为叙述简单，以后将内力分量及内力偶矩分量统称为内力，并用代数量表示。

1.3.3　截面法

假想用截面把构件分成两部分，以显示内力，并由平衡方程建立内力与外力间的关系或由外力确定内力的方法，称为**截面法**（method of sections），它是分析构件内力的一般方法。

例如，图 1.17（a）所示杆 AB，A 端承受沿杆件轴线的集中载荷 F_P 作用，假想沿 m-m 截面将杆件切开，去掉上半段杆，上下半段杆的相互作用力用内力表示。由于截面的内力必定与外力相平衡，所以杆件横截面上的唯一内力分量为轴力 F_N[图 1.17（b）]，其值为 $F_N = F_P$。应该指出，在很多情况下，杆件横截面上仅存在一种、两种或三种内力分量。

例 1.1　钻床如图 1.18（a）所示，在载荷 F_P 作用下，试确定截面 m-m 上的内力。

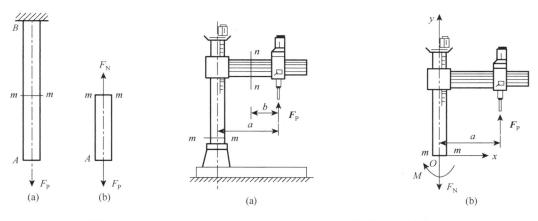

图 1.17　截面法　　　　　　　　　图 1.18　钻床的内力分析

解　（1）沿 m-m 截面，假想将钻床分成两部分。取 m-m 截面以上部分进行研究，并以截面的形心 O 为原点，选取坐标系如图 1.18（b）所示。

（2）为保持上部分的平衡，m-m 截面上必然有通过点 O 的内力 F_N 和绕点 O 的内力偶矩 M。

（3）由平衡方程

$$\sum F_y = 0, \quad F_P - F_N = 0$$
$$\sum M_O = 0, \quad F_P a - M = 0$$

得

$$F_N = F_P, \quad M = F_P a$$

因此用截面法求内力可归纳为 4 个字：

（1）截。欲求某一截面的内力，沿该截面将构件假想切成两部分。

（2）取。取其中任意部分为研究对象，而弃去另一部分。

（3）代。用作用于截面上的内力，代替弃去部分对留下部分的作用力。

（4）平。建立留下部分的平衡方程，由外力确定未知的内力。

1.4 应力和应变

1.4.1 应力

采用截面法，可以分析构件截面上的内力，但只能得到分布内力系的主矢和主矩。一般情况下，内力在截面上分布复杂，还需要研究截面上一点的内力。

如图 1.19 所示，围绕截面 *m-m* 中的 *K* 点取微面积 ΔA。根据均匀连续假设，ΔA 上必存在内力 ΔF，ΔF 与 ΔA 的比值为

$$p_{\mathrm{m}} = \frac{\Delta F}{\Delta A} \tag{1.1}$$

p_{m} 是在 ΔA 范围内，单位面积上的内力的平均集度，称为平均应力。当 ΔA 趋于零时，p_{m} 的大小和方向都将趋于一定极限，得到

$$p = \lim_{\Delta A \to 0} p_{\mathrm{m}} = \lim_{\Delta A \to 0} \frac{\Delta F}{\Delta A} = \frac{\mathrm{d}F}{\mathrm{d}A} \tag{1.2}$$

p 称为 *K* 点处的**应力**（stress），表示某微面积 $\Delta A \to 0$ 处内力的密集程度。由于应力是矢量，通常把应力 p 分解成垂直于截面的分量 σ 和位于所切截面的分量 τ，σ 称为**正应力**（normal stress），τ 称为**切应力**（shear stress）或剪应力。显然，有

$$p^2 = \sigma^2 + \tau^2 \tag{1.3}$$

应力的国际单位为 N/m²，且 1 N/m² = 1 Pa，1 GPa = 10^9 N/m² = 10^9 Pa，1 MPa = 10^6 N/m² = 10^6 Pa。在工程上，也用 kg/cm² 为应力单位，它与国际单位的换算关系为 1 kg/cm² = 0.098 MPa。

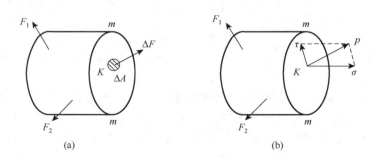

图 1.19　截面上一点的内力和应力

内力和应力是分布内力的两种描述方式，二者有确定的关系，称为**静力学关系**。如图 1.20 所示，作用在杆件横截面的微面积 d*A* 上正应力 σ_x 和切应力 τ_{xy}、τ_{xz}，将它们乘以微面积，得到微面积上的内力：$\sigma_x\mathrm{d}A$、$\tau_{xy}\mathrm{d}A$、$\tau_{xz}\mathrm{d}A$。将这些内力分别对坐标系 *Cxyz* 中的 *x* 轴、*y* 轴和 *z* 轴取投影或取矩，并且沿整个横截面积分，即可得到应力与 6 个内力分量之间的关系式：

$$\begin{cases} F_{\mathrm{N}} = \int_A \sigma_x \mathrm{d}A \\ F_{\mathrm{S}y} = \int_A \tau_{xy} \mathrm{d}A \\ F_{\mathrm{S}z} = \int_A \tau_{xz} \mathrm{d}A \\ T = \int_A (\tau_{xz} y - \tau_{xy} z) \mathrm{d}A \\ M_y = \int_A \sigma_x z \mathrm{d}A \\ M_z = -\int_A \sigma_x y \mathrm{d}A \end{cases} \tag{1.4}$$

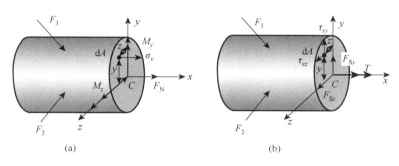

图 1.20　应力与内力之间的关系

1.4.2　正应变

受外力作用或温度变化时，构件会发生变形。通常，各部分的变形是不均匀的，为了衡量各点处的变形程度，需要引入应变的概念。

如图 1.21（a）所示，要研究构件上 M 点的变形，通常用单元体（边长为无穷小的正六面体）代表构件上的 M 点。单元体的棱边边长为 Δx、Δy、Δz，变形后其边长和棱边的夹角都发生了变化。如图 1.21（b）所示，变形前平行于 x 轴的线段 MN 原长为 Δx，变形后 M 和 N 分别移到 M' 和 N'，$M'N'$ 的长度为 $\Delta x + \Delta u$，这里

$$\Delta u = \overline{M'N'} - \overline{MN}$$

于是

$$\varepsilon_{\mathrm{m}} = \frac{\Delta u}{\Delta x}$$

表示线段 MN 每单位长度的平均伸长或缩短，称为平均正应变。若使 $\overline{MN}$ 趋近于零，则得到一点的正应变

$$\varepsilon_x = \lim_{\Delta x \to 0} \frac{\Delta u}{\Delta x} = \frac{\mathrm{d}u}{\mathrm{d}x} \tag{1.5}$$

称为 M 点沿 x 方向的**正应变**（normal strain），或线应变。同理，也可以得到 M 点沿 y 方向的**正应变** $\varepsilon_y = \dfrac{\mathrm{d}v}{\mathrm{d}y}$。

正应变，即单位长度上的变形量，为无量纲量，其物理意义是构件上一点沿某一方向线变形量的大小。过同一点不同方位的正应变一般不同。

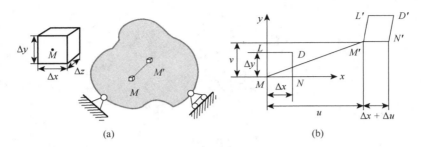

图 1.21 构件中单元体的变形

1.4.3 切应变

如图 1.21（b）所示，正交线段 MN 和 ML 经变形后，分别是 $M'N'$ 和 $M'L'$。变形前后其角度的变化是 $\left(\dfrac{\pi}{2}-\angle L'M'N'\right)$，当 N 和 L 趋近于 M 时，上述角度变化的极限值为

$$\gamma = \lim_{\substack{MN\to 0\\ML\to 0}}\left(\frac{\pi}{2}-\angle L'M'N'\right) \tag{1.6}$$

称为 M 点在 xy 平面内的**切应变**（shear strain），或角应变。

切应变，即单元体两棱边所夹直角的改变量，为无量纲量，其单位为弧度（rad）。

例 1.2 图 1.22 所示为一矩形截面薄板受均匀分布力 p 作用，已知边长 $l = 400$ mm，受力后沿 x 方向均匀伸长 $\Delta l = 0.05$ mm。试求板中 a 点沿 x 方向的正应变。

解 由于矩形截面薄板沿 x 方向均匀受力，可认为板内各点沿 x 方向具有正应力与正应变，且处处相同，所以平均应变即 a 点沿 x 方向的正应变，为

$$\varepsilon_a = \varepsilon_m = \frac{\Delta l}{l} = \frac{0.05}{400} = 1.25\times 10^{-4}$$

例 1.3 图 1.23 所示为一嵌于四连杆机构内的薄方板，$b = 250$ mm。若在力 F_P 作用下 CD 杆下移 $\Delta b = 0.025$ mm，试求薄板中 a 点的切应变。

解 由于薄方板变形受四连杆机构的约束，可认为板中各点均产生切应变，且处处相同。考虑到小变形，a 点的切应变为

$$\gamma_a \approx \tan\gamma = \frac{\Delta b}{b} = \frac{0.025}{250} = 1\times 10^{-4}\,(\text{rad})$$

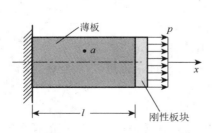

图 1.22 矩形截面薄板均匀受拉

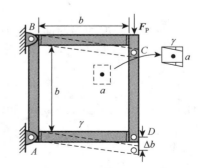

图 1.23 四连杆机构内的薄方板的变形

1.5　思考与讨论

1.5.1　材料力学模型

　　所有工程结构的构件，在弹性力学行为下发生变形，可看成弹性体。当变形很小时，变形对物体运动效应的影响甚小，因而在研究运动和平衡问题时一般可将变形略去，从而将弹性体抽象为刚体。从这一意义上讲，刚体和弹性体都是工程构件在确定条件下的简化力学模型。例如在求解弹性体受到的支座反力时，忽略弹性体的变形，利用静力学平衡方程求解。

　　弹性体在载荷作用下将产生连续分布的内力。弹性体内力应满足与外力的平衡关系、弹性体自身变形协调关系以及力与变形之间的物理关系，这是材料力学模型与理论力学模型的重要区别。在利用截面法求内力时也需利用静力学平衡方程求解。

　　是不是刚体静力学中关于平衡的理论和方法都能应用于材料力学中？例如，

　　（1）若将作用在弹性杆上的力［图 1.24（a）］沿其作用线方向移动［图 1.24（b）］。

　　（2）若将作用在弹性杆上的力［图 1.25（a）］向另一点平移［图 1.25（b）］。

　　请分析：上述两种情形下对弹性杆的平衡和变形将会产生什么影响？

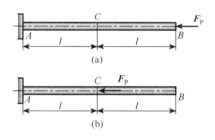

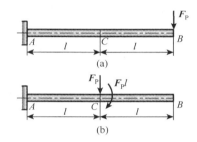

图 1.24　力沿作用线移动的结果　　　　　图 1.25　力向一点平移的结果

1.5.2　材料力学分析方法

　　为解决工程构件的强度、刚度和稳定问题，需要研究弹性体受力和变形的特点以及应力与应变、应力与内力之间的关系，材料力学形成了不同于理论力学的分析方法。

1. 平衡的方法

　　分析构件受力后发生的变形，以及由于变形而产生的内力，需要采用平衡的方法。主要解决的问题是：在不同的外力作用下，构件横截面上将产生什么样的内力，以及这些内力的大小和方向。此外，在应力状态分析（参见第 10 章）以及稳定性分析（参见第 12 章）中所采用的也是平衡的方法。

2. 变形分析方法

采用平衡的方法，只能确定横截面上内力的合力，并不能确定横截面上各点内力的大小。研究构件的强度、刚度和稳定性，不仅需要确定内力的合力，还需要知道内力的分布。内力是不可见的，而变形却是可见的，并且各部分的变形相互协调，变形通过物理关系与内力相联系。所以，确定内力的分布，除了考虑平衡，还需要考虑变形协调与物理关系。

3. 简化假定分析方法

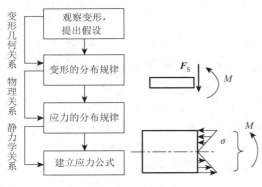

对于工程构件，所能观察到的变形只是构件外部表面的。内部的变形状况，必须根据所观察到的表面变形作一些合理的推测，这种推测通常也称为假定。对于杆状构件，考察相距很近的两个横截面之间微段的变形，这种假定是不难作出的。

以梁的弯曲为例，研究方法如图 1.26 所示。先通过实验观察变形现象，提出变形的基本假设，通过几何关系找出变形的分布规律；然后利用物理关系（胡克定律）建立应力的分布规律；再通过静力学关系，建立弯曲正应力公式；最后，利用强度条件计算强度。

图 1.26　弯曲应力的研究方法

1.5.3　材料力学内力

从微观角度看，可变形固体内部微粒之间相互有引力和斥力，称为固有内力，它们使固体保持确定的形状。微粒之间的引力和斥力的大小由微粒之间的距离决定，如图 1.27 所示，无外力时，物体截面上各点的引力等于斥力。外力作用后，固体发生变形，微粒之间的距离发生变化，引力和斥力值也随之变化，由外力引起的引力和斥力的差称为附加内力。

材料力学中的内力是指外力作用下材料反抗变形而引起的内力的变化量，也就是"附加内力"，它与构件所受外力密切相关。需要注意，这种内力是由载荷作用引起的，而固体中质点之间的固有内力不是材料力学课程研究的范畴。

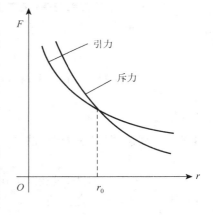

图 1.27　引力、斥力变化图

材料力学内力具有两个特点：①连续分布于截面上各处；②随外力的变化而变化。那么，怎样计算构件的内力呢？在材料力学中，应用截面法研究构件的内力。4 种基本变形的内力计算方法都是截面法。请思考下面两个问题。

（1）材料力学的内力与理论力学的内力一样吗？

（2）能否通过内力的大小判断构件有足够的强度？

思维导图 1

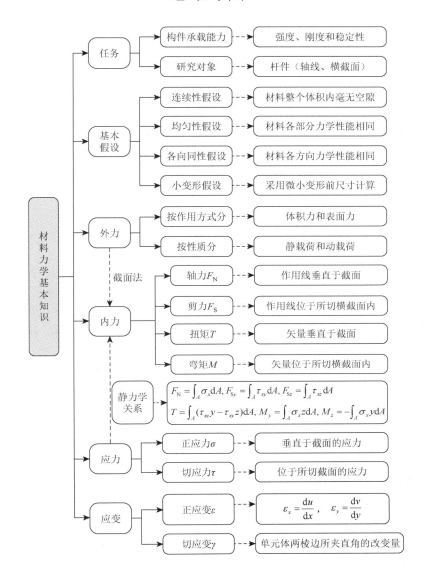

习　题　1

1-1　构件在外力作用下能否安全正常地工作取决于构件是否具有足够的（　　）。

    A. 强度　　　　　　　　B. 刚度　　　　　　　　C. 稳定性　　　　　　　D. 承载能力

1-2　根据小变形假设，可以认为（　　）。

    A. 构件不变形　　　　　　　　　　　　B. 构件不破坏

    C. 构件仅发生弹性变形　　　　　　　　D. 构件的变形远小于构件的原始尺寸

1-3　各向同性假设认为，材料内部各点的（　　）是相同的。

    A. 力学性质　　　　　　　　　　　　　B. 几何特性

    C. 内力　　　　　　　　　　　　　　　D. 位移

1-4　下列结论中正确的是（　　）。

　　A. 外力是指作用于物体外部的力　　　　B. 自重是外力

　　C. 支座反力不属于外力　　　　　　　　D. 惯性力不属于外力

1-5　下列论述中，正确的是（　　）。

　　A. 应变分为正应变和切应变，其量纲为长度

　　B. 若构件内各点的应变均为零，则构件无位移

　　C. 若构件的各部分均无变形，则构件内各点应变为零

　　D. 受拉杆件全杆的轴向应变和伸长，标志着杆件内各点的变形程度

1-6　如题 1-6 图所示圆截面杆，两端承受一对方向相反、力偶矩矢量沿轴线且大小均为 M_e 的力偶作用。试问在杆件的任一横截面 *m-m* 上，存在何种内力分量，并确定其大小。

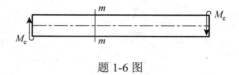

题 1-6 图

1-7　如题 1-7 图所示矩形截面杆，横截面上的正应力沿截面高度线性分布，截面顶边各点处的正应力均为 $\sigma_{max} = 100$ MPa，底边各点处的正应力均为零。试问杆件横截面上存在何种内力分量，并确定其大小。图中 *C* 点为截面形心。

1-8　如题 1-8 图（a）和（b）所示两个矩形单元体，虚线表示其变形后的情况，该二单元体在 *A* 处的切应变分别记为 γ_a 与 γ_b，试确定其大小。

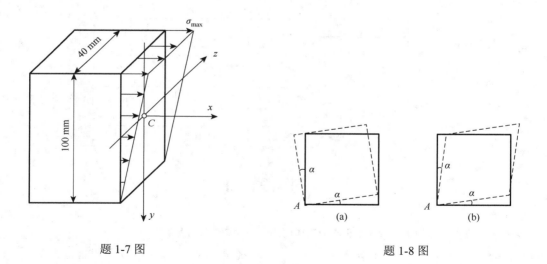

　　　题 1-7 图　　　　　　　　　　　　　　　　　　题 1-8 图

第2章 材料的力学性能

2.1 拉伸和压缩试验

材料在外力作用下所表现出的变形和强度方面的特性，称为材料的**力学性能**（mechanical property），也叫材料的机械性能。材料的力学性能是通过拉伸、压缩、剪切、扭转、弯曲、疲劳等试验测定的。研究材料力学性能的目的是确定在变形和破坏情况下的一些重要性能指标，以作为选用材料，计算材料强度、刚度的依据。

拉伸和压缩试验是材料的基本力学性能试验。试验分别按照 GB/T 228.1—2021《金属材料　拉伸试验　第 1 部分：室温试验方法》和 GB/T 7314—2017《金属材料　室温压缩试验方法》（以下简称为标准）的规定进行，温度范围为 10～35℃。

2.1.1 标准试样和设备

如图 2.1 所示，拉伸试样必须按照标准加工，通常分圆试样和板试样两种。一般拉伸试样由平行部分、过渡部分和夹持部分三部分组成。平行部分必须保持光滑均匀以确保材料表面的单向拉伸状态；平行部分中测量伸长用的长度称为标距，受力前的标距称为原始标距 l_0。d_0、A_0 分别代表标距部分的直径和面积。过渡部分必须有适当的过渡圆弧以消除应力集中。夹持部分的尺寸、形状必须与试验机夹头的钳口相匹配。

金属材料的压缩试样一般为圆柱形，如图 2.2 所示。为了避免试样被压弯，圆柱不能太高，通常取高度为直径的 1.5～3 倍。

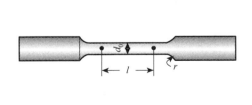

图 2.1　标准拉伸试样简图

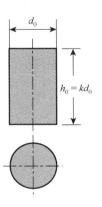

图 2.2　压缩试样简图

试验在电子万能试验机上进行，如图 2.3 所示。

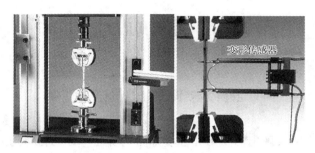

图 2.3 电子万能试验机

2.1.2 拉伸图

拉伸试验时，将试样的两端装在试验机的夹头上；压缩试验时，将试样放在平台上的正中位置。开动机器使试样缓慢加载，试样受力逐渐增大，通过试验机测出试样受力的大小，即载荷 F，通过装在标距两端的引伸仪读出标距长度的伸长，即变形 Δl。记录不同载荷 F_i 时的伸长 Δl_i 并得到一系列数据，绘制出载荷变形（F-Δl）曲线图，称为**拉伸图**，如图 2.4 所示。

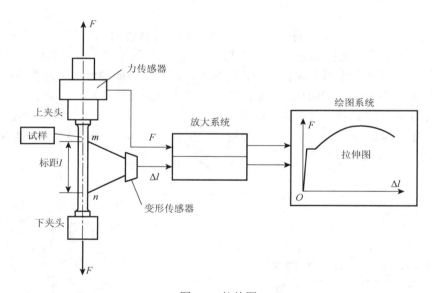

图 2.4 拉伸图

2.2 应力-应变曲线

为了消除试样尺寸对拉伸图的影响，将施加的载荷 F 除以试样的初始横截面积 A_0，得到横截面上的平均正应力

$$\sigma = \frac{F}{A_0} \tag{2.1}$$

将试样的伸长 Δl 除以试样标距 l_0，得到轴向平均正应变

$$\varepsilon = \frac{\Delta l}{l_0} \tag{2.2}$$

通过以上两式，可将 $F\text{-}\Delta l$ 曲线转变得到**应力-应变曲线**（stress-strain curve），即 $\sigma\text{-}\varepsilon$ 曲线（标准中用 $R\text{-}e$ 表示）。

钢材是工程中使用非常广泛的材料，通过试验可获得其拉伸时的 $\sigma\text{-}\varepsilon$ 曲线，如图 2.5 所示。钢由于受拉力作用逐渐伸长至最后断裂，大致可分为弹性、屈服、应变强化、局部缩颈 4 个阶段。

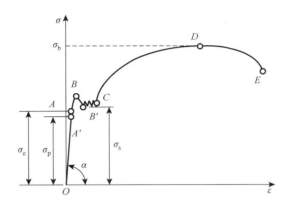

图 2.5　钢拉伸时的 $\sigma\text{-}\varepsilon$ 曲线

2.2.1　弹性

受力的开始阶段，拉力较小，应力较小，变形也较小。如果卸除载荷，变形能够完全消失，即试样恢复到初始状态，说明试样的变形完全是弹性的。$\sigma\text{-}\varepsilon$ 曲线中 OA 段为弹性阶段，其应力最高值，即图 2.5 中 A 点对应的应力值称为**弹性极限**（elastic limit），用 σ_e 表示。

弹性阶段除 AA' 一小段外，OA' 段实际上是一条直线，即应力与应变成正比，材料表现为线弹性，其应力最高值，即图 2.5 中 A' 点对应的应力值，称为**比例极限**（proportional limit），用 σ_p 表示。

由于比例极限和弹性极限的值非常接近，试验中很难加以区别，因此常将两者视为相等。

2.2.2　屈服

当应力超过弹性极限后，材料将产生塑性变形。从图 2.5 中看出，$\sigma\text{-}\varepsilon$ 曲线呈锯齿形波动，说明应力基本保持不变而应变却急剧增加，即材料暂时失去了抵抗变形的能力，这种行为称为**屈服**（yield）或流动。$\sigma\text{-}\varepsilon$ 曲线的 BC 段为屈服阶段。对应波动曲线的最低点称为下屈服点，下屈服点对应的应力值称为**屈服极限**或**屈服应力**（yield stress），用 σ_s 表示（标准中称为下屈服强度，用 R_{eL} 表示）。

如果试样表面经过磨光，屈服时，试样表面会出现一些与试样轴线成 45° 的条纹，称为滑移线，这是材料内部晶格之间相对滑移而形成的，如图 2.6 所示。

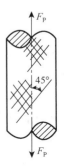

图 2.6　拉伸时的屈服现象

2.2.3　应变强化

经过一段时间的屈服之后，σ-ε 曲线逐渐上升，说明材料恢复了抵抗变形的能力，试样继续变形所需的拉力逐渐增加，这种行为称为**应变强化**。σ-ε 曲线的 *CD* 段为应变强化阶段，其应力最高值，即 σ-ε 曲线图中 *D* 点对应的应力值，是材料所能承受的最大应力值，称为**强度极限**（strength limit），用 σ_b 表示（标准中称为抗拉强度，用 R_m 表示）。

屈服极限 σ_s 和强度极限 σ_b 是衡量材料强度好坏的两个重要指标。σ_s 标志材料出现显著的塑性变形；σ_b 标志材料失去承载能力。

2.2.4　局部缩颈

图 2.7　试样局部缩颈和断裂过程

在应力达到强度极限 σ_b 前，沿试样长度变形基本上是均匀的。当应力达到强度极限 σ_b 后，试样的变形开始集中于某一局部区域内，横截面积出现局部迅速收缩，这种现象称为**局部缩颈**。σ-ε 曲线中 *DE* 段为局部缩颈阶段。由于局部截面的收缩，试样继续变形所需的拉力逐渐减小，最后，试样被拉断。如图 2.7 所示为试样局部缩颈和断裂过程图。

2.3　塑性材料和脆性材料的力学性能

2.3.1　塑性材料的力学性能

材料可以分为塑性（韧性）或脆性，这取决于它们的应力-应变特性。在断裂前能承受较大应变的材料称为**塑性材料**或**韧性材料**（ductile materials），如低碳钢、铝合金、青铜等。

图 2.8 所示为低碳钢 Q235 拉伸和压缩时的 σ-ε 曲线。跟踪材料的力学行为，可以看出其拉伸时的比例极限约为 215 MPa，屈服极限 σ_s 约为 235 MPa，强度极限 σ_b 约为 360 MPa。

比较低碳钢 Q235 拉伸和压缩时的应力-应变曲线，可以看出：

（1）在屈服以前，压缩曲线和拉伸曲线基本重合。这说明低碳钢压缩时的比例极限 σ_p 和屈服极限 σ_s（标准中称为下压缩屈服强度，用 R_{eLc} 表示）都与拉伸时基本相同。

（2）试样屈服后，出现显著的塑性变形，越压越扁，如图 2.9 所示。由于上下压板与试样之间的摩擦力约束了试样两端的横向变形，试样被压成鼓形。随着横截面积不断增大，试样不可能被压断，因此得不到压缩时的强度极限。

塑性材料除低碳钢外，还有锰钢、铝、青铜等，它们拉伸时的 σ-ε 曲线如图 2.10 所示。与低碳钢相比，青铜强度低，锰钢强度高，且这些材料的塑性都好，但没有明显的屈服阶段。

如图 2.11 所示，对于没有明显屈服阶段的塑性材料，取对应于试样产生 0.2%的塑性应变时的应力值作为材料的屈服应力，称为**条件屈服应力**（conditional yield stress），用 $\sigma_{0.2}$ 表示（标准中称为规定塑性延伸强度，用 $R_{p0.2}$ 表示）。

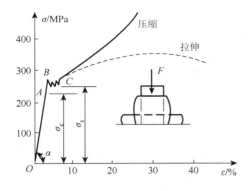

图 2.8　低碳钢 Q235 的应力-应变曲线

图 2.9　低碳钢 Q235 的压缩破坏

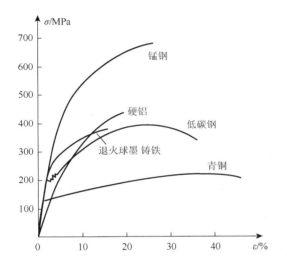

图 2.10　其他塑性材料拉伸的 σ-ε 曲线

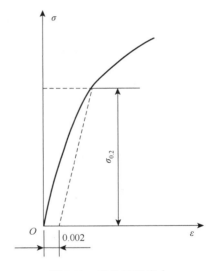

图 2.11　条件屈服应力

如图 2.12 所示，在塑性材料的拉伸试验过程中，当应力达到强化阶段任一点 F 时，试样的变形中有一部分是弹性的，而另一部分是塑性的。逐渐卸除载荷，应力-应变曲线将沿与 OA 近乎平行的直线 FO_1 变化直至点 O_1，这种卸载时应力、应变应遵循的规律称为**卸载定律**。O_1O_2 表示试样卸载前的部分应变在卸载中消失，即弹性应变 ε_e。而 OO_1 表示试样卸载前的塑性应变部分在卸载后则永久保留，即塑性应变 ε_p。因此，F 点的应变包括弹性应变 ε_e 和塑性应变 ε_p 两部分。

如果卸载后重新加载，则应力-应变曲线将大致沿 O_1FDE 的曲线变化，直至断裂。由此可以看出，重新加载时，材料的比例极限提高了，而重新加载断裂后的塑性应变减少了 OO_1 这一部分，这种在常温下将钢材拉伸超过屈服应力，使材料的比例极限提高的方法，称为**冷作硬化**（strain hard）。如图 2.13 所示，预制板中钢筋常采用冷作硬化提高材料在弹性范围内的承载能力。

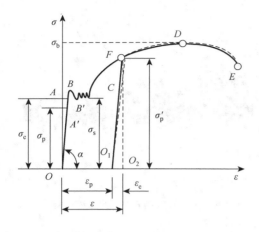

图 2.12　材料的冷作硬化过程

图 2.13　冷作硬化工程实例

2.3.2　延伸率和断面收缩率

一般通过测量试样断裂时的延伸率和断面收缩率来界定材料的塑性。如低碳钢试样拉断后，弹性变形瞬间消失，塑性变形永久地残留在试样中。设原始标距为 l_0，断后标距为 l_1，残留的塑性应变用百分率表示为

$$\delta = \frac{l_1 - l_0}{l_0} \times 100\% \tag{2.3}$$

δ 称为材料的**延伸率**（specific elongation）（标准中称为断后伸长率，用 A 表示）。试样断裂后的残余变形的分布是非均匀的，主要集中在缩颈处，断口附近的变形最大，距离断口位置越远，变形越小。

设低碳钢试样受拉前的横截面积为 A_0，断裂后断口处的横截面积为 A_1，则

$$\psi = \frac{A_1 - A_0}{A_0} \times 100\% \tag{2.4}$$

ψ 称为**断面收缩率**（percentage reduction of area after fracture）（标准中用 Z 表示）。

材料的塑性变形越大，则 δ 和 ψ 的值越大，因此，材料的延伸率 δ 和断面收缩率 ψ 是衡量材料塑性好坏的两个重要指标。工程上通常按延伸率的大小将材料分为两大类：$\delta > 5\%$ 称为塑性材料或韧性材料；$\delta \leqslant 5\%$ 称为脆性材料。

2.3.3　脆性材料的力学性能

脆性材料（brittle material）断裂破坏前只有很小的塑性变形，也没有屈服现象，如灰口铸铁、混凝土、石料等。

从拉伸试验可得到灰口铸铁的 σ-ε 曲线，如图 2.14 所示，有如下特点：

（1）从试样开始受力到被拉断，变形始终很小，断裂时，应变也只有 0.4%～0.5%，断口垂直于试样的轴线。

（2）拉伸过程中，无屈服阶段，也无缩颈现象，只有强度极限 σ_{bt}，也称抗拉强度，其值为 $\sigma_{bt}\approx120\sim180$ MPa，远低于低碳钢的屈服极限和强度极限。

（3）应力与应变之间不成正比，没有明显的直线段，实际使用时，由于 $\sigma\text{-}\varepsilon$ 曲线的曲率很小。在工程上，其斜率以总应变为 0.1%时的割线斜率来度量。

脆性材料在压缩时的力学性能与拉伸时有很大的差别。如图 2.15 所示，为灰口铸铁拉伸时的 $\sigma\text{-}\varepsilon$ 曲线。其在压缩时没有较明显的塑性变形，而且铸铁的抗压强度 σ_{bc} 远大于其抗拉强度 σ_{bt}，大约是抗拉强度的 4～5 倍。

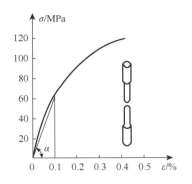

图 2.14　灰口铸铁拉伸时的 $\sigma\text{-}\varepsilon$ 曲线

灰口铸铁压缩破坏时，沿与轴线成 45°～55°的斜截面裂开，如图 2.16 所示。由于铸铁一类的脆性材料的抗压能力比其抗拉能力强，通常将脆性材料做成承压构件。

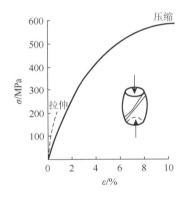

图 2.15　灰口铸铁压缩的 $\sigma\text{-}\varepsilon$ 曲线

图 2.16　灰口铸铁的压缩破坏

2.4　胡克定律与泊松比

2.4.1　胡克定律

对大多数工程材料线弹性阶段的应力-应变曲线，其应力与应变之间呈线性关系。英国自然学家罗伯特·胡克（Robert Hooke，1635—1703）在 1676 年对弹簧的研究中发现了这一事实，即**胡克定律**。其数学表达式为

$$\sigma = E\varepsilon \tag{2.5}$$

其中，E 为比例系数，称为材料的**弹性模量**（modulus of elasticity）或**杨氏模量**（Young modulus）。弹性模量是最重要的力学性能之一，适用于应力不大于比例极限的材料，可通过线弹性阶段的斜率得到。

也可以采用图解法测定弹性模量，如图 2.17 所示，弹性模量 E 可由此阶段任意两点的应力差 $\Delta\sigma$ 和相应两点的应变差 $\Delta\varepsilon$ 相除得到。弹性模量 E 是衡量材料刚度好坏的指标。非常硬的材料，如钢，E 值较大，而较软的材料，如橡胶，就会有较低的 E 值。

利用胡克定律还可以计算试样拉伸（压缩）时的轴向变形。如图 2.18，以杆件为例，设其原长为 l，横截面积为 A。在轴向力 F_P 作用下，长度由 l 变为 l_1。杆件在轴线方向的伸长，即轴向变形为 $\Delta l = l_1 - l$。假设横截面上正应力均匀分布，则轴向正应变和正应力分别为

$$\varepsilon = \frac{\Delta l}{l}, \qquad \sigma = \frac{F_N}{A} = \frac{F_P}{A}$$

将上两式代入式（2.5），得

$$\Delta l = \frac{F_N l}{EA} = \frac{F_P l}{EA} \tag{2.6}$$

式（2.6）表示，当应力不超过比例极限时，杆件的伸长 Δl 与拉力 F_P 和杆件的原长 l 成正比，与横截面积 A 成反比。这是胡克定律的另一种表达形式。式中 EA 是材料弹性模量与横截面积的乘积，称为**拉伸（压缩）刚度**。EA 越大，则变形越小。

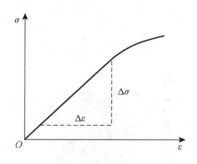

图 2.17　用图解法测定弹性模量

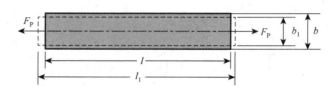

图 2.18　杆件拉伸时的变形

2.4.2　泊松比

由试验可知，当杆件拉伸（压缩）时，其横截面的横向尺寸会缩小（增大）。如图 2.18 所示，设变形前杆件的横向尺寸为 b，变形后相应尺寸变为 b_1，则横向变形 $\Delta b = b_1 - b$。横向正应变为

$$\varepsilon' = \frac{\Delta b}{b}$$

由试验证明，在弹性范围内

$$\left| \frac{\varepsilon'}{\varepsilon} \right| = \mu \tag{2.7}$$

μ 为杆件的横向正应变与轴向正应变绝对值之比，称为**泊松比**或**横向变形系数**。由于 μ 为反映材料横向变形能力的弹性常数，为正值，所以，ε' 与 ε 的关系为

$$\varepsilon' = -\mu\varepsilon \tag{2.8}$$

常见工程材料的弹性模量 E 和泊松比 μ 见表 2.1。

表 2.1　常见工程材料的弹性模量和泊松比

材料	弹性模量 E/GPa	泊松比
钢	200～220	0.24～0.30
铝合金	70～72	0.26～0.33

续表

材料	弹性模量 E/GPa	泊松比
铜	70～120	0.31～0.42
铸铁	80～160	0.23～0.27
木材（顺纹）	8～12	—
混凝土	15～36	0.16～0.18

例 2.1　由低碳钢制成的直杆尺寸如图 2.19 所示，$l = 1.5$ m，$b = 100$ mm，$h = 50$ mm。如果对直杆施 $F_P = 80$ kN 的轴向载荷，杆件均匀变形，且材料是线弹性的，弹性模量 $E = 200$ GPa，泊松比 $\mu = 0.32$。试确定载荷施加后杆件长度的变化及其横截面尺寸的变化。

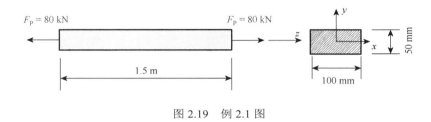

图 2.19　例 2.1 图

解　由于杆件均匀变形，可认为其横截面上各点的应力和应变相同，则该直杆横截面上的正应力为

$$\sigma_z = \frac{F_P}{A} = \frac{8 \times 10^4}{0.1 \times 0.05} = 1.6 \times 10^7 (\text{Pa})$$

低碳钢的弹性模量为 $E = 200$ GPa，则 z 方向的应变为

$$\varepsilon_z = \frac{\sigma_z}{E} = \frac{1.60 \times 10^7}{2 \times 10^{11}} = 8 \times 10^{-5}$$

因此直杆的轴向伸长为

$$\Delta l_z = \varepsilon_z \cdot l = 8 \times 10^{-5} \times 1.5 = 1.2 \times 10^{-4} (\text{m}) = 120 (\mu\text{m})$$

利用 $\varepsilon' = -\mu\varepsilon$ 及 $\mu = 0.32$，则在 x、y 方向的应变均为

$$\varepsilon_x = \varepsilon_y = -\mu\varepsilon_z = -0.32 \times 8 \times 10^{-5} = -2.56 \times 10^{-5}$$

因此横截面尺寸的改变量为

$$\Delta l_x = \varepsilon_x b = -2.56 \times 10^{-5} \times 0.1 = -2.56 \times 10^{-6} (\text{m}) = -2.56 (\mu\text{m})$$
$$\Delta l_y = \varepsilon_y h = -2.56 \times 10^{-5} \times 0.05 = -1.28 \times 10^{-6} (\text{m}) = -1.28 (\mu\text{m})$$

即杆件沿轴向伸长，沿横向缩短。

2.5　切应力–切应变曲线

2.5.1　薄圆筒的扭转试验

以上研究了材料单向受力时的力学性能，当材料发生剪切或扭转变形时，从中取出一个单

元体（边长微小的正六面体），如图 2.20（a）所示。如果该单元体的各面上没有正应力 σ，只在互相垂直的四个面上有切应力 τ，则称为**纯剪切**。对于均质、各向同性材料，这些切应力将使单元体的直角发生改变，产生切应变 γ，如图 2.20（b）所示。

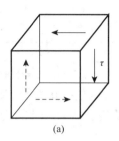 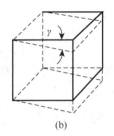

(a)　　　　　　　　　　　　　　　　(b)

图 2.20　纯剪切

对于承受纯剪切材料的力学行为研究，可以利用薄圆筒试样的扭转试验实现。扭转试验按照 GB/T 10128—2007《金属材料　室温扭转试验方法》的规定进行。对长度为 l、壁厚为 t 且远小于平均半径 r 的薄圆筒，在外力偶矩 M_e 作用下发生扭转变形，如图 2.21（a）和（b）所示。

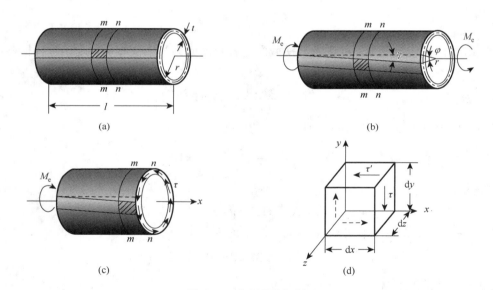

图 2.21　薄圆筒的扭转

在圆筒表面画上圆周线和纵向线，观察试验现象。从试验中可观察到，在小变形情况下，圆周线保持不变，纵向线发生倾斜且仍为直线。由此可见，薄圆筒扭转后，长度不变，横截面保持原状，两横截面相对转动，相应的角度 φ 称为相对扭转角。从图中看出，薄圆筒表面上圆周线与纵向线相交的直角发生改变，相应的改变量 γ 即为切应变，且圆筒表面上各点处的切应变是相同的。

根据以上现象和分析可知，薄圆筒的横截面和包含轴线的纵向截面上都没有正应力，横截面上只有位于截面内的切应力 τ，材料承受纯剪切，如图 2.21（c）所示。因为筒壁的厚度 t 很小，可以认为沿筒壁厚度切应力不变，又根据圆截面的轴对称性，横截面上的切应力 τ 沿圆环处处相等。

通过试验可采集得到试样上的外力偶矩 M_e 和相对扭转角 φ。由截面法，薄圆筒任意横截面上的内力只有扭矩 T，且 $T = M_e$。根据切应力与扭矩之间的静力学关系 [见第 1 章式（1.4）]

$$T = \int_A r\tau \mathrm{d}A = \tau rA = \tau r(2\pi rt) \tag{2.9}$$

得

$$\tau = \frac{T}{2\pi r^2 t} \tag{2.10}$$

如图 2.21（b）所示，在小变形情况下，切应变 γ 可以通过相对扭转角 φ 得到，即

$$\gamma \approx \tan\gamma = \frac{r\varphi}{l} \tag{2.11}$$

通过这些数据可以画出薄圆筒扭转时的切应力-切应变曲线。如图 2.22 所示，为某塑性材料的切应力-切应变曲线。

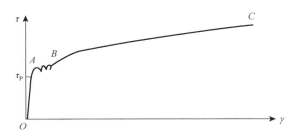

图 2.22　塑性材料的切应力-切应变曲线

与拉伸试验类似，这种材料在承受剪切时会显示出线弹性行为，具有明确的剪切比例极限 τ_p，同样会发生屈服、应变强化，达到强度极限，最后断裂。

2.5.2　切应力互等定理

沿薄圆筒的横截面和过轴线的纵向截面取出微小正六面体，即单元体，如图 2.21（d）所示。建立空间直角坐标系，其中单元体的厚度为 $\mathrm{d}z$，宽度和高度分别为 $\mathrm{d}x$、$\mathrm{d}y$，此时该单元体为纯剪切单元体。

在小变形情况下，单元体保持平衡，由 y 方向力的平衡方程，其左、右横截面上的切应力 τ 大小相等，方向相反，因此在这两个截面上的剪力 $\tau \mathrm{d}z\mathrm{d}y$ 形成一个力偶，其力偶矩为 $(\tau \mathrm{d}z\mathrm{d}y)\mathrm{d}x$。为了平衡这一力偶，上、下纵向截面上也必须有一对切应力 τ' 作用（根据 x 方向力的平衡方程，也应大小相等，方向相反）。对整个单元体，必须满足 $\sum M_z = 0$，即

$$(\tau \mathrm{d}z\mathrm{d}x)\mathrm{d}x = (\tau' \mathrm{d}z\mathrm{d}x)\mathrm{d}y$$

所以

$$\tau = \tau' \tag{2.12}$$

上式表明，在一对相互垂直的微面上，垂直于截面交线的切应力大小相等，方向共同指向或背离交线。这就是**切应力互等定理**。该定理具有普遍意义，在同时有正应力的情况下也同样成立。

2.5.3　剪切胡克定律

对承受剪切的大多数工程材料，其弹性行为是线性的。当切应力不超过剪切比例极限 τ_P 时，切应力 τ 与切应变 γ 成正比，即满足**剪切胡克定律**

$$\tau = G\gamma \tag{2.13}$$

式中，G 称为材料的**剪切模量**或**切变模量**（shearing modulus）。G 的单位为 Pa 或 GPa。

对各向同性材料，弹性常数 E，μ，G 三者有关系

$$G = \frac{E}{2(1+\mu)} \tag{2.14}$$

例 2.2　对铝合金试样进行扭转试验，得到切应力-切应变图，如图 2.23（a）所示。试确定其剪切模量 G、比例极限以及极限切应力。如图 2.23（b）所示，如果该材料的力学行为是弹性的，当受剪力 F 作用时材料块体的顶部能够水平移动，求图中的最大位移 d 以及对应剪力 F 的大小。

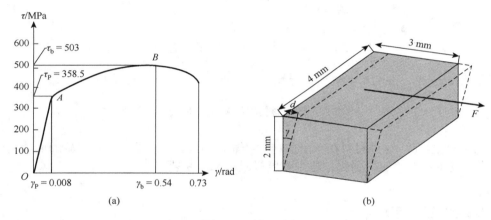

图 2.23　例 2.2 图

解　（1）剪切模量。这一值代表了 τ-γ 曲线中直线 OA 部分的斜率。A 点的坐标为（0.008 rad，358.5 MPa），应用剪切胡克定律 $\tau = G\gamma$，得

$$G = \frac{358.5\times10^6}{0.008} = 4.481\times10^{10}\,(\text{Pa}) = 44.81\,\text{GPa}$$

直线 OA 的方程就是：$\tau = G\gamma = 44.81\gamma$。

（2）比例极限。根据观察，曲线在点 A 处就不再是线性的了，因此得

$$\tau_P = 358.5\,\text{MPa}$$

（3）极限切应力。这一值代表最大切应力，即在点 B 切应力达到最大，由图可知

$$\tau_b = 503\,\text{MPa}$$

（4）最大弹性位移与剪力。

由于最大弹性切应变为 0.008 rad，角度非常小，考虑到小变形，图 2.23（b）中块体顶部的水平位移为

$$d = 2\times\tan(0.008) \approx 2\times0.008 = 0.016\,(\text{mm})$$

在块体中相应的切应力为 $\tau_p = 358.5\ \text{MPa}$，因此，引起这一位移的剪力为

$$F = A \cdot \tau_p = 3 \times 4 \times 358.5 = 4.3(\text{kN})$$

2.6　思考与讨论

2.6.1　真实应力-应变曲线

采用瞬时载荷时的实际横截面积与试样变形后标距的实际长度，代之以初始横截面积与试样初始长度，得到的应力和应变值分别称为真实应力和真实应变，由这些数值得到的曲线称为真实应力-应变曲线。钢拉伸时的真实 σ-ε 曲线如图 2.24 所示，为了便于比较，在图中用虚线绘出拉伸时的一般应力-应变曲线。

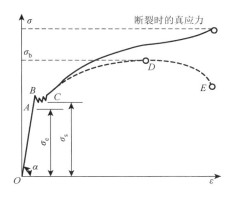

图 2.24　钢拉伸时的真实 σ-ε 曲线

当应变较小时，一般 σ-ε 曲线和真实 σ-ε 曲线非常接近。两者在应变强化阶段开始出现差异，此时应变量明显增大。特别是在缩颈阶段，二者出现较大的分离。在一般 σ-ε 曲线中，由于初始横截面积 S_0 为常数，试样实际承受的应力、载荷是减小的。但在真实 σ-ε 曲线中，缩颈时，实际横截面积一直减少至断裂，材料实际上承受的应力一直是增加的。

请分析思考，既然两种应力-应变曲线不同，实验中为什么还是采用一般应力-应变曲线？

2.6.2　复合材料拉伸时的力学性能

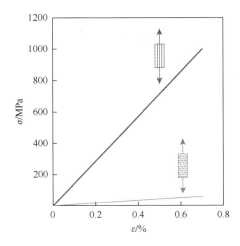

图 2.25　碳纤维/环氧树脂基体复合材料的
应力-应变图

复合材料是由几种不同材料通过复合工艺组合而成的新型材料，目前已广泛应用于航空航天工程、高速列车和汽车工业等领域。复合材料一般由基体、增强纤维和界面组成，其中树脂基复合材料应用较为广泛。复合材料的力学性能与各组分材料的力学性能、各组分的含量等有关。在外力作用下，复合材料的变形不同于各向同性材料，具有较强的各向异性和非均质性特点。如图 2.25 所示，为碳纤维/环氧树脂基体复合材料的应力-应变图。从图中看出，沿纤维方向拉伸时的弹性模量与垂直于纤维方向拉伸时的弹性模量差异较大，应按各向异性材料进行力学分析。请思考，如何通过试验测量复合材料试样不同方向上的弹性模量？强度极限又该如何取？

思维导图 2

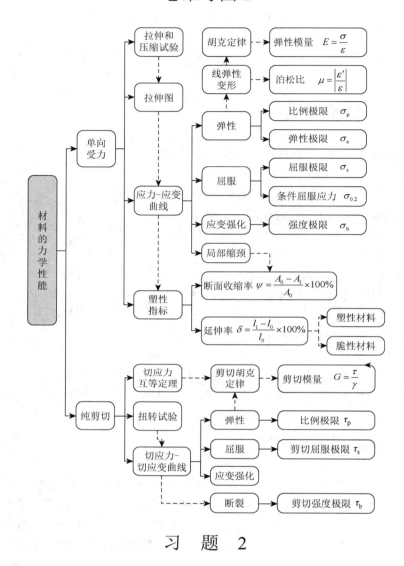

习　题　2

2-1　关于低碳钢试样拉伸至屈服时，有以下结论，请判断哪一个是正确的：（　　　）。

A. 应力和塑性变形很快增加，因而认为材料失效

B. 应力和塑性变形虽然很快增加，但不意味着材料失效

C. 应力有波动，塑性变形很快增加，因而认为材料失效

D. 应力有波动，塑性变形很快增加，但不意味着材料失效

2-2　某材料的应力-应变曲线如题 2-2 图所示，根据该曲线，材料的条件屈服应力 $\sigma_{0.2}$ 约为（　　　）。

A. 135 MPa　　　　　　B. 235 MPa　　　　　　C. 325 MPa　　　　　　D. 380 MPa

2-3　三根圆棒试样，其面积和长度均相同，进行拉伸试验得到的 $\sigma\text{-}\varepsilon$ 曲线如题 2-3 图所示，其中强度最高、刚度最大、塑性最好的试样分别是（　　　）。

A. a, b, c　　　　　　　　　　　B. b, c, a

C. c, b, a　　　　　　　　　　　D. c, a, b

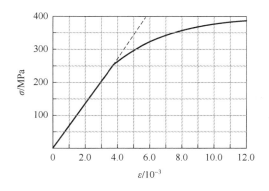

题 2-2 图　　　　　　　　　　　　　　　　题 2-3 图

2-4　在低碳钢拉伸时的 σ-ε 曲线，若断裂点的横坐标为 ε，则 ε（　　）。

　　A. 大于延伸率　　　　　　　　　　　B. 小于延伸率

　　C. 等于延伸率　　　　　　　　　　　D. 不能确定

2-5　关于解除外力后，消失的变形和残余的变形的定义，以下结论哪个是正确的？（　　）

　　A. 分别称为弹性变形、塑性变形　　　B. 通称为塑性变形

　　C. 分别称为塑性变形、弹性变形　　　D. 通称为弹性变形

2-6　低碳钢在拉伸试验时，其断口形状是（　　）；铝在拉伸试验时，其断口形状是（　　）；铸铁在拉伸试验时，其断口形状是（　　）。答：（　　）。

　　A. 杯锥状，斜截面，平面　　　　　　B. 杯锥状，平面，杯锥状

　　C. 平面，杯锥状，平面　　　　　　　D. 杯锥状，平面，斜截面

2-7　某材料的应力-应变曲线如题 2-7 图所示。试根据该曲线确定：

　　（1）材料的弹性模量 E、比例极限 σ_p 与条件屈服应力 $\sigma_{0.2}$；

　　（2）当应力增加到 $\sigma = 350$ MPa 时，材料的弹性应变 ε_e 与塑性应变 ε_p。

2-8　一根直径 $d = 20$ mm，长度 $l = 1$ m 的轴向拉杆，在弹性范围内承受拉力 $F_p = 40$ kN。已知材料的弹性模量 $E = 210$ GPa，泊松比 $\mu = 0.3$。求该杆的轴向变形 Δl 和直径改变量 Δd。

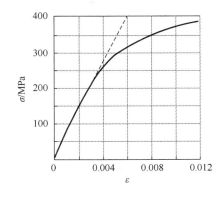

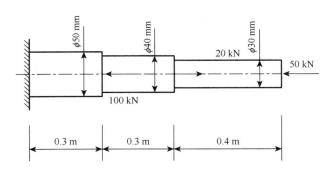

题 2-7 图　　　　　　　　　　　　　　　　题 2-9 图

2-9　如题 2-9 图所示阶梯杆为圆截面杆，杆的直径、纵向尺寸及所受载荷如图所示。求杆的轴向变形。材料的弹性模量 $E = 120$ GPa。

2-10　初始直径为 12 mm、标距长度为 50 mm 的合金钢试样的应力-应变曲线如题 2-10 图（a）、（b）所示。求材料大体的弹性模量，引起试样屈服的载荷，以及试样所能承受的极限载荷。如果对试样加载直到其应力达到 90 MPa，求试样在卸载后的弹性恢复量和标距的伸长量。

2-11　长 200 mm、直径为 15 mm 的丙烯酸塑料圆棒如题 2-11 图所示。已知材料弹性模量 $E = 2.70$ GPa，泊松比 $\mu = 0.4$。如果在圆棒上施加 300 N 的轴向载荷，求圆棒在长度与直径上的变化。

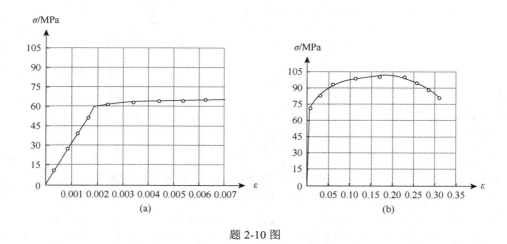

题 2-10 图

2-12　如题 2-12 图所示，薄壁圆管承受 40 kN 的轴向力。若圆管在弹性范围内伸长了 3 mm，圆周长减少了 0.09 mm，试确定圆管材料的弹性模量、泊松比及剪切模量。

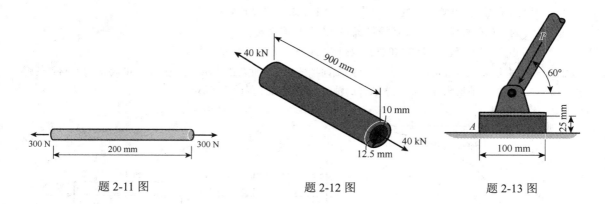

题 2-11 图　　　　　　　　　　　题 2-12 图　　　　　　　　　题 2-13 图

2-13　如题 2-13 图所示，宽度为 50 mm 的摩擦垫 A 用于支承所受轴向力为 $P = 2$ kN 的构件。摩擦垫材料的弹性模量 $E = 4$ MPa，泊松比 $\mu = 0.4$。假设材料是线弹性的，同时忽略作用在摩擦垫上的力矩。如果没有发生滑动，试确定摩擦垫竖直方向的正应变和正对竖直平面内的切应变。

第3章 轴向拉伸和压缩

3.1 轴向拉伸和压缩杆件及实例

承受轴向载荷的杆件在工程中的应用非常广泛。例如，图 3.1 为动力机械中的活塞杆；图 3.2 为桁架结构中的拉杆、压杆；图 3.3 为用于连接的螺栓；图 3.4 为汽车式起重机的支腿；图 3.5 为舰载火炮操纵系统中的二力杆等。

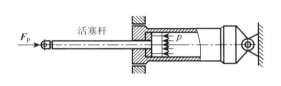

图 3.1　活塞杆

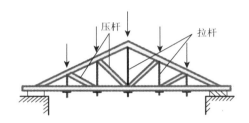

图 3.2　桁架

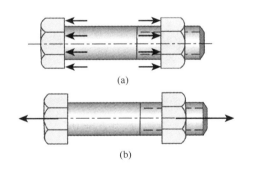

图 3.3　螺栓

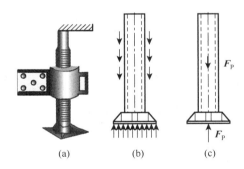

图 3.4　汽车式起重机

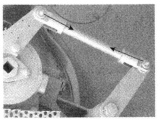

图 3.5　舰载火炮操纵系统中的二力杆

　　虽然这些杆件的外形各有差异，加载方式也不同，但可以对其形状和受力情况进行简化，如图 3.3（b）、图 3.4（c）所示。这些杆件的受力和变形特点为：作用于杆件两端的外力大小相等，方向相反，作用线与杆件轴线重合，即称轴向力；杆件变形是沿轴线方向的伸长或缩短。这种变形称为轴向拉伸和压缩。

　　图 3.6（a）为简易起重机的计算简图，其中杆 *CB* 在轴向力作用下，产生伸长变形，称为拉杆［图 3.6（b）］；杆 *AB* 在轴向力作用下，产生缩短变形，称为压杆［图 3.6（c）］。发生轴向拉伸（或压缩）的杆件，统称为拉（压）杆。

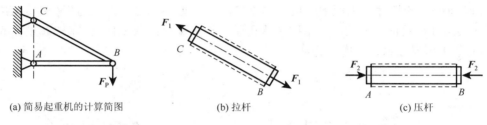

(a) 简易起重机的计算简图　　　　　　　　(b) 拉杆　　　　　　　　(c) 压杆

图 3.6　简易起重机中的拉（压）杆

3.2　轴力和轴力图

3.2.1　轴力

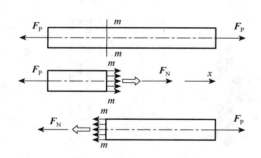

图 3.7　拉压杆横截面上的轴力

　　要研究拉（压）杆的强度问题，需要先研究其横截面上的内力。

　　利用截面法求拉（压）杆的内力。在图 3.7 所示受轴向拉力 F_P 的杆件上作任一横截面 *m-m*，将杆分成左右两段。取左段杆，并以内力的合力 F_N 代替右段杆对左段杆的作用力。由平衡方程

$$\sum F_x = 0 , \quad F_N - F_P = 0$$

由于 F_P 向外拉，则

$$F_N = F_P > 0$$

合力 F_N 的方向正确。因而当外力沿着杆件的轴线作用时，杆件横截面上只有一个与轴线重合的内力分量，即**轴力** F_N。

　　若取右段杆，同理由平衡方程

$$\sum F_x = 0 , \quad F_P - F_N = 0$$

得

$$F_N = F_P > 0$$

图 3.7 中 F_N 的方向也是正确的。

　　材料力学中轴力的符号是由杆件的变形决定，而不是由平衡方程决定。习惯上将轴力 F_N 的正负号规定为：拉伸时，轴力 F_N 为正，称为**拉力**；压缩时，轴力 F_N 为负，称为**压力**。

　　在用截面法求轴力的时候，通常先将轴力设为拉力，如果结果是负值，则轴力为压力。

3.2.2　轴力图

杆有无穷多个横截面，每个横截面上的轴力大小可能并不相同，轴力沿杆轴的分布可以用图形描述。该图一般以杆轴线为横坐标表示截面位置，纵坐标表示轴力大小。描述轴力沿杆轴线变化情况的曲线称为**轴力图**（axial force diagram）。通过该图可确定最大轴力 $F_{N,max}$ 的位置和数值。

画轴力图需要多次利用截面法，求出所有横截面上的轴力。一般情况下，两个相邻外力作用面之间的轴力是相等的。

例 3.1　求如图 3.8（a）所示杆件的轴力，并作轴力图。

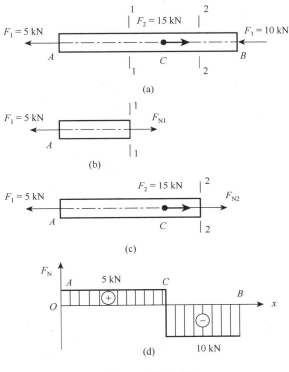

图 3.8　例 3.1 图

解　（1）计算各段轴力。

在 AC 段内，作截面 1-1，取左段杆为研究对象［图 3.8（b）］，右段杆对左段杆的作用力用轴力 F_{N1} 表示，并假设为拉力。由平衡方程

$$\sum F_x = 0, \qquad F_{N1} - 5 = 0$$

得

$$F_{N1} = 5 \text{ kN}（拉力）$$

所得结果为正值，表明 F_{N1} 的方向应与图 3.8（b）中所示方向相同，为拉力。

在 CB 段内，作截面 2-2，取左段杆为研究对象［图 3.8（c）］，右段杆对左段杆的作用力用轴力 F_{N2} 表示，并假设 F_{N2} 为拉力，方向如图所示。由平衡方程

$$\sum F_x = 0, \qquad F_{N2} + 15 - 5 = 0$$

得

$$F_{N2} = -10 \text{ kN（压力）}$$

所得结果为负值，表明 F_{N2} 的方向应与图 3.8（c）中所示方向相反，为压力。

（2）画轴力图。

选截面位置为横坐标，相应截面上的轴力为纵坐标，根据适当比例，画出图线，如图 3.8（d）所示。由图可知 CB 段的轴力值最大，即 $F_{N, \max} = 10 \text{ kN}$。

注意两个问题：

（1）求轴力时，外力不能沿作用线随意移动（如 F_2 沿轴线移动）。因为材料力学中研究的对象是变形体，不是刚体，所以力的可传性原理的应用是有条件的。

（2）截面不能刚好截在外力作用点处（如通过 C 点），因为工程实际上并不存在几何意义上的点和线，而实际的力只可能作用于一定微小面积内。

例 3.2　画如图 3.9（a）所示直杆的轴力图。

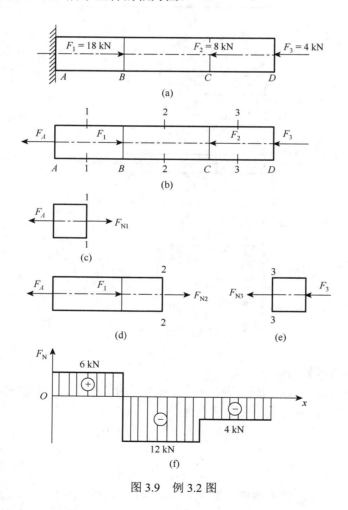

图 3.9　例 3.2 图

解　（1）求支座反力。

对于直杆的受力情况，固定端 A 处只有水平方向的约束力 F_A，如图 3.9（b）所示。直杆在 4 个力的作用下处于平衡状态，由平衡方程

$$\sum F_x = 0, \quad -F_A + F_1 - F_2 - F_3 = 0$$

得

$$F_A = 6\ \text{kN}$$

（2）计算各段轴力。

在 *AB* 段内，沿任一截面 1-1 切开，取左段为研究对象（也可取右段为研究对象，结果相同），假设轴力为拉力，所取研究对象处于平衡状态，由平衡方程

$$\sum F_x = 0, \quad -F_A + F_{N1} = 0$$

得

$$F_{N1} = 6\ \text{kN}$$

所得结果为正值，表明轴力与图 3.9（c）所示方向相同，为拉力。*AB* 段内其他截面的轴力与 1-1 截面的轴力相同。

在 *BC* 段内，沿任一截面 2-2 切开，取左段为研究对象，由平衡方程

$$\sum F_x = 0, \quad -F_A + F_1 + F_{N2} = 0$$

得

$$F_{N2} = -12\ \text{kN}$$

所得结果为负值，表明轴力与图 3.9（d）所示方向相反，为压力。

在 *CD* 段内，沿任一截面 3-3 切开，取右段为研究对象，由平衡方程

$$\sum F_x = 0, \quad -F_{N3} - F_3 = 0$$

得

$$F_{N3} = -4\ \text{kN}$$

（3）画轴力图。

在坐标系中画出轴力随截面位置变化的曲线，即轴力图 [图 3.9（f）]。轴力图显示了杆件任一截面轴力的大小，同时表明变形是拉伸还是压缩。

对于轴力图，需要说明以下四点：

（1）轴力图直观地反映了轴力随截面位置的变化关系。

（2）通过轴力图，可以确定出最大轴力的数值及其所在横截面的位置，即确定危险截面位置。

（3）画轴力图时一般应与受力图对正，并且标出正负号。熟练以后可以不必画各段杆的受力图。

（4）载荷作用位置不能移动，材料力学中力为定位矢量。

3.3　拉（压）杆的应力

3.3.1　横截面上的应力

只根据轴力并不能判断杆件是否有足够的强度，还必须用横截面上的应力来度量杆件的受力程度。为了求得应力分布规律，先研究杆件变形，为此提出平面假设。

平面假设：拉（压）杆变形之前横截面为平面，变形之后仍保持为平面，而且垂直于杆轴线，如图 3.10 所示。

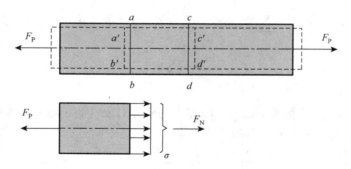

图 3.10　拉（压）杆横截面的变形

根据平面假设得知，图 3.10 中的 $a'b'$ 和 $c'd'$ 截面保持为平面，ac 和 bd 的变形相同，说明横截面上各点沿轴向的正应变相同，由胡克定律可推知横截面上各点正应力也相同，即 σ 等于常量。

由内力与应力的静力学关系式（1.4）的第 1 个方程可确定 σ 的大小。由于微内力 $\mathrm{d}F_\mathrm{N} = \sigma\mathrm{d}A$，所以积分得

$$F_\mathrm{N} = \int_A \sigma\mathrm{d}A = \sigma A$$

则

$$\sigma = \frac{F_\mathrm{N}}{A} \tag{3.1}$$

式中，σ 为横截面上的正应力；F_N 为横截面上的轴力；A 为横截面积。

正应力 σ 的正负号与轴力相同，即拉应力为正，压应力为负。

对于等截面直杆，由式（3.1）知最大正应力发生在最大轴力处，此处最易破坏。而对于变截面直杆，最大正应力的大小不但要考虑轴力最大值 $F_{\mathrm{N,max}}$，同时还要考虑面积最小值 $A_{\min}$。

例 3.3　如图 3.11（a）所示结构，试求杆件 AB、CB 的应力。已知 $F_\mathrm{P} = 20\ \mathrm{kN}$，斜杆 AB 为直径 20 mm 的圆截面杆，水平杆 CB 为 15 mm×15 mm 的方截面杆。

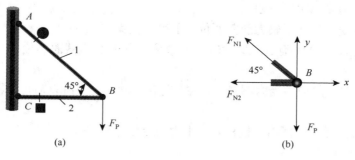

图 3.11　例 3.3 图

解　（1）计算各杆件的轴力。

在外力 F_P 作用下，结构中杆件 AB、CB 发生轴向拉伸或压缩变形。设斜杆为 1 杆，水平杆为 2 杆，其轴力分别为 F_{N1} 与 F_{N2}。利用截面法，取节点 B 为研究对象，画受力图，如图 3.11（b）所示。由平衡方程

$$\sum F_x = 0, \quad F_{\mathrm{N1}}\cos 45° + F_{\mathrm{N2}} = 0$$

$$\sum F_y = 0, \quad F_{\mathrm{N1}}\sin 45° - F_\mathrm{P} = 0$$

得

$$F_{N1} = 28.3 \text{ kN}, \quad F_{N2} = -20 \text{ kN}$$

（2）计算各杆件的应力。

由式（3.1）可知，杆件 AB 的正应力为

$$\sigma_1 = \frac{F_{N1}}{A_1} = \frac{28.3 \times 10^3}{\dfrac{\pi}{4} \times 20^2 \times 10^{-6}} = 9 \times 10^7 (\text{Pa}) = 90 (\text{MPa})$$

所得结果为正值，表明杆件 AB 任一横截面的正应力是拉应力。

杆件 CB 的正应力为

$$\sigma_2 = \frac{F_{N2}}{A_2} = \frac{-20 \times 10^3}{15^2 \times 10^{-6}} = -8.9 \times 10^7 (\text{Pa}) = -89 (\text{MPa})$$

所得结果为负值，表明杆件 CB 任一横截面的正应力是压应力。

例 3.4　图 3.12（a）所示右端固定的阶梯形圆截面杆，同时承受轴向载荷 F_1 与 F_2 作用，试计算杆内横截面上的最大正应力。已知载荷 $F_1 = 20 \text{ kN}$，$F_2 = 50 \text{ kN}$，直径 $d_1 = 20 \text{ mm}$，$d_2 = 30 \text{ mm}$。

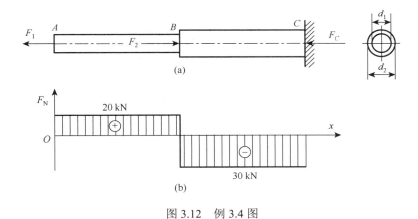

图 3.12　例 3.4 图

解　（1）计算支座反力。

设杆右端的支座反力为 F_C，则由整个杆的平衡方程，得

$$F_C = F_2 - F_1 = 50 - 20 = 30 (\text{kN})$$

（2）轴力分析。

设 AB 与 BC 段的轴力均为拉力，并分别用 F_{N1} 与 F_{N2} 表示，则由截面法可知

$$F_{N1} = F_1 = 20 \text{ kN}, \qquad F_{N2} = -F_C = -30 \text{ kN}$$

所得 F_{N2} 为负，表明 BC 段的轴力为压力。根据上述轴力值，画杆的轴力图，如图 3.12（b）所示。

（3）应力分析。

AB 段的轴力较小，但横截面积也较小，BC 段的轴力虽较大，但横截面积也较大。因此，应对两段杆的应力进行分析计算。

由式（3.1）可知，AB 段内任一横截面上的正应力为

$$\sigma_1 = \frac{F_{N1}}{A_1} = \frac{4F_{N1}}{\pi d_1^2} = \frac{4 \times 20 \times 10^3}{\pi \times (20 \times 10^{-3})^2} = 6.37 \times 10^7 (\text{Pa}) = 63.7 (\text{MPa}) \quad (\text{拉应力})$$

而 BC 段内任一横截面上的正应力则为

$$\sigma_2 = \frac{F_{N2}}{A_2} = \frac{4F_{N2}}{\pi d_2^2} = \frac{4 \times (-30 \times 10^3)}{\pi \times (30 \times 10^{-3})^2} = -4.24 \times 10^7 (\text{Pa}) = -42.4 (\text{MPa}) \quad (\text{压应力})$$

可见，杆内横截面上的最大正应力为

$$\sigma_{\max} = \sigma_1 = 63.7 \text{ MPa}$$

3.3.2　斜截面上的应力

为了更全面地了解拉（压）杆内的应力情况，还需研究斜截面上的应力。

考虑图 3.13（a）所示拉（压）杆，利用截面法，假想沿任一斜截面 m-m 将杆切开，该截面的方位以外法线 On 与 x 轴的夹角 α 表示。由前述分析可知，杆内各点沿轴向的变形相同，因此，在相互平行的截面 m-m 与 m'-m' 间，各纵向线沿轴向的变形也相同。因此，斜截面 m-m 上的应力 p_α 沿截面均匀分布 [图 3.13（b）]。

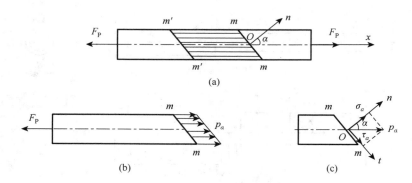

图 3.13　拉（压）杆斜截面上的应力

设横截面积为 A，由左段杆在轴线方向的平衡方程

$$p_\alpha \frac{A}{\cos \alpha} - F_P = 0$$

得斜截面上各点处的应力为

$$p_\alpha = \frac{F_P \cos \alpha}{A} = \sigma_0 \cos \alpha$$

式中，$\sigma_0 = F_P / A$，代表杆件横截面上的正应力。

将应力 p_α 沿截面法向与切向分解 [图 3.13（c）]，得斜截面上的正应力与切应力分别为

$$\sigma_\alpha = p_\alpha \cos \alpha = \sigma_0 \cos^2 \alpha \tag{3.2}$$

$$\tau_\alpha = p_\alpha \sin \alpha = \frac{\sigma_0}{2} \sin 2\alpha \tag{3.3}$$

可见，在拉（压）杆的任一斜截面上，不仅存在正应力，而且存在切应力，其大小均随截面方位变化。

由式（3.2）可知，当 $\alpha = 0°$ 时，正应力最大，其值为

$$\sigma_{\max} = \sigma_0 \qquad (3.4)$$

即拉（压）杆的最大正应力发生在横截面上，其值为 σ_0。

由式（3.3）可知，当 $\alpha = 45°$ 时，切应力最大，其值为

$$\tau_{\max} = \sigma_0 / 2 \qquad (3.5)$$

即拉（压）杆的最大切应力发生在与杆轴成 45° 的斜截面上，其值为 $\sigma_0/2$。

为便于应用上述公式，现对方位角与切应力的正负符号作如下规定：以 x 轴为始边，方位角 α 逆时针转向为正；将截面外法线 On 沿顺时针方向旋转 90°，与该方向同向的切应力 τ_α 为正。按此规定，图 3.13（c）所示的 α 与 τ_α 均为正。

例 3.5　图 3.14（a）所示轴向受压等截面杆，横截面积 $A = 400 \text{ mm}^2$，载荷 $F_P = 50 \text{ kN}$。试求斜截面 *m-m* 上的正应力与切应力。

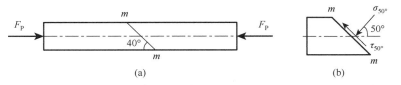

图 3.14　例 3.5 图

解　杆件横截面上的正应力为

$$\sigma_0 = \frac{F_N}{A} = \frac{-F_P}{A} = \frac{-50 \times 10^3}{400 \times 10^{-6}} = -125 (\text{MPa})$$

可以看出，斜截面 *m-m* 的方位角为

$$\alpha = 50°$$

于是，由式（3.2）与式（3.3），得斜截面 *m-m* 上的正应力与切应力分别为

$$\sigma_{50°} = \sigma_0 \cos^2 \alpha = -1.25 \times 10^8 \times \cos^2 50° = -5.16 \times 10^7 (\text{Pa}) = -51.6 (\text{MPa})$$

$$\tau_{50°} = \frac{\sigma_0}{2} \sin 2\alpha = \frac{-1.25 \times 10^8}{2} \times \sin 100° = -6.16 \times 10^7 (\text{Pa}) = -61.6 (\text{MPa})$$

所得结果为负值，表明应力的实际方向如图 3.14（b）所示。

3.3.3　杆端区域的应力分布

当作用在杆端的轴向外力沿横截面非均匀分布时，外力作用点附近各截面的应力也为非均匀分布。法国科学家圣维南（Saint-Venant）指出，力作用于杆端的分布方式，只影响杆端局部范围的应力分布，影响区的轴向范围约离杆端 1～2 倍杆的横向尺寸。此原理称为**圣维南原理**，已为大量试验与计算所证实。例如，图 3.15（a）所示承受集中力 F_P 作用的杆，其截面高度为 h，宽度为 δ，在 $x = h/4$ 与 $h/2$ 的横截面 1-1 与 2-2 上，应力虽为非均匀分布 [图 3.15（b），（c）]，但在 $x = h$ 的横截面 3-3 上，应力则趋向均匀 [图 3.15（d）]。因此，只要外力合力的作用线沿杆件轴线，在离外力作用面稍远处，横截面上的应力分布均可视为均匀的。

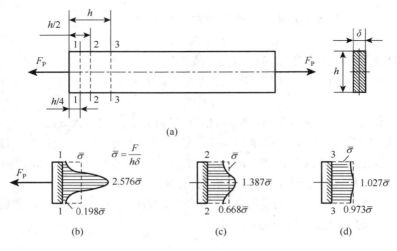

图 3.15　杆端应力

3.3.4　应力集中

实际工程构件中，有些零件常存在切口、切槽、油孔、螺纹等，致使这些部位上的截面尺寸发生突然变化。如图 3.16 所示开有圆孔和带有切口的板条，当其受轴向拉伸时，在圆孔和切口附近的局部区域内，应力的数值剧烈增加，而在离开这一区域稍远的地方，应力迅速降低而趋于均匀。这种现象称为**应力集中**（stress concentration）。

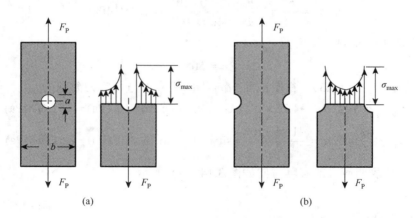

图 3.16　应力集中

截面尺寸变化越急剧，孔越小，角越尖，应力集中的程度就越严重，局部出现的最大应力 σ_{max} 就越大。鉴于应力集中往往会削弱杆件的强度，因此在设计中应尽可能避免或降低应力集中的影响。

为了表示应力集中的强弱程度，定义理论应力集中因数（stress concentration factor）

$$K = \frac{\sigma_{max}}{\sigma_0} \tag{3.6}$$

式中，σ_{max} 为发生应力集中截面上的应力峰值；σ_0 为名义应力（不考虑应力集中时该截面上的平均应力）。如对图 3.16（a）和（b）所示厚度为 t 的矩形截面板条，名义应力

$$\sigma_0 = \frac{F_P}{t(b-a)}$$

理论应力集中因数 K 可查阅有关设计手册。必须指出，材料的良好塑性变形能力可以缓和应力集中峰值，因而对低碳钢之类的塑性材料，应力集中对强度的削弱作用不是很明显，而对脆性材料，特别是对铸铁等内含大量显微缺陷、组织不均匀的材料将造成严重影响。

综上所述，对于等截面直杆，忽略杆端区域的影响，认为横截面上应力是均匀分布的，其正应力可按公式（3.1）计算；对于横截面平缓变化的拉（压）杆，一般在工程中按式（3.1）近似计算；对于截面突变的杆件，若由塑性材料制成，在静载荷作用下通常不考虑应力集中的影响，而由脆性材料制成的，则需要注意应力集中，特别是组织均匀的脆性材料，通常按局部的最大应力进行强度计算。

3.4　许用应力和拉（压）杆的强度条件

3.4.1　许用应力与安全系数

由于各种原因使构件丧失其正常工作能力的现象，称为失效。构件发生强度失效时的应力称为**极限应力**（ultimate stress）。拉（压）杆的极限应力用 σ_u 表示。

对于塑性材料制成的拉（压）杆，材料失效时产生明显的塑性变形，并伴有屈服现象，通常取屈服极限 σ_s 为极限应力 σ_u；对于无明显屈服阶段的塑性材料，取条件屈服应力 $\sigma_{0.2}$ 为极限应力 σ_u。对于脆性材料制成的拉（压）杆，材料失效时几乎不产生塑性变形而突然断裂，取断裂时的应力即强度极限 σ_b 为极限应力 σ_u。

为了保证构件安全正常工作，不仅要求不发生强度失效，而且要有一定的安全裕度，即容许的最大应力值，称为**许用应力**（allowable stress），拉（压）杆的许用应力表示为

$$[\sigma] = \frac{\sigma_u}{n} \tag{3.7}$$

式中，n 为安全因数。

对塑性材料，许用应力为

$$[\sigma] = \frac{\sigma_s}{n_s} \quad 或 \quad [\sigma] = \frac{\sigma_{0.2}}{n_s} \tag{3.8}$$

式中，n_s 为塑性材料的安全因数，一般取 $n_s = 1.5 \sim 2.0$。

对脆性材料，许用应力为

$$[\sigma] = \frac{\sigma_b}{n_b} \tag{3.9}$$

式中，n_b 分别为脆性材料的安全因数，一般取 $n_b = 2.5 \sim 3.0$。

安全因数的选定应根据有关规定或查阅国家有关规范和设计手册得到，同时要体现工程上处理安全与经济这对矛盾的原则，其影响因素如下：

（1）对载荷估计的准确性与把握性。如重力、压力容器的压力等可准确估计与测量，大自然的水力、风力、地震力等则较难估计。

（2）材料的均匀性与力学性能指标的稳定性。如低碳钢之类的塑性材料，组织较均匀，强度指标较稳定，塑性变形阶段可作为断裂破坏前的缓冲，而铸铁之类的脆性材料正相反，强度

指标分散度大，应力集中、微细观缺陷对强度均造成较大影响。

（3）计算公式的近似性。由于应力、应变等理论计算公式建立在材料均匀连续、各向同性假设基础上，以及拉伸（压缩）时的应力和变形公式还要求载荷通过等截面直杆的轴线等，所以材料不均匀性、加载的偏心及杆件的初曲率都会造成理论计算不精确。

（4）环境影响。实际构件的工作环境比实验室要复杂得多，如加工精度，腐蚀介质，高、低温等问题均应予以考虑。

各种材料的[σ]值可在材料手册中查到。常见材料的许用应力值列于表 3.1 中。

表 3.1　常见材料的许用应力

材料	许用应力[σ]/MPa	
	拉伸	压缩
灰铸铁	32～80	120～150
松木（顺纹）	7～12	10～12
混凝土	0.1～0.7	1～9
A2 钢	140	
A3 钢	160	
16 Mn	240	
45 钢	190	
铜	30～120	
强铝	80～150	

3.4.2　强度条件

为了确保拉（压）杆不致因强度不足而失效，其最大工作应力 σ_{max} 应满足下列强度条件：

$$\sigma_{max} \leqslant [\sigma] \tag{3.10}$$

对于等截面直杆，拉伸或压缩时的强度条件可改写成

$$\sigma_{max} = \frac{F_{N, max}}{A} \leqslant [\sigma] \tag{3.11}$$

式（3.10）和式（3.11）称为**拉（压）杆的强度条件**，是判断杆件能否安全正常工作的依据，可以进行以下三方面的强度计算。

（1）校核强度。已知杆件的尺寸和所用的材料（已知许用应力），以及所受的载荷，检验杆是否具有足够的强度。如果工作应力 $\sigma_{max} \leqslant [\sigma]$，杆有足够的强度，能安全正常地工作；如果工作应力 $\sigma_{max} > [\sigma]$，一般认为杆的强度不足，不能安全正常地工作。需要说明的是，工作应力 σ_{max} 不超过[σ]的 5%，在工程计算中通常是允许的。

（2）设计截面尺寸。已知杆件所用的材料和杆所受的外力，当杆的横截面形状确定以后，要求杆横截面所需的尺寸：$A \geqslant \dfrac{F_{N, max}}{[\sigma]}$。

（3）确定杆件所能承受的最大安全载荷，即许用载荷。已知杆件的尺寸和所用的材料，先利用平衡方程求出杆件的最大轴力表达式，然后通过 $F_{N,max} \leqslant A[\sigma]$ 确定许用载荷[F_P]。

对于变截面杆（如阶梯杆），σ_{max} 不一定在 $F_{N,max}$ 处，还与横截面积 A 有关。

例 3.6　如图 3.17(a)所示，刚性杆 *ACB* 有圆杆 *CD* 悬挂在 *D* 点，*B* 端作用集中力 $F_P = 25$ kN，已知杆 *CD* 的直径 $d = 20$ mm，许用应力$[\sigma] = 160$ MPa。

（1）试校核 *CD* 杆的强度；

（2）求结构的许用载荷$[F_P]$；

（3）若 $F_P = 50$ kN，重新设计杆 *CD* 的直径。

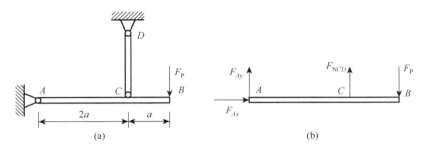

图 3.17　例 3.6 图

解　（1）校核杆 *CD* 的强度。

先求杆 *CD* 的受力，以刚性杆 *ACB* 为研究对象，受力如图 3.17（b）所示。由平衡方程

$$\sum M_A = 0, \quad F_{NCD} \cdot 2a - F_P \cdot 3a = 0$$

得

$$F_{NCD} = 1.5 F_P$$

杆 *CD* 发生轴向拉伸，根据拉（压）杆的强度条件式（3.11），得到

$$\sigma = \frac{F_{NCD}}{A} = \frac{1.5 F_P}{\pi d^2 / 4} = \frac{1.5 \times 25 \times 10^3}{3.14 \times 0.02^2 / 4} = 119 (\text{MPa}) < [\sigma]$$

表明杆 *CD* 的强度足够。

（2）求结构的许用载荷$[F_P]$。

随着载荷 F_P 的增加，杆 *CD* 的工作应力逐渐增大，根据拉（压）杆的强度条件

$$\sigma = \frac{F_{NCD}}{A} \leqslant [\sigma], \quad F_{NCD} = 1.5 F_P \leqslant A[\sigma]$$

得

$$F_P \leqslant \frac{2A[\sigma]}{3} = \frac{2 \times 3.14 \times 0.02^2 \times 160 \times 10^6}{3 \times 4} = 33.5 (\text{kN})$$

即结构的许用载荷$[F_P] = 33.5$ kN。

（3）设计杆 *CD* 的直径。

若 $F_P = 50$ kN，根据拉（压）杆的强度条件

$$\sigma = \frac{F_{NCD}}{A} \leqslant [\sigma], \qquad A = \frac{\pi d^2}{4} \geqslant \frac{F_{NCD}}{[\sigma]} = \frac{1.5 F_P}{[\sigma]}$$

得

$$d \geqslant \sqrt{\frac{6 F_P}{\pi [\sigma]}} = \sqrt{\frac{6 \times 50 \times 10^3}{3.14 \times 160 \times 10^6}} = 24.4 (\text{mm})$$

取 $d = 25$ mm。一般在保证强度的同时，直径取一整数。

通过上述例题可归纳强度计算的规范步骤：

（1）求各杆轴力（或画轴力图）。

（2）确定危险截面（最大轴力或最小截面），计算最大工作应力。

（3）利用拉（压）杆的强度条件进行校核强度或设计截面尺寸或确定许用载荷。

（4）结果及讨论。

例3.7　杆系结构如图3.18所示，已知杆 AB、AC 材料相同，许用应力$[\sigma]=160$ MPa，横截面积分别为 $A_1=706.9$ mm^2，$A_2=314$ mm^2，试确定此结构许用载荷$[F_P]$。

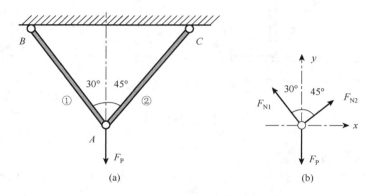

图3.18　例3.7图

解　（1）计算各杆轴力。

由平衡方程计算实际轴力。设杆 AB 的轴力为 F_{N1}，杆 AC 的轴力为 F_{N2}，节点 A 的受力图如图3.18（b）所示。

由 $\sum F_x=0$，得

$$F_{N2}\sin45°-F_{N1}\sin30°=0 \qquad ①$$

由 $\sum F_y=0$，得

$$F_{N1}\cos30°+F_{N2}\cos45°-F_P=0 \qquad ②$$

由强度条件计算各杆容许轴力

$$[F_{N1}]\leqslant A_1[\sigma]=706.9\times160\times10^6\times10^{-6}=113.1(\text{kN}) \qquad ③$$

$$[F_{N2}]\leqslant A_2[\sigma]=314\times160\times10^6\times10^{-6}=50.2(\text{kN}) \qquad ④$$

由于杆 AB、AC 不一定同时达到容许轴力，如果将$[F_{N1}]$，$[F_{N2}]$代入式②，解得

$$[F_P]=133.5 \text{ kN}$$

显然是错误的。实际上，各杆轴力与结构载荷 F_P 应先满足平衡方程。

正确的解应由式①、式②联立解得

$$F_{N1}=\frac{2F_P}{1+\sqrt{3}}=0.732F_P \qquad ⑤$$

$$F_{N2}=\frac{\sqrt{2}F_P}{1+\sqrt{3}}=0.518F_P \qquad ⑥$$

（2）求许用载荷$[F_P]$。

根据各杆的强度条件计算所对应的载荷$[F_P]$。由式③、式⑤有

$$F_{N1} \leqslant A_1[\sigma] = 113.1\,\text{kN}, \quad 0.732F_P \leqslant 113.1\,\text{kN}$$

得

$$F_P \leqslant 154.5\,\text{kN} \qquad\qquad ⑦$$

由式④、式⑥有

$$F_{N2} \leqslant A_2[\sigma] = 50.2\,\text{kN}, \quad 0.518F_P \leqslant 50.2\,\text{kN}$$

得

$$F_P \leqslant 97.1\,\text{kN} \qquad\qquad ⑧$$

要同时保证杆 AB、AC 的强度，应取式⑦、式⑧二者中的小值，因而得

$$[F_P] = 97.1\,\text{kN}$$

上述分析表明，求解杆系结构的许用载荷时，要保证各杆受力既满足平衡条件又满足强度条件。

3.5 思考与讨论

3.5.1 复合材料等截面直杆的轴向拉伸

两种不同材料组成的复合材料等截面直杆承受轴向载荷如图 3.19 所示，已知组成杆的两种材料的弹性模量分别为 E_1 和 E_2，而且 $E_1 > E_2$；假设在图示载荷作用下复合材料杆产生均匀拉伸变形。（1）试画出杆件横截面上的正应力分布；（2）确定载荷作用点与右侧面之间的距离；（3）导出两部分横截面上的应力表达式。

重新设计该直杆的尺寸，两根直杆均为矩形截面，宽度均为 b，高度分别为 h_1 和 h_2。现在将该直杆（截面宽度相等、高度不等）的左端固定，右端与刚性块固接，刚性块上安装有 4 个轮子，从而可以在固定的刚性导轨间沿水平方向移动（图 3.20）。试分析：

（1）当载荷 F_P 的作用线与两根杆接触面（图 3.20 中为直线）一致且通过截面宽度中间处时，分析 4 个轮子与导轨之间的约束力。

（2）分析研究在水平方向载荷 F_P 的作用下，4 个轮子与导轨之间的约束力是否为零。

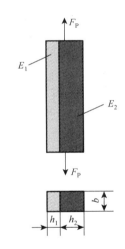

图 3.19 复合材料等截面直杆

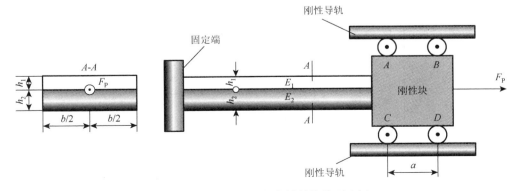

图 3.20 两端加强的复合材料等截面直杆

3.5.2　断缆事故的对策

2001 年 1 月春节前夕，在位于辽东湾的一座海上采油平台旁停靠着一条输油船，输油作业正在紧张地进行着。突然听到"砰"的一声巨响，位于船尾的一条系船缆索被意外地拉断了。要知道这种缆索具有 400 吨的承载力，可见船所受到的推力之大是相当惊人的。幸亏船体由并列的 3 根同样的缆索系固，船体才没有因失控而引发更大的事故。这一事件受到公司领导的高度重视，因为就在此事故几天前的一次输油作业时，也曾发生了类似的事件，平台上一个系缆桩上的两根大直径的脚螺栓被船缆同时拉断了。

输油船受到的推力来自海面上的漂流冰排。2000～2001 年冬季的冰情比较重，在风和海流的拖动下，大面积冰排连续不断地漂流而来，在船尾处被挤压破碎，形成巨大的推力。系船的缆桩所在的平台甲板比船的甲板高，缆索是向下倾斜的。

平台上的专业技术人员将两次事故联系起来进行分析，发现了一个共同因素，就是这两次输油开始时，都恰巧赶上海面处于最高潮位。因为整个输油过程持续了 5 个多小时，作业结束时已接近最低潮位。该海面的潮差可达 4 m 之多，这就意味着缆索的倾角是持续增大的，这是导致上述破坏事件的一个重要原因。为了防范同类问题再次发生，经过对缆索受力和强度因素全面分析，技术人员提出了两项对策，一是调整作业时间，使输油作业在低潮位时开始，接近高潮位时结束；二是调节输油船停靠的朝向，使船头迎向随涨潮漂来的冰排。此后的实践结果证明，这两项措施确实有效，在不增加额外成本的条件下解决了缆索的强度问题。

请思考下列两个问题。

（1）调整作业时间，改变作业开始时的潮位，为什么能改善船缆的受力条件？

（2）船头朝向与冰排的运动方向相反，船体受到的冰力作用是否会改变？通过何种方式改变？

思维导图 3

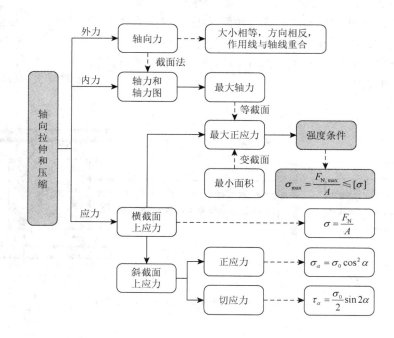

习　题　3

3-1　如题 3-1 图所示的刚性板 ABC 上作用平面力系，约束杆 1、杆 2 材料相同、面积相等，其内力分别为 F_{N1} 和 F_{N2}，比较二者（　　）。

　　A. $F_{N1} = F_{N2}$　　　　　　　　　　　B. $F_{N1} > F_{N2}$

　　C. $F_{N1} < F_{N2}$　　　　　　　　　　　D. 无法确定固定关系

3-2　轴向拉（压）杆，在与其轴线平行的纵向截面上（　　）。

　　A. 正应力为零，切应力不为零

　　B. 正应力不为零，切应力为零

　　C. 正应力和切应力均不为零

　　D. 正应力和切应力均为零

3-3　如题 3-3 图所示阶梯形杆，CD 段为铝，横截面积为 A；BC 和 DE 段为钢，横截面积均为 $2A$。设 1-1、2-2、3-3 截面上的正应力分别为 σ_1、σ_2、σ_3，则其大小次序为（　　）。

　　A. $\sigma_1 > \sigma_2 > \sigma_3$　　　　　　　　　B. $\sigma_2 > \sigma_3 > \sigma_1$

　　C. $\sigma_3 > \sigma_1 > \sigma_2$　　　　　　　　　D. $\sigma_2 > \sigma_1 > \sigma_3$

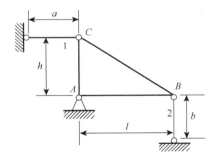　　　　　　　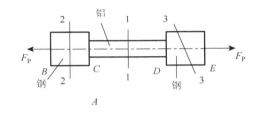

题 3-1 图　　　　　　　　　　　　　　　　　题 3-3 图

3-4　轴向拉伸细长杆件如题 3-4 图所示，则实际应力分布为（　　）。

　　A. 1-1 截面、2-2 截面上应力皆均匀分布

　　B. 1-1 截面上应力非均匀分布，2-2 截面上应力均匀分布

　　C. 1-1 截面上应力均匀分布，2-2 截面上应力非均匀分布

　　D. 1-1 截面、2-2 截面上应力皆非均匀分布

3-5　等截面直杆 CD 位于两块夹板之间，如题 3-5 图所示。杆件与夹板间的摩擦力与杆件自重保持平衡。设杆 CD 两侧的摩擦力沿轴线方向均匀分布，且两侧摩擦力的集度均为 q，杆 CD 的横截面积为 A，密度为 ρ，试问下列结论中正确的是（　　）。

　　A. $q = \rho g A$

　　B. 杆内最大轴力 $F_{N,max} = ql$

　　C. 杆内各横截面上的轴力 $F_N = \dfrac{\rho g A l}{2}$

　　D. 杆内各横截面上的轴力 $F_N = 0$

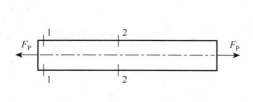

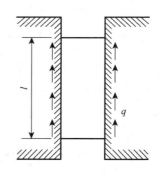

题 3-4 图　　　　　　　　　　　　　题 3-5 图

3-6　轴向拉伸杆，正应力最大的截面和切应力最大的截面（　　）。

　　A. 分别是横截面、45°斜截面　　　　B. 都是横截面

　　C. 分别是 45°斜截面、横截面　　　　D. 都是 45°斜截面

3-7　绘出题 3-7 图所示轴向拉（压）杆的轴力图。

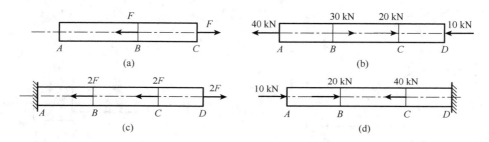

题 3-7 图

3-8　如题 3-8 图所示各杆均为圆截面杆，其直径（单位：mm）及载荷如图所示，材料的抗拉、抗压性能相同。求杆横截面上的最大工作应力。

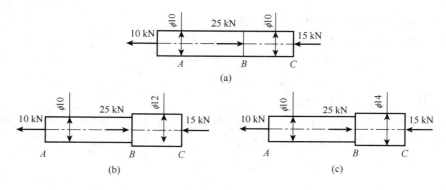

题 3-8 图

3-9　如题 3-9 图所示轴向拉（压）杆均为圆截面杆，各杆直径、尺寸（直径单位：mm）及所受载荷如图所示。求各杆的最大工作应力。

3-10 如题 3-10 图所示结构的 BC 梁上受均布载荷 $q = 50$ kN/m 作用。拉杆 AC 拟用一根等边角钢制作，其许用应力 $[\sigma] = 170$ MPa。试选择角钢型号。

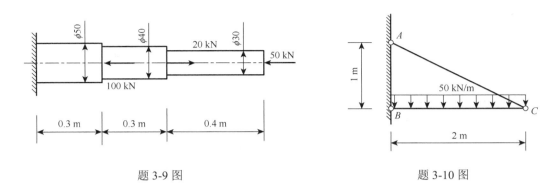

题 3-9 图   题 3-10 图

3-11 如题 3-11 图所示结构中，AC 为钢杆，横截面积 $A_1 = 200$ mm²，BC 为铜杆，横截面积 $A_2 = 300$ mm²。已知许用应力$[\sigma]_钢 = 160$ MPa，$[\sigma]_铜 = 120$ MPa，试求此结构的许用载荷$[F_P]$。

3-12 如题 3-12 图所示吊环，由圆截面斜杆 AB、AC 与横梁 BC 所组成。已知吊环的最大吊重 $F = 500$ kN，斜杆用锻钢制成，其许用应力$[\sigma] = 120$ MPa，斜杆与拉杆轴线的夹角 $\alpha = 20°$。试确定斜杆的直径。

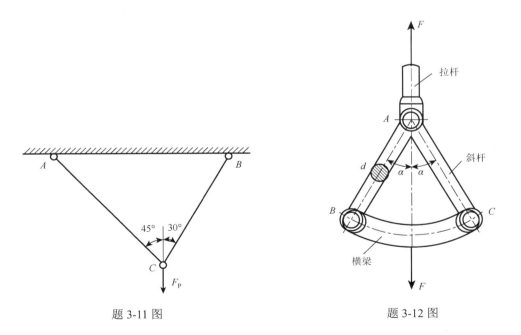

题 3-11 图   题 3-12 图

3-13 如题 3-13 图所示桁架，由杆 1 与杆 2 组成，在铰接点 B 承受载荷 F_P 作用。已知杆 1 与杆 2 的横截面积均为 $A = 100$ mm²，许用拉应力为$[\sigma_t] = 200$ MPa，许用压应力为$[\sigma_c] = 150$ MPa。试确定许用载荷$[F_P]$。

3-14 如题 3-14 图所示结构，AC 为刚性梁，BD 为斜撑杆，载荷 F 可沿梁 AC 水平移动。已知梁长为 l，点 A 与 D 间的距离为 h。试问为使斜撑杆的重量最轻，斜撑杆与梁之间的夹角 θ 应取何值，即确定夹角 θ 的最佳值。

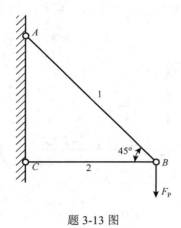

题 3-13 图

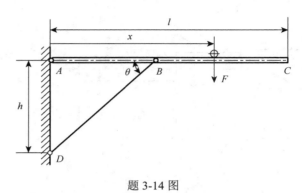

题 3-14 图

第4章 剪 切

4.1 剪切的概念和工程实例

在工程中,常常需要把构件相互连接起来。图 4.1～图 4.4 给出了几种常见的连接,如钢结构中广泛应用的铆钉连接(图4.1);传动轴联轴器的螺栓连接(图4.2);齿轮轴与轮毂之间的键连接(图4.3);拖车挂钩的销钉连接(图4.4)等。这些起连接作用的部件称为**连接件**。

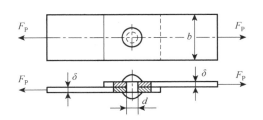

图 4.1 钢结构

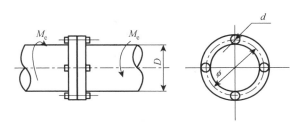

图 4.2 传动轴联轴器

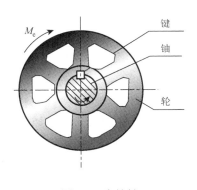

图 4.3 齿轮轴

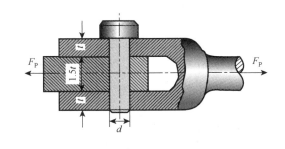

图 4.4 拖车挂钩

在舰艇装备和结构中也有大量的连接件,如艇体结构中的铆钉连接(图4.5),柴油机活塞杆中的螺栓连接等。

由此可以看出,工程上的连接件有以下受力和变形特点:两侧作用大小相等,方向相反,作用线相距很近的横向外力,如图 4.6 所示;两外力作用线间截面发生错动,由矩形变为平行四边形,如图 4.7 所示。

这种变形形式称为**剪切**。夹在两力间发生错动的截面称为剪切面,如图 4.7 中的 *m-m* 截面。此外,剪板机和冲床可以利用剪切变形加工产品。

图 4.5　艇体结构中的铆钉连接

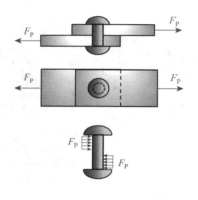

图 4.6　铆钉的受力

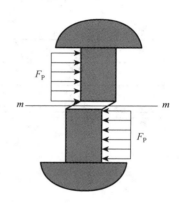

图 4.7　铆钉的变形

若外力过大，连接处会产生三种破坏形式：

（1）剪切破坏。沿铆钉的剪切面剪断，如沿 *m-m* 面剪断（图 4.7）。为了保证铆钉不沿剪切面发生剪断，要有足够的剪切强度。

图 4.8　螺栓的压溃

（2）挤压破坏。在连接件与被连接件的接触面上还形成互相挤压，互相接触面称为挤压面。如图 4.8 所示，螺栓与钢板在相互接触面上因挤压而压溃。为了保证连接件正常工作，螺栓与钢板要有足够的挤压强度。

（3）拉伸破坏。如图 4.6 所示，钢板在受铆钉孔削弱的截面处，应力增大，易在连接处拉断，因此还需要校核此处的拉伸强度。

4.2　剪切的实用计算

由于连接件的受力和变形都比较复杂，要作精确的分析非常困难，而其自身的尺寸又比较小，工程中通常采用简化了的实用计算方法。其要点是：一方面假定应力分布规律，从而计算出各部分的"名义应力"；另一方面，根据实物或模拟试验，采用同样的计算方法，确定材料的极限应力；然后，再根据两方面的结果建立其强度条件。下面以铆钉连接为例，介绍有关概念和计算方法。

　　如图 4.9（a）和（b）所示，连接两块钢板的铆钉两侧受到大小相等，方向相反，作用线相距很近的横向外力作用，发生剪切变形。首先，必须确定剪切面 *m-m*，然后利用截面法求内力。将铆钉沿剪切面 *m-m* 截开，取下半部分为研究对象，剪切面上只有**剪力** F_S，如图 4.9（c）所示。由平衡方程求得剪力 $F_S = F_P$。

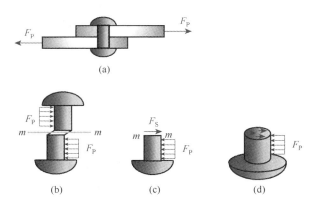

图 4.9　剪切面上的剪力和切应力

　　如图 4.9（d）所示，与剪力相对应的应力为切应力 τ。在剪切实用计算中，假定剪切面上各点处切应力相等，于是剪切面上的**切应力**为

$$\tau = \frac{F_S}{A} \tag{4.1}$$

式中，F_S 为剪切面的剪力；A 为剪切面积。剪切面为圆形时，其剪切面积为 $A = \dfrac{\pi d^2}{4}$，对于如图 4.10 所示的平键，键的尺寸为 $b \times h \times l$，其剪切面积为 $A = bl$。

　　为了保证铆钉不沿剪切面发生大的错动，且有足够的剪切强度，必须满足如下**剪切强度条件**：

$$\tau = \frac{F_S}{A} \leqslant [\tau] \tag{4.2}$$

式中，$[\tau]$ 为铆钉的许用切应力，是仿照连接件的实际受力情况通过试验得出的。如图 4.11 所示，先由剪切试验测出破坏载荷 F_b，计算剪切面上的剪力，再除以剪切面积，得到剪切极限应力 τ_b，将 τ_b 除以安全因数 n 得到许用切应力。

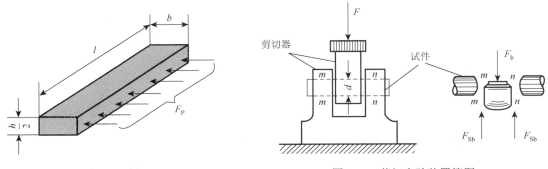

图 4.10　键　　　　　　　　　　　　　　　图 4.11　剪切实验装置简图

各种材料剪切破坏时的许用切应力可从有关手册中查到。

剪切强度条件也适用于其他剪切构件。同时，剪切强度条件可以解决三类强度问题，即校核强度、设计截面尺寸、确定许用载荷。下面举例说明。

例 4.1　如图 4.12 所示冲床，$F_P = 400$ kN，冲头许用应力 $[\sigma] = 400$ MPa，冲剪钢板的极限应力 $\tau_b = 350$ MPa，设计冲头的最小直径值及钢板厚度最大值。

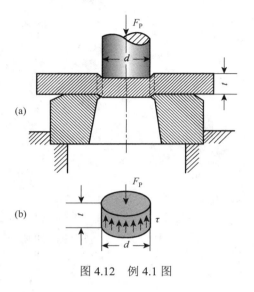

图 4.12　例 4.1 图

解　（1）按冲头压缩强度条件计算 d。由

$$\sigma = \frac{F_N}{A} = \frac{F_P}{\frac{\pi d^2}{4}} \leqslant [\sigma]$$

得

$$d \geqslant \sqrt{\frac{4F_P}{\pi[\sigma]}} = \sqrt{\frac{4 \times 400 \times 10^3}{3.14 \times 400 \times 10^6}} = 35.7 (\text{mm})$$

取冲头的最小直径值为 36 mm。

（2）按钢板剪切强度条件计算厚度 t。由

$$\tau = \frac{F_S}{A} = \frac{F_P}{\pi d t} \geqslant \tau_b$$

得

$$t \leqslant \frac{F_P}{\pi d \tau_b} = \frac{400 \times 10^3}{3.14 \times 36 \times 10^{-3} \times 350 \times 10^6} = 10.1 (\text{mm})$$

可取钢板厚度最大值为 10 mm。

4.3　挤压的实用计算

在承载的情况下，连接件与被连接件接触并相互挤压。如图 4.13（a）就是铆钉孔被压成长圆孔的情况。接触面称为挤压面，挤压面上的压力称为**挤压力**，用 F_{bs} 表示，如图 4.13（b）所示。

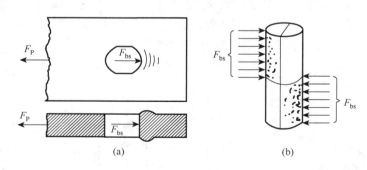

图 4.13　挤压和挤压力

挤压应力（bearing stress）是在接触面上产生的局部应力，用 σ_{bs} 表示。挤压应力是垂直于接触面的正应力。这种挤压应力过大也能在两者接触的局部区域产生较大的塑性变形，从而导致连接失效。

挤压面上的挤压应力非常复杂，并非均匀分布，如图 4.14（a）所示。在实用计算中，采

用简化方法。如图 4.14（b）所示，取挤压面在直径平面上的投影面为有效挤压面，并按均匀分布粗略计算挤压应力，即

$$\sigma_{bs} = \frac{F_{bs}}{A_{bs}} \tag{4.3}$$

式中，F_{bs} 表示作用在有效挤压面上的挤压力；A_{bs} 表示有效挤压面积。

所谓**有效挤压面**是挤压面积在垂直于总挤压力作用线平面上的投影。如果接触面是平面，则计算面积就是接触面积；如果接触面是半个圆柱面，则计算面积是直径平面 $ABCD$。如图 4.14（b）所示，对于圆截面：$A_{bs} = dt$；对于平键：$A_{bs} = \frac{1}{2}hl$，如图 4.10 所示。尽管按这种方法计算仍非常粗糙，但比用实际接触面积计算更接近实际。

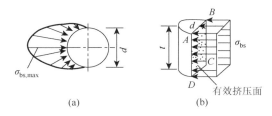

图 4.14　挤压面上的挤压应力

为了保证连接件不在挤压面附近被压溃，且有足够的挤压强度，必须满足下列挤压强度条件：

$$\sigma_{bs} = \frac{F_{bs}}{A_{bs}} \leqslant [\sigma_{bs}] \tag{4.4}$$

式中，$[\sigma_{bs}]$ 表示材料的许用挤压应力。

许用挤压应力 $[\sigma_{bs}]$ 可采用与 $[\tau]$ 类似的方法通过试验得出。不同材料的许用挤压应力可通过手册查到，对于钢材，$[\sigma_{bs}] = (1.7\sim2)[\sigma]$。

连接件和被连接件的挤压应力是相同的，当两者材料相同时，校核其中一个就可以了；若两个接触构件的材料不同，应以抵抗挤压能力较弱的构件进行计算。

例 4.2　如图 4.15（a）所示，直径为 d 的受拉杆件，其端部的直径与高度分别为 D 和 h。已知拉力 $F_P = 11$ kN，许用切应力 $[\tau] = 90$ MPa，许用挤压应力 $[\sigma_{bs}] = 200$ MPa，许用应力 $[\sigma] = 160$ MPa，试设计 D、d 和 h 的尺寸。

分析：如图 4.15 所示杆件，当载荷 F_P 过大时，可能发生三种破坏形式：（1）在拉杆头部与支撑物的接触面发生挤压破坏，挤压面为圆环面 [图 4.15（b）]；（2）整个拉杆头部被拉脱，即剪切破坏，剪切面为高 h 的圆柱面 [图 4.15（c）]；（3）拉杆被拉断，横截面为圆。

解　（1）计算拉杆的直径 d。

为了保证拉杆有足够的拉伸强度，必须满足拉伸强度条件

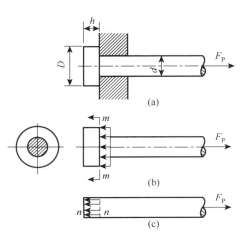

图 4.15　例 4.2 图

$$\sigma = \frac{F_N}{A} = \frac{F_P}{\frac{1}{4}\pi d^2} \leqslant [\sigma]$$

得

$$d \geqslant \sqrt{\frac{4F_P}{\pi[\sigma]}} = \sqrt{\frac{4 \times 11 \times 10^3}{\pi \times 160 \times 10^6}} = 9.36 \times 10^{-3}(\text{m}) = 9.36(\text{mm})$$

取 $d = 10$ mm。

（2）计算拉杆的头部直径 D。

为了保证拉杆有足够的挤压强度，必须满足挤压强度条件

$$\sigma_{bs} = \frac{F_{bs}}{A_{bs}} = \frac{F_P}{\frac{1}{4}\pi(D^2 - d^2)} \leqslant [\sigma_{bs}]$$

得

$$D \geqslant \sqrt{\frac{4F_P}{\pi[\sigma_{bs}]} + d^2} = \sqrt{\frac{4 \times 11 \times 10^3}{\pi \times 200 \times 10^6} + (10 \times 10^{-3})^2} = 13.0(\text{mm})$$

取 $D = 13$ mm。

（3）计算拉杆的端部高度 h。

为了保证拉杆有足够的剪切强度，必须满足剪切强度条件

$$\tau = \frac{F_S}{A} = \frac{F_P}{\pi dh} \leqslant [\tau]$$

得

$$h \geqslant \frac{F_P}{\pi d[\tau]} = \frac{11 \times 10^3}{\pi \times 10 \times 10^{-3} \times 90 \times 10^6} = 3.89 \times 10^{-3}(\text{m}) = 3.89(\text{mm})$$

取 $h = 4$ mm。

例 4.3　如图 4.16（a）所示，拖车挂钩靠销钉连接，已知挂钩部分的钢板厚度 $t_1 = 30$ mm，$t_2 = 20$ mm，宽度 $b = 60$ mm，销钉的直径 $d = 25$ mm，材料均为 A3 钢：许用切应力 $[\tau] = 25$ MPa，许用挤压应力 $[\sigma_{bs}] = 100$ MPa，许用应力 $[\sigma] = 40$ MPa，试求挂钩的许用载荷 $[F_P]$。

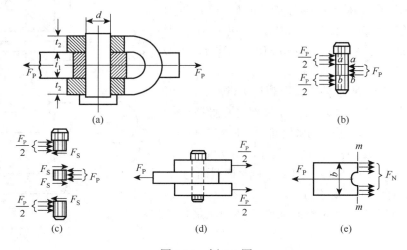

图 4.16　例 4.3 图

分析：要使挂钩安全正常地工作，挂钩必须满足连接强度，即剪切强度、挤压强度、拉伸强度。

解 （1）利用销钉的剪切强度条件计算许用载荷。

销钉受力如图 4.16（b）和（c）所示，有两个剪切面，每个面上的受力相同，计算任一面的强度即可，为了保证销钉有足够的剪切强度，必须满足

$$\tau = \frac{F_{\text{S}}}{A} = \frac{\frac{1}{2}F_{\text{P}}}{\frac{1}{4}\pi d^2} \leqslant [\tau]$$

得

$$F_{\text{P}} \leqslant \frac{1}{2}[\tau]\pi d^2 = \frac{1}{2} \times 25 \times 10^6 \pi \times 25^2 \times 10^{-6} = 24.5(\text{kN})$$

（2）利用连接部位的挤压强度条件计算许用载荷。

如图 4.16（d）所示，连接部位有 3 处共 6 个面受挤压，其中间钢板和销钉的挤压面上应力最大，同时，钢板和销钉的材料相同，为了保证挤压强度，必须满足

$$\sigma_{\text{bs}} = \frac{F_{\text{bs}}}{A_{\text{bs}}} = \frac{F_{\text{P}}}{dt_1} \leqslant [\sigma_{\text{bs}}]$$

得

$$F_{\text{P}} \leqslant [\sigma_{\text{bs}}]dt_1 = 100 \times 10^6 \times 25 \times 10^{-3} \times 30 \times 10^{-3} = 75(\text{kN})$$

（3）利用钢板的拉伸强度条件计算许用载荷。

如图 4.16（e）所示，中间的钢板最危险，只需按中间的钢板计算拉伸强度，即

$$\sigma = \frac{F_{\text{N}}}{A} = \frac{F_{\text{P}}}{(b-d)t_1} \leqslant [\sigma]$$

得

$$F_{\text{P}} \leqslant [\sigma](b-d)t_1 = 40 \times 10^6 \times (60-25) \times 10^{-3} \times 30 \times 10^{-3} = 42(\text{kN})$$

为了保证挂钩安全正常地工作，必须同时满足以上所有强度条件，因此许用载荷为$[F_{\text{P}}] = 24.5$ kN。

例 4.4 如图 4.17（a）、（b）所示，挖掘机减速器的一轴上装一齿轮，齿轮与轴通过平键连接，已知键所受的力为 $F_{\text{P}} = 12.1$ kN。平键的尺寸为：$b = 28$ mm，$h = 16$ mm，$l_1 = 70$ mm，圆头半径 $R = 14$ mm。键的许用切应力$[\tau] = 87$ MPa，轮毂的许用挤压应力取$[\sigma_{\text{bs}}] = 100$ MPa，试校核键连接的强度。

解 （1）校核剪切强度。

键的受力情况如图 4.17（c）所示，此时剪切面上的剪力 [图 4.17（d）] 为

$$F_{\text{S}} = F_{\text{P}} = 12.1 \text{ kN}$$

对于圆头平键，其圆头部分略去不计 [图 4.17（e）]，故剪切面积为

$$A = bl_2 = b(l_1 - 2R) = 28 \times (70 - 2 \times 14) = 1176(\text{mm}^2) = 1.176 \times 10^{-3}(\text{m}^2)$$

所以，平键的工作切应力为

$$\tau = \frac{F_{\text{S}}}{A} = \frac{12100}{1.176 \times 10^{-3}} = 13.0 \times 10^7(\text{Pa}) = 10.3(\text{MPa}) < [\tau] = 87 \text{ MPa}$$

满足剪切强度条件。

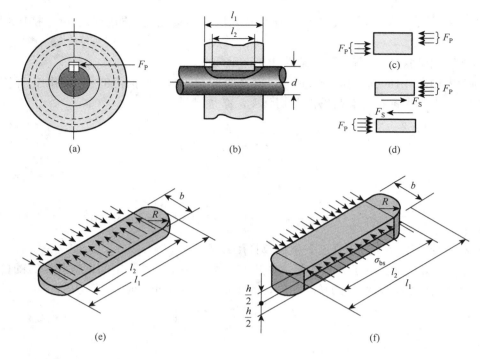

图 4.17 例 4.4 图

（2）校核挤压强度。

与轴和键比较，通常轮毂抵抗挤压的能力较弱。轮毂挤压面上的 $F_{bs} = 12100\,\text{N}$。有效挤压面积与键的挤压接触面积相同，设键与轮毂的接触高度为 $\dfrac{h}{2}$，则有效挤压面积［图 4.17（f）］为

$$A_{bs} = \frac{h}{2} \cdot l_1 = \frac{16}{2}(70 - 2 \times 14) = 336(\text{mm}^2) = 3.36 \times 10^{-4}(\text{m}^2)$$

故轮毂的工作挤压应力为

$$\sigma_{bs} = \frac{F_{bs}}{A_{bs}} = \frac{12\,100}{3.36 \times 10^{-4}} = 3.6 \times 10^7(\text{Pa}) = 36(\text{MPa}) < [\sigma_{bs}] = 100\,\text{MPa}$$

也满足挤压强度条件。所以此键安全。

4.4 思考与讨论

4.4.1 连接件的简化计算

在连接件的实用计算中，采用了一些简化方法，如假设剪切面上切应力均匀分布，挤压面的面积为垂直于总挤压力作用线平面上的投影等。此外，对连接件的外力和剪力也作一些简化。

如图 4.18 所示，通过四个铆钉连接的钢板，当各铆钉的材料与直径均相同，且外力作用线在铆钉群剪切面上的投影通过铆钉群剪切面形心时，通常认为各铆钉剪切面上的剪力相

等，如图 4.19 所示。对于这样的连接件，除了考虑铆钉的剪切强度和挤压强度外，还要考虑钢板的拉伸强度。请分析：如图 4.19 所示的 1-1、2-2、3-3 截面的拉应力是否相同？哪一个最大？

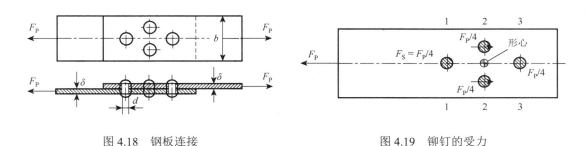

图 4.18　钢板连接　　　　　　　　　　　　　　图 4.19　铆钉的受力

再如图 4.20 所示的连接件，为简化计算，设挤压面为光滑接触，同时，保险螺栓的受力也忽略不计。请分析剪切面和挤压面在哪里，面积为多少？

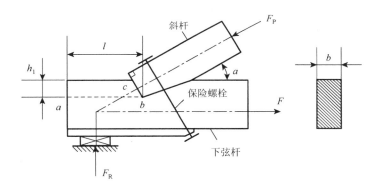

图 4.20　木榫连接

4.4.2　综合处理工程连接构件的强度

　　实际工程连接结构的受力大多数情形下都不是单一的，因此处理这些问题时必须考虑构件的受力与变形形式以及相关的强度问题，而且要特别注意那些"不起眼"的小零件，这些小零件的失效有可能造成工程事故，有时甚至是灾难性的。

　　图 4.21 所示为一控制系统的一个部件，其中位于横梁上、下的直杆承受轴向拉伸载荷；B、C、D 三处的销钉和销钉孔承受剪切和挤压；横梁则承受弯曲变形。其中的每一个零件都必须保证具有足够的强度，方能保证控制件可靠运行。请分析：如果 B、C、D 三处的圆销钉材料相同，受到的剪力是否相同？如设计时从安全和经济两方面考虑，这三处的销钉直径是否一样？

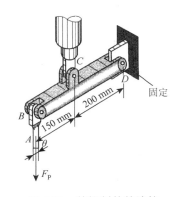

图 4.21　某控制件的连接

思维导图 4

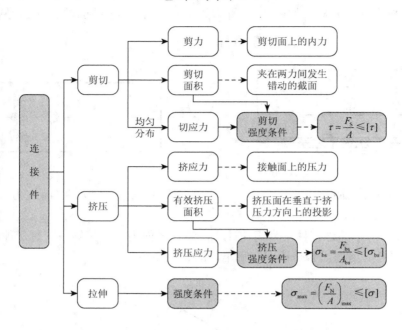

习 题 4

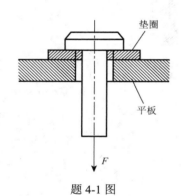

题 4-1 图

4-1 如题 4-1 图所示，在平板和受拉螺栓之间垫上一个垫圈，可以提高（　　）。

A. 螺栓的拉伸强度

B. 螺栓的挤压强度

C. 螺栓的剪切强度

D. 平板的挤压强度

4-2 正方形截面的混凝土柱，其横截面边长为 200 mm，基底为边长 $a = 0.8$ m 的正方形混凝土板。柱受轴向压力 $F_P = 100$ kN，如题 4-2 图所示。假设地基对混凝土板的支反力为均匀分布，混凝土的许用切应力$[\tau] = 1.5$ MPa，试问混凝土板满足剪切强度所需的最小厚度 t 应为（　　）。

A. $t_{min} = 7.8$ mm

B. $t_{min} = 78$ mm

C. $t_{min} = 16.7$ mm

D. $t_{min} = 83$ mm

4-3 如题 4-3 图所示为木榫连接，水平杆与斜杆成 α 角，其挤压面积 A_{bs} 为（　　）。

A. bh

B. $bh\tan\alpha$

C. $\dfrac{bh}{\cos\alpha}$

D. $\dfrac{bh}{\cos\alpha \cdot \sin\alpha}$

4-4 两块相同的板由四个相同的铆钉铆接，若采用题 4-4 图所示的两种铆钉排列方式，则两种情况下板的（　　）。

A. 最大拉应力相等、挤压应力不等

B. 最大拉应力不等、挤压应力相等

C. 最大拉应力和挤压应力都相等

D. 最大拉应力和挤压应力都不等

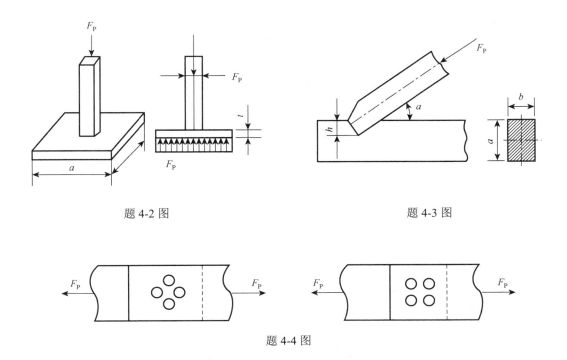

题 4-2 图　　　　　　　　　　　　　　　　题 4-3 图

题 4-4 图

4-5　矩形截面木拉杆的接头如题 4-5 图所示，其剪切面积、挤压面积分别为（　　　）。

A. bl, al　　　　　B. lh, al　　　　　C. lb, ab　　　　　D. lh, ab

4-6　如题 4-6 图所示螺钉受拉力 F_P 作用，已知材料的许用切应力 $[\tau]$ 和许用应力 $[\sigma]$ 之间的关系为 $[\tau] = 0.6[\sigma]$，求螺钉的直径 d 和钉头高度 h 的合理比值。

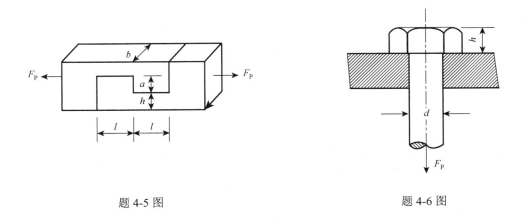

题 4-5 图　　　　　　　　　　　　　　　　题 4-6 图

4-7　两块厚度为 $t = 10$ mm，宽度 $b = 100$ mm 的钢板用三只直径为 $d = 15$ mm 的铆钉连接如题 4-7 图所示。已知拉力 $F_P = 120$ kN，钢板材料许用切应力 $[\tau] = 90$ MPa，许用挤压应力 $[\sigma_{bs}] = 200$ MPa，许用应力 $[\sigma] = 160$ MPa。试校核连接强度。

4-8　一木质拉杆接头部分如题 4-8 图所示，接头处的尺寸为 $l = h = b = 18$ cm，材料的许用应力 $[\sigma] = 5$ MPa，许用挤压应力 $[\sigma_{bs}] = 10$ MPa，许用切应力 $[\tau] = 2.5$ MPa。求许用载荷 $[F_P]$。

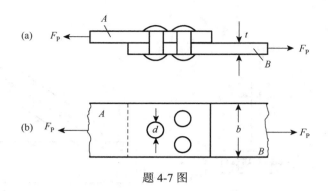

题 4-7 图

4-9　如题 4-9 图所示的铆钉接头，板厚 $\delta = 2$ mm，宽 $b = 15$ mm，铆钉直径 $d = 4$ mm，许用切应力 $[\tau] = 100$ MPa，许用挤压应力 $[\sigma_{bs}] = 300$ MPa，许用应力 $[\sigma] = 160$ MPa，试计算接头的许用载荷。

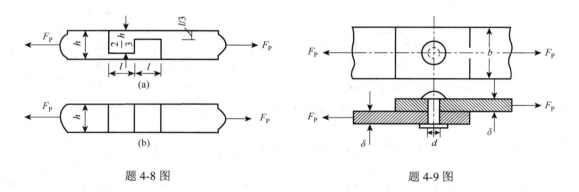

题 4-8 图　　　　　　　　　　　　　题 4-9 图

4-10　如题 4-10 图所示的螺栓接头。已知 $F_P = 40$ kN，螺栓许用切应力 $[\tau] = 80$ MPa，许用挤压应力 $[\sigma_{bs}] = 200$ MPa，按强度计算螺栓所需直径。

4-11　如题 4-11 图所示的拉杆，$F_P = 50$ kN，已知 $D = 30$ mm，$d = 20$ mm，$h = 12$ mm，许用切应力 $[\tau] = 100$ MPa，许用挤压应力 $[\sigma_{bs}] = 200$ MPa，许用应力 $[\sigma] = 160$ MPa。试校核拉杆的强度。

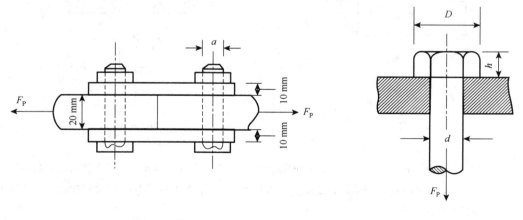

题 4-10 图　　　　　　　　　　　　　题 4-11 图

第5章 扭 转

5.1 扭转的概念和工程实例

工程上的轴是承受扭转变形的典型构件，如图 5.1 所示桥式起重机的传动轴，图 5.2 所示汽车的传动轴，图 5.3 所示方向盘下的转动轴等。

还有一些杆件也发生扭转变形，如图 5.4 所示的攻丝丝锥。

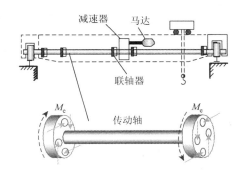

图 5.1　桥式起重机的传动轴

图 5.2　汽车的传动轴

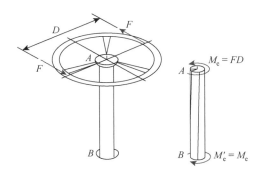

图 5.3　方向盘下的转动轴

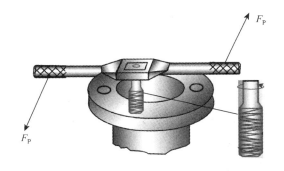

图 5.4　攻丝丝锥

如图 5.5 所示，以舰艇推进轴为例。它的作用是将主机输出的力偶矩传给螺旋桨。忽略其端部的连接情况，将轴简化为直杆。其受力和变形特点分别为：在杆件两端垂直于轴线的平面内作用有两个大小相等、转向相反的外力偶；杆件的各横截面在两外力偶的作用下绕其轴线作相对转动。这种变形形式称为**扭转**。在工程中，以扭转变形为主的杆件称为**轴**。

轴所受的外力偶矩用 M_e 表示。在外力偶作用下，任意两个横截面绕轴线转动的角度，称为**相对扭转角**。图 5.6 中的 φ 角表示两端截面的相对扭转角。

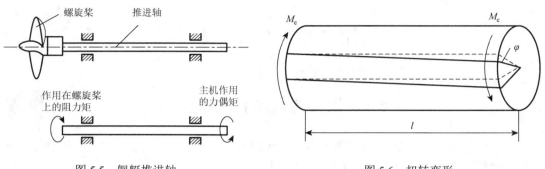

图 5.5　舰艇推进轴　　　　　　　　　图 5.6　扭转变形

在外力偶作用下,杆件横截面上只存在扭矩一个内力分量,则这种受力形式称为纯扭转。虽然受纯扭转的杆件不多,但以扭转变形为主的杆件却很多。如图 5.7 所示,用双手扳手拧紧螺帽时,扳手为纯扭转变形;用单手扳手拧紧螺帽时,扳手除了发生扭转变形外,还发生弯曲变形。

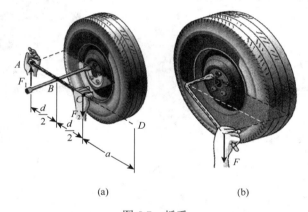

(a)　　　　　　　　　　　(b)

图 5.7　扳手

一般杆件受扭后,横截面会发生翘曲,允许横截面自由翘曲的扭转,称为自由扭转;反之,不允许横截面自由翘曲的扭转,称为约束扭转。材料力学主要研究自由扭转,且以圆截面轴为主。对非圆截面杆的扭转,只作简单介绍。

5.2　扭矩和扭矩图

5.2.1　外力偶矩

通常情况下,需要动力机械来驱动轴传递功率。如图 5.8 所示的传动机构,传动轴所受的外力偶矩 M_e 不是直接给出的,而是通过轴所传递的功率 P 和转速 n 计算得到。

如传动轴在 M_e 作用下匀速转动,角速度为 ω,并转动了 φ 角,则力偶做功为

$$W = M_e \cdot \varphi$$

将上式代入功率定义,推导得

$$P = \frac{\mathrm{d}W}{\mathrm{d}t} = M_e \cdot \frac{\mathrm{d}\varphi}{\mathrm{d}t} = M_e \cdot \omega = M_e \cdot 2\pi n$$

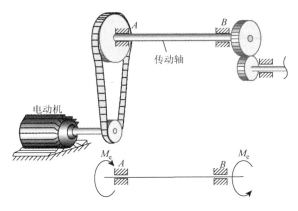

图 5.8 传动机构

则轴所受的力偶矩为

$$M_e = \frac{P}{2\pi n} \qquad (5.1a)$$

式中，P 为轴所传递的功率，单位为 W；n 为轴的转速，单位为 r/s。根据上式计算外力偶矩时，M_e 的单位为 N·m

工程上功率 P 多以 kW 表示，转速 n 以 r/min 表示。上式亦可表示为

$$M_e = 9549 \frac{P}{n} \qquad (5.1b)$$

5.2.2 扭矩

求出外力偶矩 M_e 后，进而可用截面法求轴的内力。如图 5.9 (a) 所示，圆轴在两外力偶矩的作用下处于平衡状态，其任一截面上都有内力存在。设想沿截面 m-m 将圆轴截为左、右两段，则左、右两段轴在截面 m-m 处的相互作用力就是该截面的内力，因左段轴处于平衡状态，则截面 m-m 上的内力必是一个矢量垂直于截面的力偶矩，即**扭矩**，用 T 表示，它是截面上分布内力的合力。如图 5.9 (b) 所示，由平衡方程

$$\sum M_x = 0, \quad T - M_e = 0$$

可得 m-m 截面上扭矩

$$T = M_e$$

若取右段轴为研究对象，如图 5.9 (c) 所示，由平衡方程同样可求得横截面上的扭矩 $T = M_e$，同

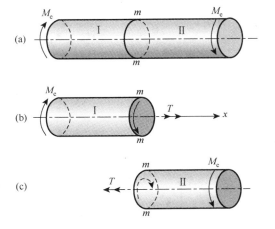

图 5.9 圆轴扭转时横截面上的扭矩

一截面内的扭矩大小相等、转向相反。为使左、右两段轴在求得的同一截面上的扭矩数值相等、正负号相同，对扭矩的正负号作如下规定：按右手螺旋定则（右手握拳，四指与扭矩转动的方向一致，拇指指向为扭矩矢量的方向），若扭矩矢量离开所研究的截面，扭矩为正；反之，扭矩矢量指向所研究的截面，扭矩为负，如图 5.10 所示。

图 5.10　扭矩符号

5.2.3　扭矩图

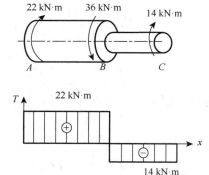

图 5.11　扭矩图

各横截面上扭矩沿杆轴线变化的图线，称为**扭矩图**（torgue diagram）。绘制扭矩图的方法如下：

（1）沿需求扭矩的横截面处，假想地将轴切开，并任取一段为研究对象；

（2）画所取轴段的受力图，为计算方便，将内力假设为正的扭矩；

（3）列所取轴段的平衡方程，解得扭矩的大小。

（4）以横截面到轴一端距离 x 为横坐标，以截面上的扭矩值 T 为纵坐标，画出扭矩随横截面的位置而变化的曲线，得到扭矩图。

如图 5.11 所示，从扭矩图中可以看出截面上的扭矩值沿轴线变化的规律。

例 5.1　传动轴如图 5.12（a）所示，已知主动轮 A 输入功率 $P_A = 200 \text{ kW}$，从动轮 B、C、D 输出功率分别为 $P_B = 90 \text{ kW}$，$P_C = 50 \text{ kW}$，$P_D = 60 \text{ kW}$，轴的转速为 $n = 200 \text{ r/min}$。试绘轴的扭矩图。

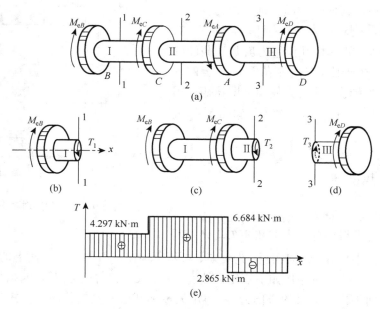

图 5.12　例 5.1 图

解　（1）计算外力偶矩。

考虑到功率和转速的单位，采用公式 $M_\mathrm{e} = 9549\dfrac{P}{n}$，得

$$M_{\mathrm{e}A} = 9549 \times \frac{200}{200} = 9549\,\mathrm{N \cdot m} = 9.549\,\mathrm{kN \cdot m}$$

$$M_{\mathrm{e}B} = 9549 \times \frac{90}{200} = 4297\,\mathrm{N \cdot m} = 4.297\,\mathrm{kN \cdot m}$$

$$M_{\mathrm{e}C} = 9549 \times \frac{50}{200} = 2387\,\mathrm{N \cdot m} = 2.387\,\mathrm{kN \cdot m}$$

$$M_{\mathrm{e}D} = 9549 \times \frac{60}{200} = 2865\,\mathrm{N \cdot m} = 2.865\,\mathrm{kN \cdot m}$$

（2）计算各段扭矩。

假想地将圆轴沿 1-1 截面、2-2 截面、3-3 截面切开，如图 5.12（b）、（c）、（d）所示。

取Ⅰ段为研究对象

$$\sum M_x = 0, \quad T_1 - M_{\mathrm{e}B} = 0, \quad T_1 = M_{\mathrm{e}B} = 4.297\,\mathrm{kN \cdot m}$$

取Ⅰ+Ⅱ段为研究对象

$$\sum M_x = 0, T_2 - M_{\mathrm{e}B} - M_{\mathrm{e}C} = 0, \quad T_2 = M_{\mathrm{e}B} + M_{\mathrm{e}C} = 6.684\,\mathrm{kN \cdot m}$$

取Ⅲ段为研究对象

$$\sum M_x = 0, \quad T_3 + M_{\mathrm{e}D} = 0, \quad T_3 = -M_{\mathrm{e}D} = -2.865\,\mathrm{kN \cdot m}$$

（3）绘制扭矩图。

以 x 为横坐标，以截面上的扭矩值为纵坐标，画出扭矩图，如图 5.12（e）所示。

（4）讨论。

如果轴的结构允许，应该交换主动轮与从动轮的位置，例如把主动轮 A 与从动轮 C 的位置交换画出扭矩图，如图 5.13 所示，可以将最大扭矩降至 5.252 kN·m。

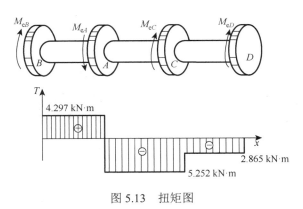

图 5.13　扭矩图

5.3　圆轴扭转时的应力

5.3.1　横截面上的应力

与薄壁圆筒的扭转相仿（见 2.5 节），在小变形前提下，圆轴在扭转时横截面上只有切应力。为得到横截面上的切应力公式，需要从几何、物理、静力学三方面综合考虑。

1. 几何方面

如图 5.14（a）所示等截面圆轴，在其表面画上两个圆周线和纵向线。可以观察到受扭后，各圆周线绕轴线相对转动一微小转角，但大小、形状及相互间距不变。

通过轴表面圆周线的变形现象对轴的内部变形提出**平面假设**：变形前横截面为圆形平面，变形后仍为圆形平面，只是各截面绕轴线相对"刚性地"转了一个角度。

从等截面圆轴中取出相距为 dx 的微段轴，如图 5.14（b）所示。其中两截面 *m-m*、*n-n* 相对转动了扭转角 $d\varphi$，纵向线 *AB* 倾斜小角度 γ 成为 *AB′*，其角度 γ 就是圆周线上 *A* 处的切应变。根据平面假设，在半径 ρ（*Oa*）处的纵向线 *ab*，变成 *ab′*，其相应倾角为 γ_ρ，就是横截面半径上任一点 *a* 处的切应变，如图 5.14（c）所示。考虑到小变形，得

$$\gamma_\rho \approx \tan\gamma_\rho = \frac{bb'}{dx}$$

从图 5.14（c）可知，在右横截面上 $bb'=\rho \cdot d\varphi$。于是得到变形几何关系

$$\gamma_\rho = \rho\frac{d\varphi}{dx} \tag{5.2}$$

上式表示等截面直杆上任一点的切应变随点在横截面上位置而变化的规律。式中 $\dfrac{d\varphi}{dx}$ 表示单位长度扭转角，对于给定的横截面为一常量。因此，在同一半径为 ρ 的圆周上各点的切应变 γ_ρ 均相等，且与 ρ 成正比。

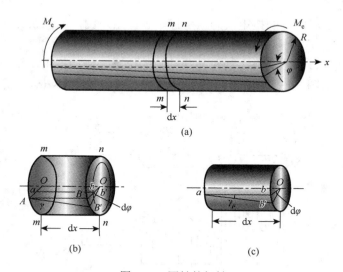

图 5.14　圆轴的扭转

2. 物理方面

为研究方便，在半径 ρ 处截出单元体 *abcd*（其宽度、高度、厚度分别为 dx，dy，dz），如图 5.15（a）所示。其左右横截面和上下纵向截面上都没有正应力，只有切应力 τ_ρ，且切应力相等，处于纯剪切状态。该单元体两个棱边的夹角发生改变，产生切应变 γ_ρ，如图 5.15（b）所示。

由剪切胡克定律（见 2.5 节），在线弹性范围内，切应力与切应变成正比，将式（5.2）代入，得横截面上切应力的表达式

$$\tau_\rho = G\gamma_\rho = G\rho\frac{\mathrm{d}\varphi}{\mathrm{d}x} \tag{5.3}$$

这表明横截面上任意点的切应力 τ_ρ 与该点到圆心的距离 ρ 成正比，即 $\tau_\rho \propto \rho$。

当 $\rho = 0$ 时，$\tau_\rho = 0$；当 $\rho = R$，τ_ρ 取最大值。由切应力互等定理，则在径向截面和横截面上，沿半径方向切应力的分布如图 5.16 所示。

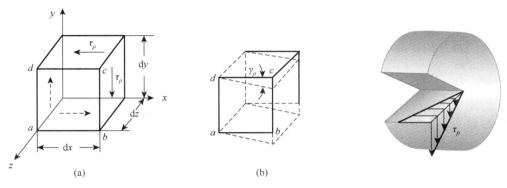

图 5.15　单元体的扭转　　　　　　　　　图 5.16　切应力的分布

3. 静力学方面

如图 5.17 所示，在圆轴横截面上取微面积 $\mathrm{d}A$，有微内力 $\tau_\rho\mathrm{d}A$，且方向垂直于半径。由第 1 章的静力学关系式（1.4），所有微内力对圆心 O 的力矩和为横截面上的扭矩，即

$$T = \int_A \rho\tau_\rho\mathrm{d}A$$

将式（5.3）代入上式，得

$$T = \int_A \rho^2 G\frac{\mathrm{d}\varphi}{\mathrm{d}x}\mathrm{d}A = G\frac{\mathrm{d}\varphi}{\mathrm{d}x}\int_A \rho^2\mathrm{d}A \tag{5.4}$$

式中，$\int_A \rho^2\mathrm{d}A$ 是与横截面尺寸有关的量，称为极惯性矩（见附录 B），用 I_p 表示为

$$I_\mathrm{p} = \int_A \rho^2\mathrm{d}A \tag{5.5}$$

其单位为 m^4 或 mm^4。将式（5.5）代入式（5.4），得单位长度扭转角

$$\frac{\mathrm{d}\varphi}{\mathrm{d}x} = \frac{T}{GI_\mathrm{p}} \tag{5.6}$$

将式（5.6）代入式（5.3），得横截面上的切应力表达式

$$\tau_\rho = \frac{T\rho}{I_\mathrm{p}} \tag{5.7}$$

则在圆截面边缘上，ρ 为最大值 R 时，得最大切应力

$$\tau_\mathrm{max} = \frac{TR}{I_\mathrm{p}} = \frac{T}{W_\mathrm{p}} \tag{5.8}$$

此处

$$W_\mathrm{p} = \frac{I_\mathrm{p}}{R} \tag{5.9}$$

称为**扭转截面模量**（section molulus in torsion），单位为 m^3 或 mm^3。

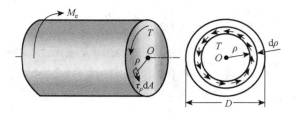

图 5.17　横截面上的静力学关系

对直径为 D 的实心圆轴，$dA = 2\pi\rho d\rho$，则

$$I_p = \int_A \rho^2 dA = \int_0^{\frac{D}{2}} \rho^2 \cdot 2\pi\rho d\rho = \frac{\pi D^4}{32}, \quad W_p = \frac{I_p}{\frac{D}{2}} = \frac{\pi D^3}{16} \qquad (5.10)$$

对外径为 D、内径为 d 的空心圆轴

$$\begin{cases} I_p = \int_A \rho^2 dA = \int_{\frac{d}{2}}^{\frac{D}{2}} \rho^2 2\pi\rho d\rho = \frac{\pi(D^4 - d^4)}{32} = \frac{\pi D^4}{32}(1 - \alpha^4) \\ W_p = \frac{I_p}{\frac{D}{2}} = \frac{\pi(D^4 - d^4)}{16D} = \frac{\pi D^3}{16}(1 - \alpha^4), \quad \alpha = \frac{d}{D} \end{cases} \qquad (5.11)$$

例 5.2　轴 AB 传递的功率为 $P = 7.5$ kW，转速 $n = 360$ r/min。如图 5.18（a）所示，轴 AC 段为实心圆截面，CB 段为空心圆截面。已知 $D = 3$ cm，$d = 2$ cm。试计算 AC 以及 CB 段的最大与最小切应力。

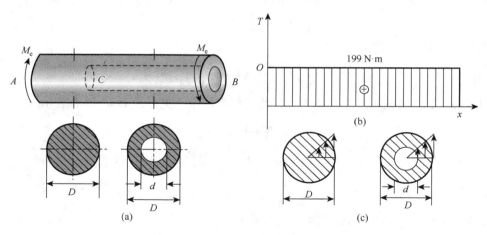

图 5.18　例 5.2 图

解　（1）计算扭矩。

先通过功率和转速计算轴所受的外力偶矩

$$M_e = 9549 \frac{P}{n} = 9549 \times \frac{7.5}{360} = 199(\text{N} \cdot \text{m})$$

由截面法得任一横截面上的扭矩

$$T = M_e = 199 \text{ N} \cdot \text{m}$$

画扭矩图，如图 5.18（b）所示。

（2）计算极惯性矩。

轴 AC 段为实心，CB 段为空心，其横截面的极惯性矩分别为

$$I_{p1} = \frac{\pi D^4}{32} = \frac{3.14 \times (3 \times 10^{-2})^4}{32} = 7.95 \times 10^{-8} (\text{m}^4)$$

$$I_{p2} = \frac{\pi}{32}(D^4 - d^4) = \frac{3.14 \times (3 \times 10^{-2})^4}{32}\left[1 - \left(\frac{2}{3}\right)^4\right] = 6.38 \times 10^{-8} (\text{m}^4)$$

（3）计算应力。

如图 5.18（c）所示，轴 AC 段在横截面边缘处的切应力为

$$\tau_{\max}^{AC} = \tau_{外}^{AC} = \frac{T}{I_{P1}} \cdot \frac{D}{2} = \frac{199}{7.95 \times 10^{-8}} \times \frac{3 \times 10^{-2}}{2} = 3.75 \times 10^7 (\text{Pa}) = 37.5 (\text{MPa}), \quad \tau_{\min}^{AC} = 0$$

轴 CB 段横截面内、外边缘处的切应力分别为

$$\tau_{\min}^{CB} = \tau_{内}^{CB} = \frac{T}{I_{P2}} \cdot \frac{d}{2} = \frac{199}{6.38 \times 10^{-8}} \times \frac{2 \times 10^{-2}}{2} = 31.2 \times 10^6 (\text{Pa}) = 31.2 (\text{MPa})$$

$$\tau_{\max}^{CB} = \tau_{外}^{CB} = \frac{T}{I_{P2}} \cdot \frac{D}{2} = \frac{199}{6.38 \times 10^{-8}} \times \frac{3 \times 10^{-2}}{2} = 46.8 \times 10^6 (\text{Pa}) = 46.8 (\text{MPa})$$

5.3.2　斜截面上的应力

为研究斜截面上的应力，将图 5.15 所示的单元体 $abcd$ 沿截面 ef 假想地切开 [图 5.19（a）]，以 α 表示其方位角，规定由 x 轴逆时针转到外法线 n 时为正 [图 5.19（b）]。把方位角为 α 的斜截面称为 α 截面。α 截面上作用有正应力 σ_α 和切应力 τ_α，研究锲形体 aef 部分的平衡即可求出斜截面上的应力 [图 5.19（c）]。

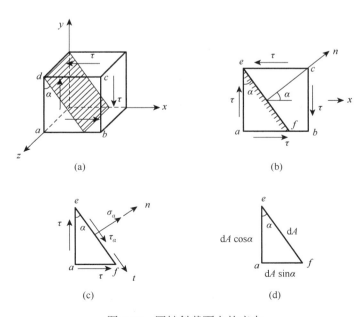

图 5.19　圆轴斜截面上的应力

设斜截面的面积为 dA，则 ae 和 af 平面的面积分别为 $dA\cos\alpha$ 和 $dA\sin\alpha$ [图 5.19（d）]，取 α 截面的外法线 n 和切线 t 为投影轴，将各平面上的应力乘以其作用面的面积，可得到作用于锲形体 aef 各面上的力，而后向上述方向投影，得出以下平衡方程

$$\sigma_\alpha dA + (\tau dA\cos\alpha)\sin\alpha + (\tau dA\sin\alpha)\cos\alpha = 0$$

$$\tau_\alpha dA - (\tau dA\cos\alpha)\cos\alpha + (\tau dA\sin\alpha)\sin\alpha = 0$$

将以上两个方程简化，得出斜截面上应力计算公式

$$\sigma_\alpha = -\tau\sin 2\alpha \tag{5.12}$$

$$\tau_\alpha = \tau\cos 2\alpha \tag{5.13}$$

由上式可知，在单元体的四个侧面上，切应力绝对值最大，都等于 τ。在 $\alpha = -45°$ 和 $\alpha = 45°$ 两斜截面上的正应力分别为

$$\sigma_{\max} = \sigma_{-45°} = \tau, \quad \sigma_{\min} = \sigma_{45°} = -\tau$$

5.4　圆轴扭转时的破坏和强度条件

5.4.1　扭转破坏现象

材料的扭转破坏过程可用切应力-切应变曲线（见 2.5 节）来描述，如图 5.20（a）、（b）所示，分别为低碳钢和铸铁的扭转曲线。扭转试验按照 GB/T 10128—2007《金属材料　室温扭转试验方法》的规定进行，其破坏形式分别如图 5.21（a）、（b）所示。

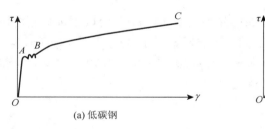

图 5.20　扭转曲线

试验结果表明，低碳钢的扭转图大致分线弹性、屈服和断裂三个阶段。屈服极限和强度极限分别用 τ_s、τ_b 表示。如图 5.21（a）所示，低碳钢的断口平齐、与轴线垂直，表明破坏是由横截面上的最大切应力引起的，并由最外层沿横截面发生剪断产生的。

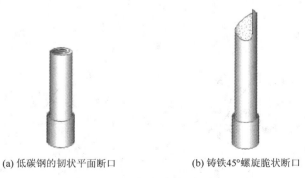

　　(a) 低碳钢的韧状平面断口　　　　　　(b) 铸铁45°螺旋状脆性断口

图 5.21　扭转破坏的形式

如图 5.20（b）所示，铸铁扭断前的塑性变形较小，但比其拉伸时大（见第 2 章）。铸铁断口是与轴线成 45°的螺旋面，这充分表明断裂是由斜截面上的最大拉应力引起的。而最大拉应力先于最大切应力达到强度极限后发生断裂又说明了铸铁的抗拉能力弱于其抗剪能力。

5.4.2　圆轴扭转时的强度条件

圆轴扭转时，轴内各点处于纯剪切状态。为了保证圆轴能正常工作，要求轴横截面上的最大工作切应力不超过材料的许用切应力$[\tau]$，由此得圆轴扭转的强度条件

$$\tau_{\max} \leqslant [\tau] \tag{5.14}$$

注意到此处许用切应力$[\tau]$不同于连接件计算中的剪切许用应力，它由圆轴破坏时的极限切应力除以安全因数 n 得到。对于塑性材料

$$[\tau] = \frac{\tau_s}{n} \tag{5.15}$$

对于脆性材料

$$[\tau] = \frac{\tau_b}{n} \tag{5.16}$$

式（5.15）、式（5.16）中，许用切应力与相同材料的许用正应力有一定关系。大量试验数据表明：对塑性材料，$[\tau] = (0.5 \sim 0.577)[\sigma]$；对脆性材料，$[\tau] = (0.8 \sim 1.0)[\sigma_t]$。

需要说明的是，对于铸铁一类脆性材料制成的杆件，在扭转时，其破坏形式是沿斜截面发生脆性断裂，理应按照斜截面上的最大拉应力建立强度条件，但是由于斜截面上的最大拉应力与横截面上的最大切应力相等，所以仍可以按式（5.14）进行强度计算。

对于等截面圆轴，危险截面通常是扭矩最大的截面，危险截面外缘圆周上各点为危险点，危险点的切应力就是圆轴的最大切应力。于是，上述强度条件式（5.14）可写成

$$\tau_{\max} = \frac{T}{W_p} \leqslant [\tau] \tag{5.17}$$

对于变截面圆轴，危险截面由 T/W_p 的最大值确定。利用圆轴扭转的强度条件可以进行三方面的强度计算，即校核强度，设计截面尺寸，确定许用载荷。

例 5.3　如图 5.22 所示，某汽车传动轴由无缝钢管制成。外径 $D = 90$ mm，壁厚 $t = 2.5$ mm，工作时的最大外力偶矩 $M_e = 2$ kN·m，材料为 20 钢，许用切应力$[\tau] = 70$ MPa。试：

（1）校核轴的强度；

（2）若改为实心轴，并保持最大切应力不变，求实心轴的直径 d_0；

（3）求实心轴与空心轴的重量比。

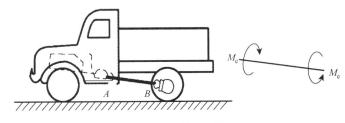

图 5.22　例 5.3 图

解　（1）校核强度。

由截面法得横截面上的扭矩为

$$T = M_e = 2 \text{ kN·m}$$

该无缝钢管可看成空心圆轴，其内外径之比为

$$\alpha = \frac{d}{D} = \frac{D-2t}{D} = \frac{90-2\times2.5}{90} = 0.944$$

扭转截面模量为

$$W_p = \frac{1}{16}\pi D^3(1-\alpha^4) = \frac{1}{16}\pi \times 90^3 \times (1-0.944^4) = 29469 (\text{mm}^3)$$

利用扭转强度条件 $\tau_{max} = \dfrac{T}{W_p} \leqslant [\tau]$，得

$$\tau_{max} = \frac{T}{W_p} = \frac{2\times10^3}{29469\times10^{-9}} = 67.9(\text{MPa}) < [\tau] = 70 \text{ MPa}$$

轴的最大切应力小于其许用切应力，因此，轴有足够的强度。

（2）求实心轴直径。

若改为实心轴，并保持最大切应力不变，即

$$\tau_{空,max} = \frac{T}{W_p} = \frac{T}{\frac{1}{16}\pi D^3(1-\alpha^4)} = \tau_{实,max} = \frac{T}{\frac{1}{16}\pi d_0^3}$$

得实心轴的直径为

$$d_0 = D\sqrt[3]{1-\alpha^4} = 90\times\sqrt[3]{1-0.944^4} = 53.1(\text{mm})$$

可取实心轴的直径为 $d_0 = 54 \text{ mm}$。

（3）求两轴的重量比。

$$\frac{W_空}{W_实} = \frac{A_空}{A_实} = \frac{\frac{1}{4}\pi D^2(1-\alpha^2)}{\frac{1}{4}\pi d_0^2} = \frac{D^2(1-\alpha^2)}{d_0^2} = 31.3\%$$

（4）讨论。

从横截面上的切应力分布分析，由于扭转切应力与离圆心的距离成正比，所以把靠近圆心处承受切应力较小的材料移到轴的外缘处，就能充分利用材料的强度，从而节省了原材料。可见，圆轴受扭时采用空心截面可节省材料，是合理的截面形式。

在工程实际中，为减轻重量，降低成本（如飞机中的各种轴，机床主轴），常采用空心轴，但要考虑工艺性和加工成本。轴除了满足强度条件，还必须考虑刚度问题。若刚度过小，轴将发生较大的扭转振动，从而影响机器正常工作。

5.5　圆轴扭转时的变形和刚度条件

5.5.1　圆轴扭转时的变形

圆轴在扭转时的变形通常是用轴端部两个横截面绕轴线转动的相对角度即**扭转角** φ 来度量。对于圆轴，由式（5.6）有

$$d\varphi = \frac{Tdx}{GI_p}$$

对长为 l 的等截面等扭矩轴，其两端面间的扭转角为

$$\varphi = \int_l d\varphi = \int_0^l \frac{T}{GI_p} dx = \frac{Tl}{GI_p} \tag{5.18}$$

式中，GI_p 为圆轴的**扭转刚度**，是剪切模量与极惯性矩的乘积。若 GI_p 越大，则扭转角 φ 越小。令 $\theta = \dfrac{d\varphi}{dx}$，为**单位长度扭转角**，则有

$$\theta = \frac{T}{GI_p} \tag{5.19}$$

单位为 rad / m。

5.5.2 圆轴扭转时的刚度条件

等截面圆轴在受扭转时只满足强度条件，有时还不一定保证它能正常工作。例如，精密机床上的轴若产生过大的扭转变形会影响机床的加工精度；机器的传动轴如有过大的扭转变形，会使机器在运转时产生较大振动。

因此，必须对轴的扭转变形加以限制，规定轴的单位长度扭转角不得超过某一个许用值，即扭转的刚度条件

$$\theta_{max} = \frac{T_{max}}{GI_p} \leqslant [\theta] \tag{5.20a}$$

工程中，习惯用 (°) / m 作为 $[\theta]$ 的单位，故上式可写成

$$\theta_{max} = \frac{T_{max}}{GI_p} \times \frac{180}{\pi} \leqslant [\theta] \tag{5.20b}$$

式中，$[\theta]$ 为单位长度许用扭转角，一般根据机器的精度要求、载荷性质和工作情况来确定。其值可从有关规范中查得，大致数值为：精密度高的轴，$[\theta] = (0.15 \sim 0.5)°/\text{m}$，一般的轴，$[\theta] = (0.5 \sim 2.0)°/\text{m}$。

下面举例说明圆轴扭转强度条件和刚度条件的应用。

例 5.4 如图 5.23 （a）所示，阶梯形圆轴直径分别为 $d_1 = 40$ mm，$d_2 = 70$ mm，轴上装有三个皮带轮。已知由轮 3 输入的功率 30 kW，轮 1 的输出功率 13 kW，轴的转速 $n = 200$ r/min，材料许用切应力 $[\tau] = 60$ MPa，剪切模量 $G = 80$ GPa，单位长度许用扭转角 $[\theta] = 2°/\text{m}$。试校核轴的强度和刚度。

解 （1）计算外力偶矩，画扭矩图。

先根据功率和转速计算轮 1 和轮 3 的外力偶矩，即

$$M_{e1} = 9549 \times \frac{P_1}{n} = 9549 \times \frac{13}{200} = 620.7(\text{N} \cdot \text{m})$$

$$M_{e3} = 9549 \times \frac{P_3}{n} = 9549 \times \frac{30}{200} = 1432(\text{N} \cdot \text{m})$$

画出阶梯形圆轴的扭矩图，如图 5.23 （b）所示，危险截面为最大扭矩或最小截面，即 AC、DB 段都需要校核，且 $T_{AC} = 620.7\,\text{N} \cdot \text{m}$，$T_{DB} = 1432\,\text{N} \cdot \text{m}$。

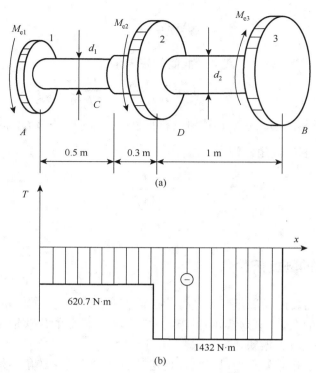

图 5.23　例 5.4 图

（2）校核轴 *AC* 段的强度和刚度。

根据强度条件 $\tau_{\max} = \dfrac{T_{\max}}{W_p} \leqslant [\tau]$，得

$$\tau_{\max}^{AC} = \frac{T_{AC}}{W_p} = \frac{620.7 \times 10^3}{\dfrac{\pi}{16} \times 0.04^3} = 49.39(\text{MPa}) < [\tau]$$

根据刚度条件 $\theta_{\max} = \dfrac{T_{\max}}{GI_p} \times \dfrac{180}{\pi} \leqslant [\theta]$，得

$$\theta_{\max}^{AC} = \frac{T_{AC}}{GI_p} \times \frac{180}{\pi} = \frac{620.7 \times 10^3}{\dfrac{\pi}{32} \times 0.04^4 \times 80 \times 10^9} \times \frac{180}{\pi} = 1.77°/\text{m} < [\theta]$$

即 *AC* 段满足强度和刚度要求。

（3）校核轴 *DB* 段的强度和刚度。

根据强度条件，得

$$\tau_{\max}^{DB} = \frac{T_{DB}}{W_p} = \frac{1432 \times 10^3}{\dfrac{\pi}{16} \times 0.07^3} = 21.26(\text{MPa}) < [\tau]$$

根据刚度条件，得

$$\theta_{\max}^{DB} = \frac{T_{DB}}{GI_p} \times \frac{180}{\pi} = \frac{1432 \times 10^3}{\dfrac{\pi}{32} \times 0.07^4 \times 80 \times 10^9} \times \frac{180}{\pi} = 0.435°/\text{m} < [\theta]$$

即 *DB* 段也满足强度和刚度要求。

例 5.5 一传动轴如图 5.24（a）所示，已知轴所用材料的许用切应力[τ] = 40 MPa，剪切模量 G = 80 GPa，单位长度许用扭转角[θ] = 0.5°/m，按强度条件和刚度条件设计轴的直径 d。

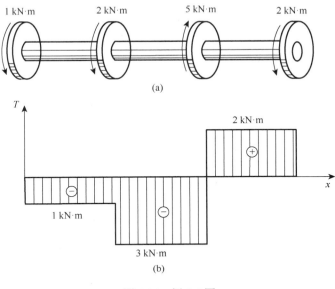

图 5.24 例 5.5 图

解 （1）画轴的扭矩图。

通过截面法画出轴的扭矩图，如图 5.24（b）所示。由图中可以看出，最大扭矩发生在轴的中间一段，其值为 T_{max} = 3 kN·m。

（2）按强度条件设计轴的直径。

要轴安全正常工作，轴必须满足强度条件

$$\tau_{max} = \frac{T_{max}}{W_p} = \frac{T_{max}}{\frac{1}{16}\pi d^3} \leqslant [\tau]$$

得

$$d \geqslant \sqrt[3]{\frac{16T_{max}}{\pi[\tau]}} = \sqrt[3]{\frac{16\times3\times10^3}{\pi\times40\times10^6}} = 7.26\times10^{-2}(\text{m}) = 72.6(\text{mm})$$

（3）按刚度条件设计轴的直径。

要轴安全正常工作，轴还必须满足刚度条件

$$\theta = \frac{T_{max}}{GI_p} = \frac{T_{max}}{G\frac{1}{32}\pi d^4} \times \frac{180}{\pi} \leqslant [\theta]$$

得

$$d \geqslant \sqrt[4]{\frac{32T_{max}}{G\pi[\theta]}} = \sqrt[4]{\frac{32\times3\times10^3}{80\times10^9\times\pi\times0.5\times\frac{\pi}{180}}} = 8.13\times10^{-2}(\text{m}) = 81.3(\text{mm})$$

轴的强度要求其直径 d⩾72.6 mm，轴的刚度要求其直径 d⩾81.4 mm，结合强度和刚度的要求，可选取轴的直径为 d = 85 mm。

例 5.6 如图 5.25（a）所示等截面圆轴，已知 $d = 100$ mm，$l = 500$ mm，$M_{e1} = 8$ kN·m，$M_{e2} = 3$ kN·m。轴的材料为钢，剪切模量 $G = 80$ GPa，求：

（1）轴的最大切应力；

（2）截面 B 和截面 C 的扭转角；

（3）若要求 BC 段的单位长度扭转角与 AB 段的相等，则在 BC 段钻孔的孔径 d_1 应为多大？

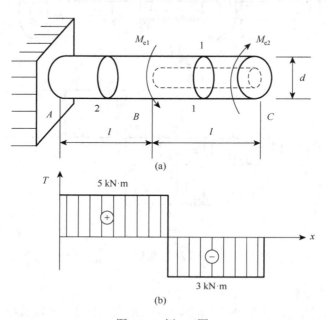

图 5.25 例 5.6 图

解 （1）计算轴的最大切应力。

作扭矩图如图 5.25（b）所示。$T_1 = 3$ kN·m，$T_{max} = T_2 = 5$ kN·m，最大切应力为

$$\tau_{max} = \frac{T_{max}}{W_p} = \frac{T_2}{\frac{\pi}{16}d^3} = \frac{16 \times 5 \times 10^3}{\pi \times 0.1^3} = 2.546 \times 10^7 (\text{Pa}) = 25.46(\text{MPa})$$

（2）求扭转角。

由于截面 A 为固定端约束，截面 B 的扭转角 $\varphi_B = \varphi_{AB}$，根据相对扭转角计算公式，得截面 B 的扭转角

$$\varphi_{AB} = \frac{T_2 l_{AB}}{GI_p} = \frac{5 \times 10^3 \times 0.5}{82 \times 10^9 \times \frac{\pi}{32} \times (0.1)^4} = 0.003\,105(\text{rad}) = 0.178°$$

截面 C 的扭转角 $\varphi_C = \varphi_{AC} = \varphi_{AB} + \varphi_{BC}$，而截面 C 相对于截面 B 的扭转角为

$$\varphi_{BC} = \frac{T_1 l_{BC}}{GI_p} = \frac{-3 \times 10^3 \times 0.5}{82 \times 10^9 \times \frac{\pi}{32} \times (0.1)^4} = -0.001\,86(\text{rad}) = -0.107°$$

则截面 C 的扭转角

$$\varphi_C = 0.178° - 0.107° = 0.071°$$

（3）求 BC 段钻孔的孔径 d_1。

由于 $\theta_{AB} = \theta_{BC}$，即

$$\frac{T_2}{GI_{p2}} = \frac{T_1}{GI_{p1}}$$

其中 $I_{p1} = \frac{\pi}{32}(d^4 - d_1^4) = I_{p2}\frac{T_1}{T_2}$， $I_{p2} = \frac{\pi}{32}d^4$，得

$$d_1 = d\sqrt[4]{1 - \frac{T_1}{T_2}} = 100 \times 10^{-3} \times \sqrt[4]{1 - \frac{3 \times 10^3}{5 \times 10^3}} = 0.0795(\text{m}) = 79.5(\text{mm})$$

取 BC 段钻孔的孔径 d_1 为 80 mm。

5.6 非圆截面轴扭转简介

前面研究的轴均为圆截面轴。在工程实际中，有时也会碰到一些非圆截面轴，例如，矩形与椭圆形实心截面轴，箱形与工字形薄壁截面轴等。实验与分析表明，这些非圆截面轴，例如矩形截面轴，受扭后横截面将由平面变为曲面，即产生翘曲（图 5.26），根据平面假设所建立的圆轴扭转公式，对于这些非圆截面轴均不适用。本节讨论非圆截面轴的扭转问题，主要介绍有关的研究结果。

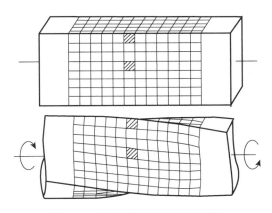

图 5.26 矩形截面轴的扭转变形

5.6.1 矩形与椭圆等非圆实心截面轴扭转

弹性理论指出：当矩形截面轴扭转时，横截面边缘各点处的切应力平行于截面周边（图 5.27），角点处的切应力为零；最大切应力 $\tau_{\max}$ 发生在截面的长边中点处，而短边中点处的切应力 τ_1 也有相当大的数值。

上述结论与实验现象是一致的。从实验中观察到（图 5.28）：杆表面棱角处的切应变为零；而距侧面中线越近，切应变越大，在侧面的中线处，切应变最大。

至于横截面边缘各点处的切应力平行于周边，以及角点处的切应力为零的结论，也可利用切应力互等定理得到证实。如图 5.27 所示，若横截面边缘某点 A 处的切应力不平行于周边，即存在垂直于周边的切应力分量 τ_n，则根据切应力互等定理可知，杆表面必存在切应力 τ_n'，而且 $\tau_n' = \tau_n$。然而，当杆表面无轴向剪切载荷作用时，$\tau_n' = 0$，可见 $\tau_n = 0$，即截面边缘的切应力一定平行于周边。同样，在截面的角点处，例如 B 点，由于该处杆表面的切应力 τ_1' 与 τ_2' 均为零，B 点处的切应力分量 τ_1 与 τ_2 也必为零，所以横截面上角点处的切应力必为零。

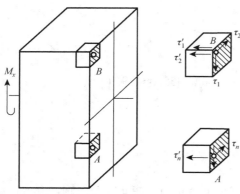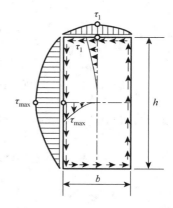

图 5.27　横截面边缘上的切应力　　　　　　图 5.28　矩形截面轴横截面上的切应力

根据弹性力学的研究结果，矩形截面轴的扭转切应力 $\tau_{\max}$ 与 τ_1 以及扭转变形分别为

$$\tau_{\max} = \frac{T}{W_{\mathrm{T}}} = \frac{T}{\alpha h b^2} \tag{5.21}$$

$$\tau_1 = \gamma \tau_{\max} \tag{5.22}$$

$$\varphi = \frac{Tl}{GI_{\mathrm{T}}} = \frac{Tl}{G\beta h b^3} \tag{5.23}$$

式中，h 与 b 分别代表矩形截面长边与短边的长度，$W_{\mathrm{T}} = \alpha h b^2$ 称为相当扭转截面模量，$I_{\mathrm{T}} = \beta h b^3$ 称为相当极惯性矩，系数 α、β、γ 与比值 h/b 有关，其值见表 5.1。

表 5.1　矩形截面扭转的有关系数 α、β 与 γ

h/b	1.0	1.2	1.5	1.75	2.0	2.5	3.0	4.0	6.0	8.0	10.0	∞
α	0.208	0.219	0.231	0.239	0.246	0.258	0.267	0.282	0.299	0.307	0.313	0.333
β	0.141	0.166	0.196	0.214	0.229	0.249	0.263	0.281	0.299	0.307	0.313	0.333
γ	1.000	0.930	0.859	0.820	0.795	0.766	0.753	0.745	0.743	0.742	0.742	0.742

对于椭圆、三角形等非圆截面轴，可按下列公式计算最大扭转切应力与扭转变形：

$$\tau_{\max} = \frac{T}{W_{\mathrm{T}}} \tag{5.24}$$

$$\varphi = \frac{Tl}{GI_{\mathrm{T}}} \tag{5.25}$$

上式中的相当扭转截面模量 W_{T} 及相当极惯性矩 I_{T} 的量纲，分别与 W_{p} 及 I_{p} 相同。

5.6.2　薄壁杆扭转

为减轻重量，在工程结构中，特别是在航空与航天结构中，广泛采用薄壁杆件（图 5.29）。薄壁杆横截面的壁厚平分线，称为截面中心线。截面中心线为封闭曲线的薄壁杆，称为闭口薄壁杆；截面中心线为非封闭曲线的薄壁杆，称为开口薄壁杆。两种不同形式的薄壁杆，其抗扭性能有很大的差别。

1. 闭口薄壁杆扭转概念

与薄壁圆管的扭转切应力相似，一般闭口薄壁杆的扭转切应力分布如图 5.30（a）所示。由于杆壁很薄，可以认为：横截面上各点处的扭转切应力，沿壁厚均匀分布，其方向则平行于该壁厚处的周边切线或截面中心线的切线。研究表明，若截面中心线所包围的面积为 Ω[图 5.30（b）]，则壁厚为 δ 处的扭转切应力为

$$\tau = \frac{T}{2\Omega\delta} \tag{5.26}$$

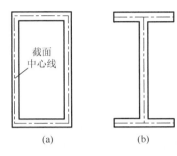

(a)　　　　　　　(b)

图 5.29　薄壁杆件

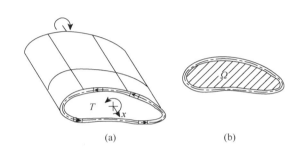

(a)　　　　　　　(b)

图 5.30　闭口薄壁杆的扭转切应力

而薄壁杆的扭转变形则为

$$\varphi = \frac{Tl}{GI_{\mathrm{T}}} \tag{5.27}$$

式中

$$I_{\mathrm{T}} = \frac{4\Omega^2}{\displaystyle\int \frac{\mathrm{d}s}{\delta}} \tag{5.28}$$

式中的线积分沿截面中心线进行。

由式（5.26）可以看出，闭口薄壁杆的扭转切应力与扭矩成正比，与截面中心线所围面积成反比，而在杆壁最薄处，扭转切应力最大，其值为

$$\tau_{\max} = \frac{T}{2\Omega\delta_{\min}} \tag{5.29}$$

2. 开口薄壁杆扭转概念

一般开口薄壁杆件的扭转切应力分布如图 5.31 所示，切应力沿截面周边形成"环流"。从图中可以看出，截面中心线两侧对称位置处的微剪力 $\tau\mathrm{d}A$ 构成微力偶，但因杆壁薄、力偶臂小，所以，开口薄壁杆的抗扭性能很差，截面产生明显翘曲。因此，对于受扭构件，尽量不要采用开口薄壁杆。如果实在必要（例如由于构造或装配等方面的需要），不得不采用开口薄壁截面，则应采取局部加强措施。例如，采用格条或肋板等对截面翘曲加以限制（图 5.32），将显著提高杆的扭转强度与刚度。

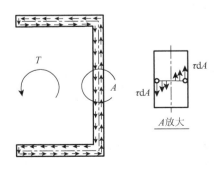

图 5.31　开口薄壁杆件的扭转切应力

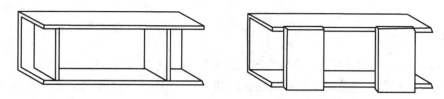

图 5.32　采用格条或肋板加强的开口薄壁结构

例 5.7　材料、横截面积与长度均相同的两根轴，一为圆形截面，另一为正方形截面。若作用在轴端的外力偶矩 M_e 也相同，试计算上述两轴的最大扭转切应力与扭转变形，并进行比较。

解　设圆形截面的直径为 d，正方形截面的边长为 a，由于二者的面积相等，即

$$\frac{\pi d^2}{4} = a^2$$

于是得

$$a = \frac{\sqrt{\pi}d}{2}$$

圆形截面轴的最大扭转切应力与扭转变形分别为

$$\tau_{c,max} = \frac{16M_e}{\pi d^3}, \quad \varphi_c = \frac{32M_e l}{G\pi d^4}$$

根据式（5.21）、式（5.23）与表 5.1，得正方形截面轴的最大扭转切应力与扭转变形分别为

$$\tau_{s,max} = \frac{M_e}{\alpha a^3} = \frac{M_e}{0.208a^3}, \quad \varphi_s = \frac{M_e l}{G\beta a^4} = \frac{M_e l}{0.141Ga^4}$$

根据上述计算，于是得

$$\frac{\tau_{c,max}}{\tau_{s,max}} = \frac{16 \times 0.208}{\pi} \times \left(\frac{\sqrt{\pi}}{2}\right)^4 = 0.653, \quad \frac{\varphi_c}{\varphi_s} = \frac{32 \times 0.141}{\pi} \times \left(\frac{\sqrt{\pi}}{2}\right)^4 = 0.886$$

可见，无论是扭转强度或是扭转刚度，圆形截面轴均比正方形截面轴好。

5.7　思考与讨论

5.7.1　圆轴扭转的切应力与扭矩的关系

已知承受扭转的圆轴，横截面直径为 d，截面上的扭矩为 T [图 5.33（b）]。在扭矩 T 的作用下，圆轴的变形都是弹性的，

（1）请写出 B 点的切应力与扭矩 T 的关系式；

（2）请采用最简单的方法确定以 OB 为半径的圆面积上切应力所组成的扭矩。

如果已经知道横截面上的最大切应力为 τ_{max} [图 5.33（a）]。请分析：能不能确定扭矩 T 与最大切应力 τ_{max} 之间的关系？如果能，请写出二者之间关系的表达式；如果不能，请简单说明理由。

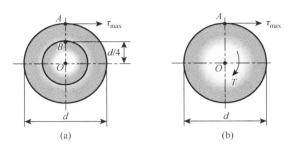

图 5.33　圆轴扭转的扭矩和切应力

5.7.2　复合材料圆轴的扭转

由两种不同材料组成的圆轴，里层和外层材料的剪切模量分别为 G_1 和 G_2，且 $G_1 = 2G_2$。圆轴尺寸如图 5.34 所示。圆轴受扭时，里、外层之间无相对滑动。

关于横截面上的切应力分布，有图 5.34 中（a）、（b）、（c）、（d）所示的四种结论，请判断哪一种是正确的？为什么？

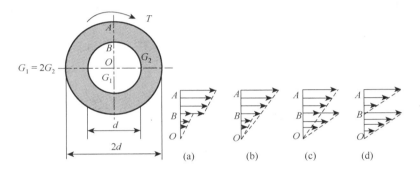

图 5.34　复合材料圆轴横截面上的切应力分布

5.7.3　闭口和开口薄壁圆管的强度比较

闭口和开口薄壁圆管的平均直径（厚度中线的直径）均为 D，壁厚均为 δ。二者都承受扭转，分别如图 5.35（a）和（b）所示。

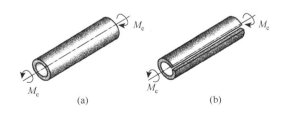

图 5.35　闭口和开口薄壁圆管

（1）分析研究两种情形下圆管横截面上的切应力沿厚度方向是怎样分布的？画出沿厚度方向的切应力分布图。

（2）试用简化分析方法确定两种情形下横截面上的最大切应力与 D 和 δ 之间的关系式。

思维导图 5

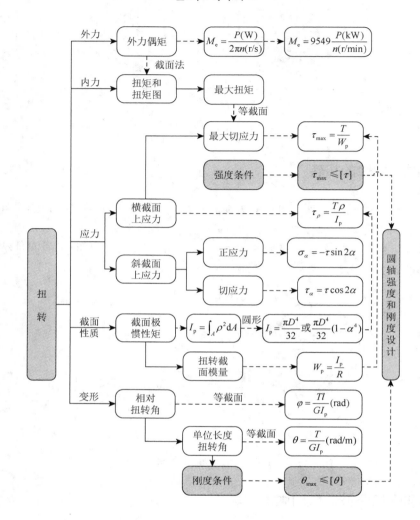

习　题　5

5-1　建立圆轴的扭转切应力公式 $\tau_\rho = T\rho/I_p$ 时，"平面假设"起到的作用是（　　）。

A. "平面假设"给出了横截面上内力与应力的关系 $T = \int_A \tau_\rho \rho \mathrm{d}A$

B. "平面假设"给出了圆轴扭转时的变形规律

C. "平面假设"使物理方程得到简化

D. "平面假设"是建立切应力互等定理的基础

5-2　切应力互等定理的适用条件是（　　）。

A. 仅仅为纯剪切状态　　　　　　　　B. 平衡状态

C. 仅仅为线弹性范围　　　　　　　　D. 仅仅为各向同性材料

5-3　传动轮系如题 5-3 图所示，主动轮作用力矩 $M_1 = 8$ kN·m，从动轮作用力矩 $M_2 = 4$ kN·m，$M_3 = 3$ kN·m，$M_4 = 1$ kN·m。下列各图中，轮系安排合理的是（　　）。

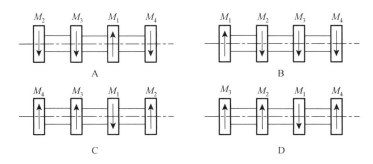

题 5-3 图

5-4 一直径为 d_1 的实心轴，另一内径为 d_2、外径为 D_2、内外径之比 $\alpha = d_2/D_2$ 的空心轴，若两轴横截面上的扭矩和最大切应力均分别相等，则两轴的横截面积之比 A_1/A_2 为（ ）。

A. $1-\alpha^2$

B. $\sqrt[3]{(1-\alpha^4)^2}$

C. $\sqrt[3]{[(1-\alpha^2)(1-\alpha^4)^2]^2}$

D. $\dfrac{\sqrt[3]{(1-\alpha^4)^2}}{1-\alpha^2}$

5-5 一圆轴用碳钢制作，校核其扭转角时，发现单位长度扭转角超过了许用值。为保证此轴的扭转刚度，采用哪种措施最有效（ ）。

A. 改用合金钢材料

B. 增加表面光洁度

C. 增加轴的直径

D. 减小轴的长度

5-6 作如题 5-6 图所示各杆的扭矩图。

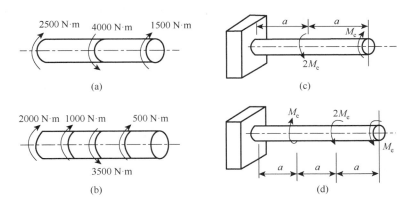

题 5-6 图

5-7 一传动轴如题 5-7 图所示，直径 $d = 75$ mm，作用着外力偶矩 $M_{e1} = 1000$ N·m，$M_{e2} = 600$ N·m，$M_{e3} = M_{e4} = 200$ N·m，剪切模量 $G = 80$ GPa。

（1）作轴的扭矩图；

（2）求各段内的最大切应力；

（3）求截面 A 相对于截面 C 的扭转角。

5-8 设有一实心轴如题 5-8 图所示，两端受到扭转的外力偶矩 $M_e = 14$ kN·m，轴的直径 $d = 10$ cm，长度 $l = 100$ cm，剪切模量 $G = 80$ GPa，试计算：（1）横截面的最大切应力；（2）轴的扭转角；（3）截面上 A 点的切应力。

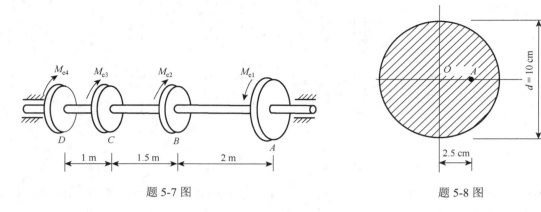

题 5-7 图　　　　　　　　　　　　　　　题 5-8 图

5-9　　如题 5-9 图所示，左段 AB 为实心圆截面，直径为 $d = 20\text{ mm}$，右段 BC 为空心圆截面，内外径分别为 $d_i = 15\text{ mm}$ 与 $d_o = 25\text{ mm}$。轴承受外力偶矩 M_A、M_B 与 M_C 作用，且 $M_A = M_B = 100\text{ N·m}$，$M_C = 200\text{ N·m}$。试计算轴内的最大扭转切应力。

5-10　　传动轴如题 5-10 图所示。已知该轴转速 $n = 300\text{ r/min}$，主动轮输入功率 $P_C = 30\text{ kW}$，从动轮输出功率 $P_D = 15\text{ kW}$，$P_B = 10\text{ kW}$，$P_A = 5\text{ kW}$，材料的剪切模量 $G = 80\text{ GPa}$，许用切应力 $[\tau] = 40\text{ MPa}$，单位长度许用扭转角 $[\theta] = 1°/\text{m}$。试按强度条件及刚度条件设计此轴直径。

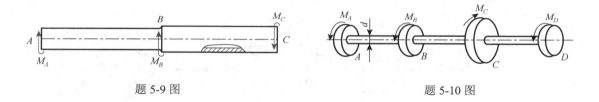

题 5-9 图　　　　　　　　　　　　　　　题 5-10 图

5-11　　以外径 $D = 120\text{ mm}$ 的空心轴来代替直径 $d = 100\text{ mm}$ 的实心轴，在强度相等的条件下，问可节省材料多少（用百分数表示）？

5-12　　船用推进轴如题 5-12 图所示，一端是实心轴，其直径 $d_1 = 28\text{ cm}$；另一端是空心轴，其内径 $d = 14.8\text{ cm}$，外径 $D = 29.6\text{ cm}$。若许用切应力 $[\tau] = 50\text{ MPa}$，试求此轴允许传递的外力偶矩。

5-13　　如题 5-13 图所示，两轴由四个螺栓和凸缘连接。轴与螺栓的材料相同，若使轴和螺栓的最大切应力相等，试求 D 与 d 的关系。

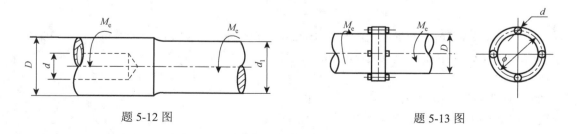

题 5-12 图　　　　　　　　　　　　　　　题 5-13 图

5-14　　如题 5-14 图所示发电量为 15000 kW 的水轮机主轴，$D = 550\text{ mm}$，$d = 300\text{ mm}$，$n = 250\text{ r/min}$，材料的许用切应力 $[\tau] = 50\text{ MPa}$。试校核水轮机主轴的强度。

5-15 如题 5-15 图所示机床变速箱第 II 轴，轴所传递的功率为 $P = 5.5\,\text{kW}$ ，转速 $n = 200\,\text{r}/\text{min}$ ，材料为 45 钢，许用切应力 $[\tau] = 40\,\text{MPa}$ 。试按强度条件初步设计轴的直径。

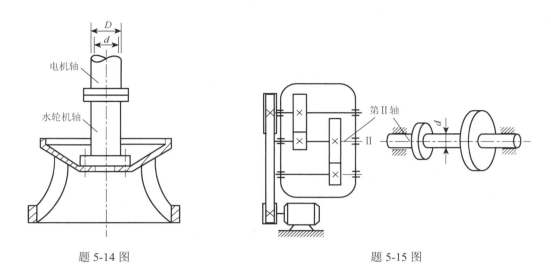

题 5-14 图   题 5-15 图

5-16 如题 5-16 图所示桥式起重机。若传动轴传递的力偶矩 $M_e = 1.08\,\text{kN}\cdot\text{m}$ ，材料的许用切应力 $[\tau] = 40\,\text{MPa}$ ，剪切模量 $G = 80\,\text{GPa}$ ，单位长度扭转角 $[\theta] = 0.5°/\text{m}$ ，试设计轴的直径 d 。

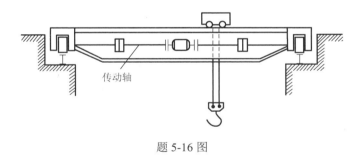

题 5-16 图

5-17 如题 5-17 图所示一联轴装置。轴与圆盘用键结合，两个圆盘用 4 个直径 $d = 16\,\text{mm}$ 的螺栓连接，已知轴转速 $n = 170\,\text{r/min}$ ，轴的许用切应力 $[\tau] = 60\,\text{MPa}$ ，许用挤压应力 $[\sigma] = 200\,\text{MPa}$ 。键和螺栓的许用切应力 $[\tau] = 80\,\text{MPa}$ ，许用挤压应力 $[\sigma_{bs}] = 200\,\text{MPa}$ 。轴和键的配合长度为 140 mm，试计算轴所能传递的最大功率。

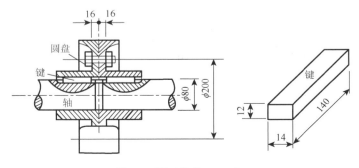

题 5-17 图（单位：mm）

第6章 弯曲内力

6.1 弯曲的概念和工程实例

6.1.1 弯曲的概念

当杆件受垂直于杆轴线的横向外力或位于其轴线所在平面内的外力偶的作用时，杆件的轴线弯成一条曲线，杆件的这种变形称为**弯曲变形**（bending deformation）。工程上把以弯曲变形为主的杆件称为**梁**（beam）。如吊车横梁［图6.1（a）］、火车车轴［图6.2（a）］、房屋横梁［图6.3（a）］和房屋阳台［图6.4（a）］等都可以看成梁，其计算简图分别如图6.1（b）、图6.2（b）、图6.3（b）和图6.4（b）所示。

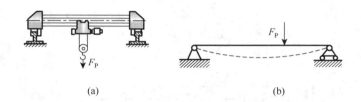

(a)   (b)

图 6.1 吊车横梁

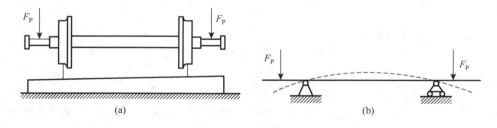

(a)   (b)

图 6.2 火车车轴

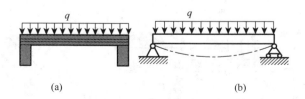

(a)   (b)

图 6.3 房屋横梁

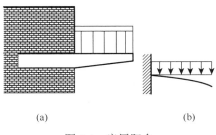

图 6.4 房屋阳台

工程中常见梁的横截面（如圆形、矩形、工字形和 T 形等）都有一个竖向对称轴（图 6.5）。由横截面的竖向对称轴与梁的轴线构成的平面，称为梁的纵向对称面。如果梁上的外力和外力偶都作用在此纵向对称面内，那么梁的轴线将弯成一条位于此纵向对称面内的平面曲线，这样的弯曲称为**对称弯曲**（symmetric bending）。若梁不具有纵向对称面，或者梁虽具有纵向对称面但横向力或力偶不作用在纵向对称面内，这种弯曲则称为**非对称弯曲**（unsymmetric bending）。对称弯曲是工程中最常见的弯曲情况，本书第 6～8 章主要讨论梁发生对称弯曲作用时的内力、应力和变形。

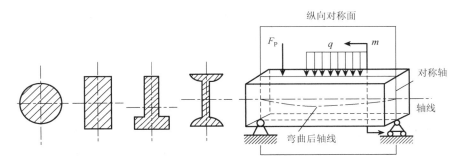

图 6.5 常用梁的横截面

6.1.2 梁的计算简图

在画梁的计算简图时，要对梁的结构、所受载荷及约束情况作适当的简化，如图 6.6 所示。

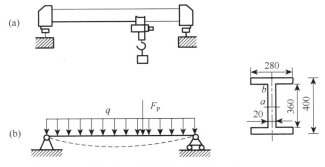

图 6.6 梁的结构、载荷及约束简图（单位：mm）

因在弯曲内力分析中暂不涉及梁的横截面的形状和尺寸，梁用其轴线表示。梁上的载荷可简化为集中力、集中力偶和分布力三种理想情况。如吊车梁中的电葫芦的轮距远小于梁的长度，故可将电葫芦对吊车梁的压力近似视为一集中力,而梁的自重则是均匀分布的分布力。梁的约束有多种情况,一般将梁的支座简化为固定端、固定铰支座和活动铰支座三种理想约束情况。

(1)固定端:简化如图 6.7(a)所示,该支座限制了梁端截面的线位移和角位移,相应的支座反力可用一对正交力 F_x、F_y 和约束力偶 M 表示,如图 6.7(d)所示。

(2)固定铰支座:简化如图 6.7(b)所示,该支座限制了梁在支承处对称面内的线位移,相应的支座反力可用一对正交力 F_x 和 F_y 表示,如图 6.7(e)所示。

(3)活动铰支座:简化如图 6.7(c)所示,该支座仅限制了梁在支承处竖直方向上的线位移,相应的支座反力可用一个垂直于支撑面的约束力 F,如图 6.7(f)所示。

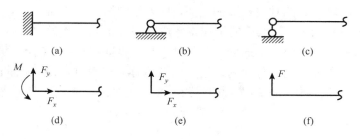

图 6.7 梁的约束简图

6.1.3 梁的基本形式

若梁具有 1 个固定端支座,或具有 1 个固定铰支座和 1 个活动铰支座,则其 3 个约束反力可以由平面力系的 3 个独立的平衡方程求出,这种梁称为**静定梁**(statically determinate beam)。如图 6.8 所示。根据支撑方式通常将静定梁分为以下三种基本形式:简支梁[图 6.8(a)]、悬臂梁[图 6.8(b)]和外伸梁[图 6.8(c)]。

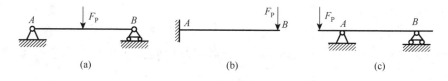

图 6.8 静定梁简图

若梁的约束力数目多于独立平衡方程数,该梁称为**超静定梁**(statically indeterminate beam),此时仅用平衡方程无法分析其所有约束力,需要补充方程联立求解,相应内容将在第 9 章中讨论。

6.2 剪力和弯矩

梁上作用外力已知时,可用截面法计算梁横截面上的内力。如图 6.9(a)所示简支梁,由平衡方程可求出梁的支座反力 F_A 和 F_B,然后,假想地将梁沿截面 $m\text{-}m$ 切为两段,左段梁 I 和右段梁 II 在截面 $m\text{-}m$ 处的相互作用力即为截面 $m\text{-}m$ 处的内力。取左段部分 I 为研究对象,由

于梁 AB 处于平衡状态，所以，左段梁 I 也处于平衡状态，为使左段梁在竖直方向保持平衡，必有一平行截面方向的内力 F_S，称为**剪力**。由于外力 F_A 与 F_S 剪力组成一力偶，根据左段梁的平衡，在截面 m-m 上必有一与其相平衡的内力偶 M，称为**弯矩**。根据弯矩的方向不同，弯矩还可以表示为 M_y 和 M_z。

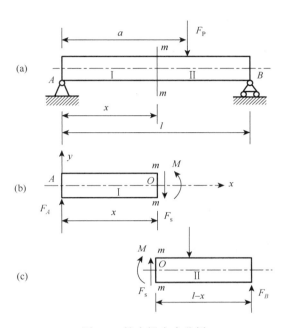

图 6.9 简支梁内力分析

考虑左段梁的平衡 [图 6.9（b）]，由竖直方向力的平衡方程

$$\sum F_x = 0, \quad F_A - F_S = 0$$

得

$$F_S = F_A$$

由对截面 m-m 的形心 O 的力矩平衡方程

$$\sum M_O = 0, \quad -F_A x + M = 0$$

得

$$M = F_A x$$

如考虑右段梁平衡，也可以求出截面 m-m 处的剪力和弯矩，如图 6.9（c）所示，会发现两种方式求得同一截面上剪力和弯矩大小相等，方向相反，因为它们是作用与反作用力。

为保证同一截面的一对剪力和弯矩具有相同的正负号，对剪力和弯矩的正负号作如下规定：

（1）剪力对所取梁段内任意一点有顺时针转动趋势时，剪力为正，即，使微段梁相邻两截面发生左上右下的相对错动时，剪力为正 [图 6.10（a）]，反之为负 [图 6.10（b）]。

（2）使截面相邻梁段发生上凹下凸弯曲变形时，弯矩为正 [图 6.10（c）]，反之为负 [图 6.10（d）]。

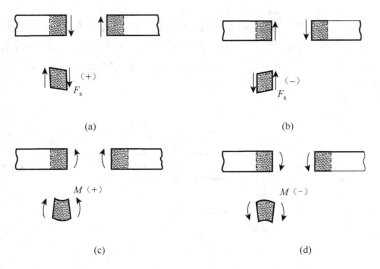

图 6.10　剪力和弯矩的正负号规则

根据截面梁左段或右段列平衡方程可求得截面的剪力和弯矩。

例 6.1　一简支梁 AB 如图 6.11（a）所示，梁全长为 4 m，在距离 A 端 1.5 m 的 C 处作用竖直向下集中力 $F_\text{p} = 10$ kN，求距 A 端 0.8 m 处截面 $n\text{-}n$ 上的剪力和弯矩。

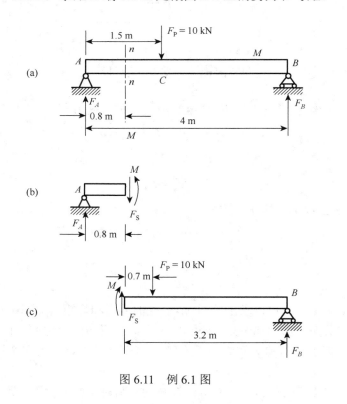

图 6.11　例 6.1 图

解　（1）求支座反力。

研究梁 AB 的平衡，由平衡方程

$$\sum F_x = 0, \quad F_A - F_B - 10 = 0$$

$$\sum M_A = 0, \quad F_B \times 4 - 10 \times 1.5 = 0$$

得

$$F_A = 6.25\,\text{kN}, \quad F_B = 3.75\,\text{kN}$$

（2）求截面 $n\text{-}n$ 上的剪力。

取截面左段梁，受力如图 6.11（b）所示，由平衡方程

$$\sum F_x = 0, \quad F_A - F_S = 0$$

得

$$F_S = F_A = 6.25\,\text{kN}$$

也可取截面右段梁，受力如图 6.11（c）所示，由平衡方程

$$\sum F_x = 0, \quad F_B + F_S - F_P = 0$$

得

$$F_S = F_P - F_B = 6.25\,\text{kN}$$

（3）求截面 $n\text{-}n$ 上的弯矩。

取截面左段梁［图 6.11（b）］，对截面形心列力矩平衡方程

$$\sum M_O = 0, \quad -F_A x + M = 0$$

得

$$M = F_A \times 0.8 = 6.25 \times 0.8 = 5\,(\text{kN}\cdot\text{m})$$

也可取截面右段梁［图 6.11（c）］，对截面形心列力矩平衡方程

$$\sum M_O = 0, \quad -F_B x + M + 0.7 F_P = 0$$

得

$$M = F_B \times 3.2 - F_P \times 0.7 = 3.75 \times 3.2 - 10 \times 0.7 = 5\,(\text{kN}\cdot\text{m})$$

6.3 剪力方程和弯矩方程 剪力图和弯矩图

一般情况下，梁横截面上的剪力和弯矩是随截面的位置而变化的，不同截面上的剪力和弯矩不相同。若以梁的轴线为 x 轴，x 表示横截面的位置，则可将剪力和弯矩表示为 x 的函数，即

$$F_S = F_S(x), \quad M = M(x)$$

这两个函数表达式分别称为**剪力方程**（equation of shear force）和**弯矩方程**（equation of bending moment）。剪力方程和弯矩方程描述了截面上的剪力和弯矩随截面位置 x 变化的情况，为了直观，通常将剪力和弯矩沿梁的轴线变化情况用图形显示，这种图形称为**剪力图**（shear force diagram）和**弯矩图**（bending moment diagram）。

例 6.2 一简支梁 AB 全长 l，受集度为 q 的均布载荷作用如图 6.12（a）所示，作此梁的剪力图和弯矩图。

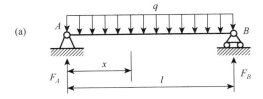

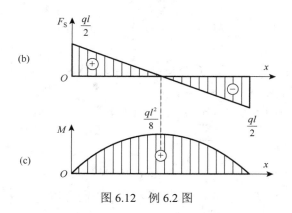

图 6.12　例 6.2 图

解　（1）求支座反力。

梁上的总载荷为 ql，因梁左右对称，故两个支座反力相等，由平衡方程得

$$F_A = F_B = \frac{1}{2}ql$$

（2）列剪力方程和弯矩方程。

任取一截面，其位置坐标为 x，取左段梁列平衡方程，剪力和弯矩分别为

$$F_S = F_A - qx = \frac{1}{2}ql - qx, \quad 0 < x < l$$

$$M = F_A x - qx \times \frac{x}{2} = \frac{1}{2}qlx - \frac{1}{2}qx^2, \quad 0 \leqslant x \leqslant l$$

（3）画剪力图和弯矩图。

由剪力方程可知：在 A 处截面 $x = 0$，$F_S = ql/2$，在 B 处截面 $x = l$，$F_S = -ql/2$，在此两截面间剪力按线性变化，可画剪力图，如图 6.12（b）所示。

由弯矩方程可知：在 A 处截面 $x = 0$，$M = 0$，在 B 处截面 $x = l$，$M = 0$，在此两截面间弯矩按抛物线变化，抛物线开口向下，在梁中间截面处 $x = l/2$，$M = ql^2/8$，可画弯矩图，如图 6.12（c）所示。

由剪力图和弯矩图可知：最大剪力发生在梁的两端处截面上，$F_{S,max} = ql/2$；最大弯矩发生在梁的中点处截面上，$M_{max} = ql^2/8$。

需要注意的是，如果梁中有集中力、集中力偶或分布载荷集度突变处，则剪力方程和弯矩方程不连续，需要分段列剪力方程和弯矩方程。

例 6.3　一简支梁 AB 全长 l，受集中力 F 作用，如图 6.13（a）所示，作此梁的剪力图和弯矩图。

解　（1）求支座反力。

由平衡方程

$$\sum M_A = 0, \quad F_B l - Fa = 0$$

$$\sum M_B = 0, \quad Fb - F_A l = 0$$

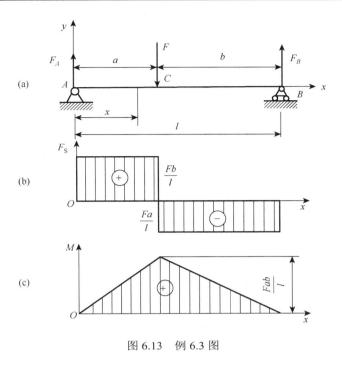

图 6.13　例 6.3 图

求得支座约束力为

$$F_A = \frac{Fb}{l}, \quad F_B = \frac{Fa}{l}$$

（2）列剪力方程和弯矩方程。

集中力 F 作用于 C 点，梁在 AC 和 BC 两段内的剪力方程和弯矩方程不能用同一方程表示，应分段考虑。在 AC 段取一截面，其位置坐标为 x，取左段梁列平衡方程，剪力和弯矩分别为

$$F_S = \frac{Fb}{l}, \quad 0 < x < a$$

$$M = \frac{Fb}{l} x, \quad 0 \leqslant x \leqslant a$$

同理，在 BC 段内取一截面，其位置坐标为 x，取左段梁列平衡方程，剪力和弯矩分别为

$$F_S = \frac{Fb}{l} - F = -\frac{Fa}{l}, \quad a < x < l$$

$$M = \frac{Fb}{l} x - F(x - a) = \frac{Fa}{l}(l - x), \quad a \leqslant x \leqslant l$$

（3）画剪力图和弯矩图。

由剪力方程可知：在 A 处截面 $x = 0$，$F_S = Fb/l$，在 C 处截面剪力有负突变，突变值为 F，在 B 处截面 $x = l$，$F_S = Fa/l$，AC 段和 BC 段梁截面剪力不变，可画剪力图，如图 6.13（b）所示。

由弯矩方程可知：在 A 处截面 $x = 0$，$M = 0$，在 B 处截面 $x = l$，$M = 0$，在此两截面间弯矩按线性变化，C 截面处弯矩值为 Fab/l，可画弯矩图，如图 6.13（c）所示。

6.4　剪力、弯矩与分布载荷集度间的微分关系

如图 6.14 所示，设坐标为 x_0 和 x_1 两截面间一段梁上作用有任意分布载荷，其集度为 $q(x)$，它是 x 的连续函数。我们规定分布载荷向上为正，即沿 y 轴正向为正。取原点在梁的左端，x 轴向右为正。设坐标为 x 的任意截面上的剪力和弯矩分别为 F_S 和 M，而与其相邻的坐标为 $x + dx$ 截面上的剪力和弯矩分别为 $F_S + dF_S$ 和 $M + dM$。取坐标为 x 和 $x + dx$ 两截面间的微段梁来研究，将作用在此微段梁上的分布载荷视为均匀分布。由平衡方程

$$\sum F_y = 0, \quad F_S + q dx - (F_S + dF_S) = 0$$

得

$$\frac{dF_S}{dx} = q \tag{6.1}$$

即剪力对 x 的一阶导数等于分布载荷集度 q。

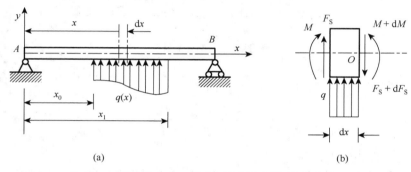

图 6.14　载荷集度、剪力、弯矩之间的微分关系

设坐标为 $x + dx$ 截面的形心为 O，则由平衡方程有

$$\sum M_O = 0, \quad -M - F_S dx - q dx \frac{dx}{2} + (M + dM) = 0 \tag{6.2}$$

即

$$dM = F_S dx + q dx \frac{dx}{2} \tag{6.3}$$

略去二阶微量 $q(dx)^2/2$，有

$$\frac{dM}{dx} = F_S \tag{6.4}$$

即弯矩对 x 的一阶导数等于剪力 F_S。

将式（6.4）代入式（6.1）有

$$\frac{d^2 M}{dx^2} = q \tag{6.5}$$

即弯矩对 x 的二阶导数等于分布载荷集度 q。

上面的微分关系说明：剪力图中某点处的斜率等于梁上对应点处的载荷集度；弯矩图中某点处的斜率等于梁上对应截面上的剪力。

6.4.1　利用微分关系作弯矩图

应用以上关系，可得梁上载荷、剪力图和弯矩图之间的如下规律。

1. 梁上某段无分布载荷作用

如果此梁段无载荷，可认为载荷集度 $q = 0$，剪力为常数，剪力图的形状为水平直线；弯矩为 x 的一次函数，弯矩图的形状为斜直线［表 6.1（a）］。

如果梁段内受集中力 F_P 作用，集中力作用处截面左右两侧的剪力值有突变，变化值为集中力大小；集中力作用处截面左右两侧的弯矩图斜率有突变，即形成拐点［表 6.1（b）］。

如果梁段受集中力偶，由微段梁的平衡可得集中力偶的存在对剪力图没有影响。集中力偶作用处截面左右两侧的弯矩值有突变，变化值为 m［表 6.1（c）］。

2. 梁上某段受均布载荷作用

在均布载荷作用下，剪力图的形状为直线，直线的斜率等于均布载荷集度 q；弯矩图的形状为抛物线，均布载荷指向下方，则抛物线开口向下［表 6.1（d）］。

由以上分析，可总结不同载荷作用下梁段的剪力图和弯矩图的形状如表 6.1 所示。

表 6.1　不同载荷作用下梁段的剪力图和弯矩图的形状

	（a）无载荷	（b）集中力 F_P	（c）集中力偶 m	（d）均布载荷 q
载荷				
剪力图	水平直线	突变	无变化	斜线，斜率 = q
弯矩图	直线	拐点		抛物线

例 6.4　如图 6.15 所示简支梁，$AB = l$，BC 段受均布载荷 q 作用，画梁的剪力图和弯矩图。

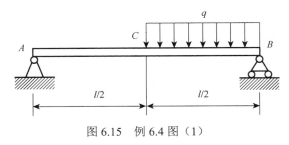

图 6.15　例 6.4 图（1）

解　（1）求支座反力。

梁的受力分析如图 6.16（a）所示，由平衡方程

$$\sum M_B = 0, \quad -F_A l + \frac{1}{2}q \cdot \frac{l}{2} \cdot \frac{l}{2} = 0$$

$$\sum M_A = 0, \quad F_B l - q \cdot \frac{l}{2} \cdot \frac{3l}{2} = 0$$

得

$$F_A = \frac{1}{8}ql, \quad F_B = \frac{3}{8}ql$$

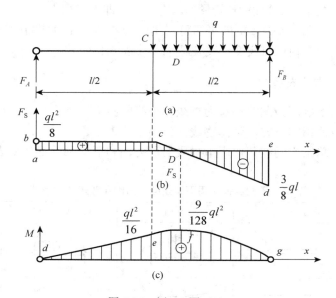

图 6.16　例 6.4 图（2）

（2）画剪力图。

如图 6.16（b）所示，画基线 ae；由梁的左端 a 点开始画剪力图。截面 A 作用向上的集中力 F_A，由 a 到 b 剪力值增加 $F_A = ql/8$，b 点的剪力值为 $F_{Sd} = F_{Sc} - ql/2 = -3ql/8$；梁段 AC 无载荷，由 b 到 c，剪力图为水平直线；梁段 CB 作用向下的均布载荷，由 c 到 d，剪力值逐渐下降，剪力值改变量为 $ql/2$，d 点的剪力值为 $F_{Sd} = F_{Sc} - ql/2 = -3ql/8$；$B$ 点作用向上的集中力 F_B，由 d 到 e，剪力值增加 $F_B = 3ql/8$。最后，线段 de 和线段 ae 形成封闭图形。否则，说明剪力图出现了错误。

（3）画弯矩图。

求出截面 A 和截面 C 的弯矩分别为

$$M_A = 0, \quad M_C = F_A \cdot \frac{l}{2} = \frac{1}{16}ql^2$$

在图中画 d 和 e 两点，梁段 AC 无载荷，用直线连接 d、e 两点；截面法求出截面 B 的弯矩为

$$M_B = 0$$

在图中画点 g，梁段 CB 作用向下的均布载荷，用开口向下的抛物线连接 e、g 两点；由图 6.16（b）知截面 D 的剪力值等于零，所以该截面弯矩取极值，截面法求出弯矩极值为

$$M_{max} = M_D = \frac{1}{16}ql^2 + \frac{(ql/8)^2}{2q} = \frac{9ql^2}{128}$$

弯矩图如图 6.16（c）所示。

例 6.5 画出图 6.17（a）所示梁的剪力和弯矩图。

解 （1）求支座反力。

取整个梁为研究对象，由平衡方程

$$\sum M_B = 0, \quad 4 \times 1.2 - F_A \times 0.8 - 1.6 + \frac{1}{2} \times 10 \times (0.4)^2 = 0$$

$$\sum M_A = 0, \quad 4 \times 0.4 - 1.6 - 10 \times 0.4 \times 0.6 + F_B \times 0.8 = 0$$

解得

$$F_A = 5\,\text{kN}, \quad F_B = 3\,\text{kN}$$

（2）画剪力图。

如图 6.17（b）所示，画基线 ag；由梁的左端 a 点开始画剪力图。截面 C 作用向下的集中力 $F_P = 4$ kN，由 a 到 b 剪力值降低 $F_P = 4$ kN，b 点的剪力值为 $F_{Sd} = F_{Sa} - F_P = -4$ kN；梁段 CA 无载荷，由 b 到 c，剪力图为水平直线；截面 A 作用向上的集中力 $F_A = 5$ kN，由 c 到 d 剪力值增加 $F_A = 5$ kN，d 点的剪力值为 $F_{Sd} = F_{Sc} + F_{Ax} = 1$ kN；梁段 AD 无载荷，由 d 到 e，剪力图为水平直线；截面 D 作用集中力偶对剪力图没有影响；梁段 DB 作用向下的均布载荷，由 e 到 f，剪力值逐渐下降，剪力值改变量为 $10 \times 0.4 = 4$ kN，f 点的剪力值为 $F_{Sf} = F_{Se} - 10 \times 0.4 = -3$ kN；B 点作用向上的集中力 F_B，由 f 到 g，剪力值增加 $F_B = 3$ kN。

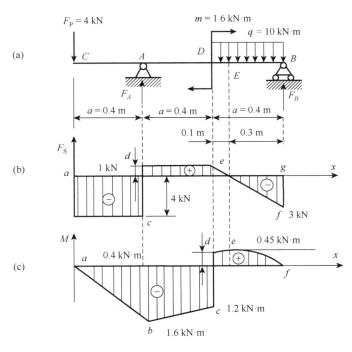

图 6.17 例 6.5 图

（3）画弯矩图。

求出截面 C 和截面 A 的弯矩值分别为

$$M_C = 0, \quad M_A = -4 \times 0.4 = -1.6\,(\text{kN}\cdot\text{m})$$

在图中画 a 和 b 两点，梁段 CA 无载荷，用直线连接 a、b 两点；求出截面 D 左侧的弯矩值为

$$M_{D左} = -4 \times 0.8 + 5 \times 0.4 = -1.2\,(\text{kN}\cdot\text{m})$$

截面 D 作用集中力偶，截面右侧比左侧弯矩值增加 $M = 1.6\,\text{kN}\cdot\text{m}$，则截面 D 右侧的弯矩值为

$$M_{D右} = M_{D左} + M = -1.2 + 1.6 = 0.4\,(\text{kN}\cdot\text{m})$$

求出截面 B 的弯矩为

$$M_B = 0$$

在图中画点 f，梁段 CB 作用向下的均布载荷，用开口向下的抛物线连接 d、f 两点；由图 6.17（b）知截面 E 的剪力值等于零，所以该截面弯矩取极值，求出弯矩极值为

$$M_{\max} = M_E = 0.4 + \frac{1^2}{2 \times 10} = 0.45\,(\text{kN}\cdot\text{m})$$

弯矩图如图 6.17（c）所示。

6.4.2 叠加法作弯矩图

由叠加原理，在小变形条件下，当所求内力、应力或位移与梁上的载荷为线性关系时，由几项载荷共同作用引起的内力、应力或位移等于每项载荷单独作用时所引起的该参数值的叠加。梁在几个载荷共同作用下产生的内力等于各载荷单独作用下该截面上产生的内力的代数和。

由于弯矩可以叠加，故相应的弯矩图也可以叠加，即可分别作出各项载荷单独作用下梁的弯矩图，然后将其相应的坐标叠加，即得梁在所有载荷共同作用下弯矩图。这种作图方法称为叠加法。

例 6.6 画出图 6.18（a）所示桥式起重机的自重为集度为 q 的均布载荷，起吊的重量为 F。试用叠加法画梁的剪力和弯矩图。

解 在小变形的情况下，用变形前的位置计算约束力和弯矩，它们都与外力呈线性关系，故可以叠加。

由平衡方程求出约束力为

$$F_A = \frac{ql}{2} + \frac{Fb}{l}, \quad F_B = \frac{ql}{2} + \frac{Fa}{l}$$

F_A 和 F_B 中的两项分别是 q 和 F 各自单独作用时的约束力，两者叠加即为 q 和 F 联合作用时的约束力，如图 6.18（b）和（c）所示。

AC 和 CB 两段内的弯矩方程分别为

AC 段：

$$M = \left(\frac{ql}{2}x - \frac{q}{2}x^2 \right) + \frac{Fb}{l}x$$

CB 段：

$$M = \left(\frac{ql}{2}x - \frac{q}{2}x^2 \right) + \frac{Fb}{l}(l - x)$$

以上两式右边的两项分别是 q 和 F 各自单独作用时的弯矩，其弯矩图分别如图 6.18（e）和（f）所示。两者叠加就是 q 和 F 联合作用时的弯矩，如图 6.18（d）所示，由此证明弯矩图可以用叠加法。

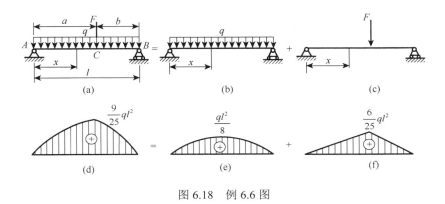

图 6.18 例 6.6 图

6.5 平面刚架和曲杆的内力图

平面刚架是由在同一平面内、不同取向的杆件，通过杆端相互刚性连接而组成的结构。

平面刚架各横截面上的内力分量通常有轴力、剪力和弯矩。轴力仍以拉力为正，剪力和弯矩的正负号与梁的规定相同。作内力图的步骤与梁相同，内力图的画法习惯遵循下列约定。

轴力图及剪力图：画在刚架轴线的任一侧（通常正值画在刚架的外侧），需要注明正、负号。弯矩图：约定把弯矩图画在杆件弯曲变形凹入的一侧，即画在受压一侧，不标注正负。

工程中的某些构件，如活塞环、链环、拱等，一般都有纵向对称面，其轴线是一平面曲线，称为平面曲杆。曲杆横截面上的内力情况及其内力图的绘制方法与刚架的相类似。

例 6.7 图 6.19（a）所示刚架 A 端固定，$AB = l$，$BC = a$，在其轴线平面内承受集中载荷 F_1 和 F_2 作用，试作刚架的内力图。

解 （1）列内力方程。

取包含自由端部分为研究对象，分别列出各杆的内力方程为

CB 段：

$$F_N(x) = 0$$

$$F_S(x) = F_1$$

$$M(x) = -F_1 x, \quad 0 \leqslant x \leqslant a$$

BA 段：

$$F_N(x_1) = -F_1$$

$$F_S(x) = F_2$$

$$M(x) = -F_1a - F_2x, \quad 0 \leqslant x_1 < l$$

（2）画内力图。

根据各段杆的内力方程，即可绘出轴力图、剪力图和弯矩图，如图 6.19（b）、（c）和（d）所示。

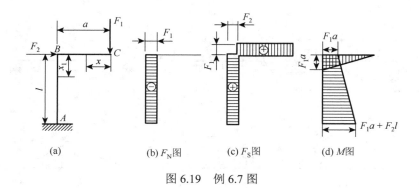

图 6.19　例 6.7 图

例 6.8　如图 6.20（a）所示，一端固定的 1/4 半径为 *a* 的圆环在其轴线平面内承受集中载荷 2*F* 和 *F* 作用，试作曲杆的弯矩图。

解　以圆心角为 φ 的横截面（径向截面）*m-m*，将曲杆分成两部分。截面以右部分如图 6.20（b）所示，把作用于这一部分上的力分别投影于轴线在截面处的切线和法线方向，并对 *m-m* 截面的形心取矩，根据平衡方程，得

$$F_N = F\sin\varphi + 2F\cos\varphi = F(\sin\varphi + 2\cos\varphi)$$

$$F_S = F\cos\varphi - 2F\sin\varphi = F(\cos\varphi - 2\sin\varphi)$$

$$M = 2Fa(1-\cos\varphi) - Fa\sin\varphi = Fa(2 - 2\cos\varphi - \sin\varphi)$$

将 *M* 画在轴线的法线方向，在杆件受压一侧，如图 6.20（c）所示。

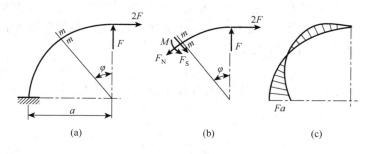

图 6.20　例 6.8 图

6.6 思考与讨论

部队拉练期间，有三位学员在执行任务中，突遇一条 4 m 宽的河挡住了去路，如图 6.21 所示，但河上架有一块 6 m 长的木板，其中两人的体重都是 60 kg，勉强可以从木板上通过，另一位体重为 80 kg，如强行通过，木板必断无疑，问：体重 80 kg 的学员该如何过河？

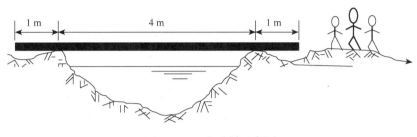

图 6.21　三人过桥示意图

不同的过桥方式，使得桥受力形式和大小不同，从而使得桥上产生的最大弯矩不同，如何将这三人过河产生的作用力作用在桥上，产生的最大弯矩值越小，则最为合理。过桥形式可以分为以下几种情况：

（1）若体重较大者先过，则他走到桥中间时候的受力如图 6.22（a）所示，跨中产生最大弯矩值；

（2）若体重较轻者先过，到达桥一端后站在桥头，另外一位体重较轻者再走上桥头一侧，体重较大者再过，走到跨中位置后，如图 6.22（b）所示，此时会在支座位置产生最大弯矩；

（3）若体重较大者采用爬行方式过河，如图 6.22（c）所示，当行至跨中位置时，跨中有最大弯矩值。在哪种方式下，最大弯矩值最小，过桥方式最安全？

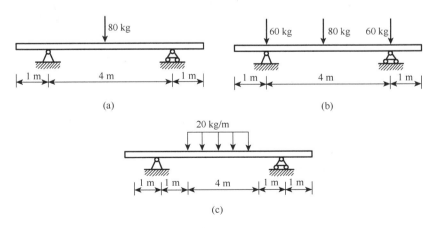

图 6.22　三人过桥受力分析图

思维导图6

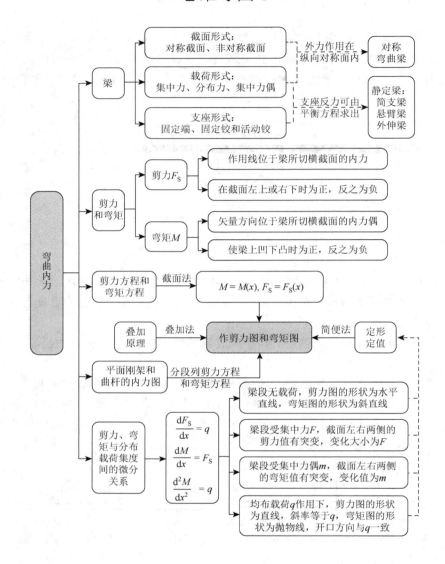

习　题　6

6-1　平面弯曲变形的特征是（　　　）。

　　A. 弯曲时横截面仍保持为平面

　　B. 弯曲载荷均作用在同一平面内

　　C. 弯曲变形后的轴线是一条平面曲线

　　D. 弯曲变形后的轴线与载荷作用面同在一个平面内

6-2　水平梁某截面上的剪力 F_S 在数值上等于该截面（　　　）在梁轴垂线上投影的代数和。

　　A. 以左和以右所有外力　　　　　　　　B. 以左或以右所有外力

　　C. 以左和以右所有载荷　　　　　　　　D. 以左或以右所有载荷

6-3 水平梁某截面上的弯矩在数值上，等于该截面（　　）的代数和。

　　A. 以左和以右所有集中力偶

　　B. 以左或以右所有集中力偶

　　C. 以左和以右所有外力对截面形心的力矩

　　D. 以左或以右所有外力对截面形心的力矩

6-4 如题 6-4 图所示，如果将力 F_P 平移到梁的 C 截面上，则梁上的最大弯矩和最大剪力（　　）。

　　A. 前者不变，后者改变　　　　　　　　B. 两者都改变

　　C. 前者改变，后者不变　　　　　　　　D. 两者都不变

6-5 简支梁受力情况如题 6-5 图所示，其中 BC 段上（　　）。

　　A. 剪力为零，弯矩为常数　　　　　　　B. 剪力为常数，弯矩为零

　　C. 剪力和弯矩均为零　　　　　　　　　D. 剪力和弯矩均为常数

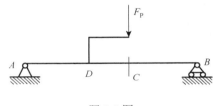

题 6-4 图

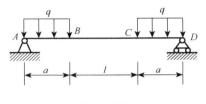

题 6-5 图

6-6 梁在载荷的作用下，其横截面上弯矩、剪力、载荷集度关系正确的是（　　）。

　　A. $\dfrac{\mathrm{d}M(x)}{\mathrm{d}x}=F_\mathrm{S}(x);\dfrac{\mathrm{d}M^2(x)}{\mathrm{d}x}=q(x)$　　　　B. $\dfrac{\mathrm{d}M(x)}{\mathrm{d}x}=q(x);\dfrac{\mathrm{d}F_\mathrm{S}^2(x)}{\mathrm{d}x}=q(x)$

　　C. $\dfrac{\mathrm{d}^2M(x)}{\mathrm{d}x}=F_\mathrm{S}(x);\dfrac{\mathrm{d}F_\mathrm{S}^2(x)}{\mathrm{d}x}=q(x)$　　　　D. $\dfrac{\mathrm{d}F_\mathrm{S}^2(x)}{\mathrm{d}x}=q(x);\dfrac{\mathrm{d}F_\mathrm{S}(x)}{\mathrm{d}x}=q(x)$

6-7 对剪力和弯矩的关系，下列说法正确的是（　　）。

　　A. 同一段梁上，剪力为正，弯矩也必为正

　　B. 同一段梁上，剪力为正，弯矩必为负

　　C. 同一段梁上，弯矩的正负不能由剪力唯一确定

　　D. 剪力为零处，弯矩也必为零

6-8 在梁的中间铰处，若既无集中力，又无集中力偶作用，则该处梁的（　　）。

　　A. 剪力图连续，弯矩图连续但不光滑

　　B. 剪力图连续，弯矩图光滑连续

　　C. 剪力图不连续，弯矩图连续但不光滑

　　D. 剪力图不连续，弯矩图光滑连续

6-9 如题 6-9 图所示两连续梁的支座和尺寸都相同，集中力偶 M_e 分别位于 C 处右侧和左侧但无限接近连接铰 C。以下结论正确的是（　　）。

　　A. 两根梁的 F_S 和 M 图都相同　　　　B. 两根梁的 F_S 图相同，M 图不相同

　　C. 两根梁的 F_S 图不相同，M 图相同　　D. 两根梁的 F_S 和 M 图都不相同

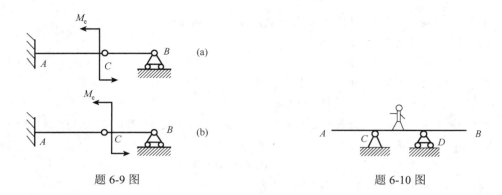

题 6-9 图　　　　　　　　　题 6-10 图

6-10　工人站在木板 AB 的中点处工作，如题 6-10 图所示。为了改善木板的受力和变形，下列看法正确的是（　　）。

A. 宜在木板的 A、B 端处同时堆放适量的砖块

B. 在木板的 A、B 端处同时堆放的砖越多越好

C. 宜只在木板的 A 或 B 端堆放适量的砖块

D. 无论在何处堆砖，堆多堆少都没有好处

6-11　试求题 6-11 图所示各梁指定截面上的剪力和弯矩。设 q、F_P、a 均为已知。

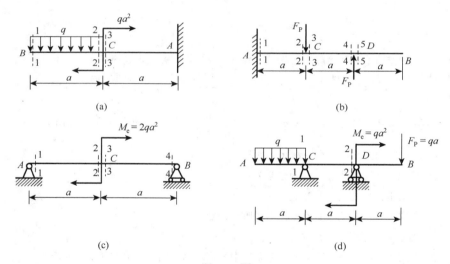

题 6-11 图

6-12　试计算如题 6-12 图所示各梁横截面 C 左、横截面 C 右，以及横截面 D 左、横截面 D 右的剪力和弯矩。

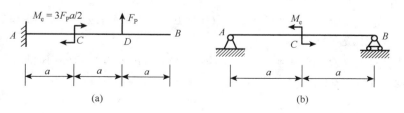

题 6-12 图

6-13 试用内力方程法画出题 6-13 图各梁的剪力图和弯矩图。

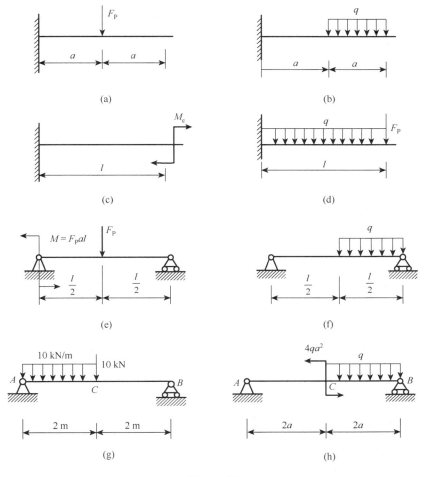

题 6-13 图

6-14 利用微分关系画出题 6-14 图各梁的剪力图和弯矩图，并求出剪力和弯矩的绝对值的最大值，设 F_P、q、l、a 均为已知。

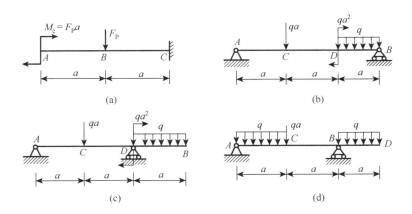

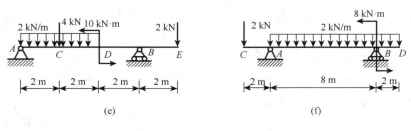

(e)　　　　　　　　　　　　　　　(f)

题 6-14 图

6-15　利用微分关系画出题 6-15 图各梁的剪力图和弯矩图，并求出剪力和弯矩的绝对值的最大值，设 F_P、q、l、a 均为已知。

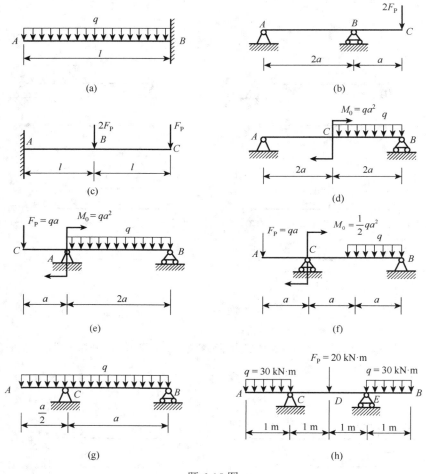

题 6-15 图

6-16　已知悬臂梁的剪力图如题 6-16 图所示，试作出此梁的载荷图和弯矩图（梁上无集中力偶作用）。

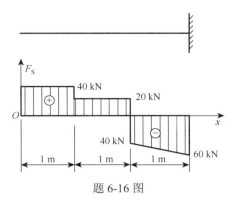

题 6-16 图

6-17 已知梁的弯矩图如题 6-17 图所示，试作梁的载荷图和剪力图。

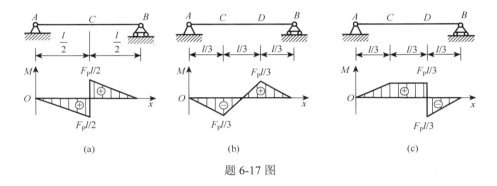

题 6-17 图

6-18 已知简支梁的剪力图如题 6-18 图所示，梁上无外力偶作用，试绘制梁的弯矩图和载荷图。

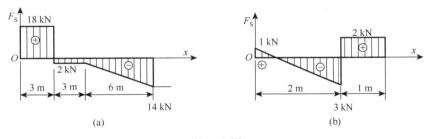

题 6-18 图

6-19 简支梁的弯矩图如题 6-19 图所示，试绘制梁的剪力图和载荷图。

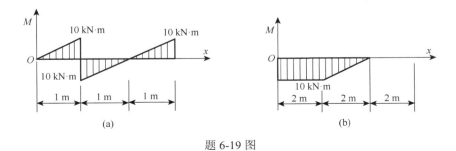

题 6-19 图

6-20　如题 6-20 图所示，独轮车过跳板，若跳板的支座 B 是固定的，试从弯矩方面考虑支座 A 在什么位置时跳板的受力最合理？已知跳板全长为 l，小车重量为 F_P。

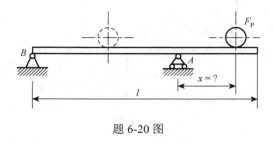

题 6-20 图

6-21　如题 6-21 图所示外伸梁承受均布载荷 q 作用。试问当 a 为何值时，梁的最大弯矩值最小。

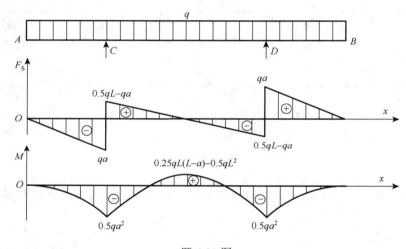

题 6-21 图

第7章 弯 曲 应 力

一般情况下，梁的内力既有剪力，又有弯矩。由内力和应力的静力学关系可知，剪力是位于横截面内微内力 τdA 合成的结果，弯矩是横截面上法向微内力 σdA 合成的结果。梁弯曲时，在横截面上会产生切应力和正应力。

7.1　梁横截面上的正应力

如果梁段上只有弯矩，没有剪力，这段梁称为**纯弯曲梁**（pure bending beam），如图 7.1 中的 AB 段梁。既有弯矩又有剪力称为**横力弯曲梁**（transverse bending beam），如图 7.2 中的 CD 段梁。

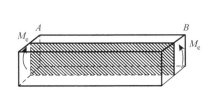

图 7.1　纯弯曲梁受力简图及弯曲内力图

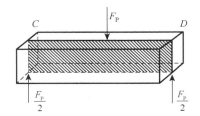

图 7.2　横力弯曲梁受力简图及弯曲内力图

7.1.1　纯弯曲时的正应力

对于纯弯曲梁，其横截面的切应力为零，只存在弯曲正应力。为了研究纯弯曲梁横截面上的正应力分布，要从几何、物理和静力学三方面综合考虑。

1. 几何方面

以矩形截面梁为例，在其表面画上横向线和与之正交的纵向线 [图 7.3（a）]，观察其变形规律。

如图 7.3（b）所示，可以观察到下列现象：纵向线在变形后成为相互平行的曲线；横向线在变形后仍为直线，只是相对转了一个角度，且变形后的横向线仍垂直于弯曲了的纵向线。由梁表面的变形现象，可由表及里地对梁的内部变形作出设想：梁的横截面在变形后仍保持为平面，并且在转了一个角度后与变形后梁的轴线正交。这个假设称为弯曲变形的**平面假设**（plane cross-section assumption），按弹性力学的分析结果，证明纯弯曲梁的横截面确实保持为平面。

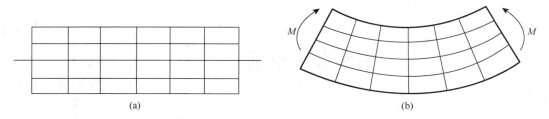

图 7.3　纯弯曲时梁的变形

　　将梁看成由许多层纵向纤维层叠加而成，靠近底层的纤维受拉伸而伸长，由下而上伸长逐渐变小；靠近顶层的纤维受压缩而缩短。由于变形的连续性，纵向纤维由伸长向缩短过渡，中间必有一层既不伸长也不缩短，这一层纤维称为**中性层**（neutral layer），中性层与横截面的交线称为**中性轴**（neutral axis），如图 7.4 所示。

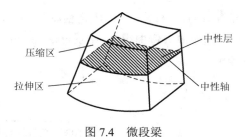

图 7.4　微段梁

　　用截面 **m-m** 和截面 **n-n** 从纯弯曲梁中截取长为 dx 的微段梁如图 7.5（a）所示，该微段梁变形后如图 7.5（b）所示。设横截面纵向对称轴为 y 轴，中性轴为 z 轴。根据平面假设，截面 **m-m** 和截面 **n-n** 仍为平面，都绕中性轴 z 轴相对转动，设其相对转角为 dθ。

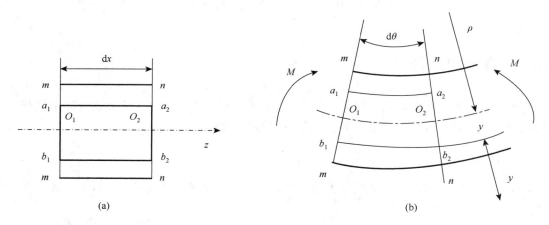

图 7.5　纯弯曲时微段梁的变形

　　设微段中性层纤维 O_1O_2 的曲率半径为 ρ，则距离中性层为 y 的一层纤维 b_1b_2 的长度变为 $(\rho + y)\mathrm{d}\theta$，其原长为 $\mathrm{d}x = \rho\mathrm{d}\theta$，所以纵向纤维 b_1b_2 的线应变为

$$\varepsilon = \frac{\widehat{b_1b_2} - \overline{b_1b_2}}{\overline{b_1b_2}} = \frac{(\rho + y)\mathrm{d}\theta - \rho\mathrm{d}\theta}{\rho\mathrm{d}\theta} = \frac{y}{\rho} \tag{7.1}$$

上式表明：横截面上任意一点的线应变 ε 与该点到中性层的距离 y 成正比。

2. 物理方面

若各纵向纤维之间互不挤压，则可认为梁的各纵向纤维处于单向受力状态，当材料处于线弹性范围内，由胡克定律，可得物理关系

$$\sigma = E\varepsilon = E\frac{y}{\rho} \tag{7.2}$$

上式表明：横截面上各点的正应力 σ 与该点到中性轴的距离 y 成正比，位于中性轴上各点的正应力均为零，位于同一纤维层上各点正应力相等。由于中性轴 z 的位置及中性层的曲率半径 ρ 未知，还不能利用该式计算正应力。

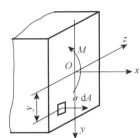

图 7.6 横截面上正应力组成的内力分量

3. 静力学方面

在梁的横截面上坐标为 (y, z) 处取微面积 $\mathrm{d}A$，如图 7.6 所示。这个微面积上只作用法向微内力 $\sigma\mathrm{d}A$，所有垂直于横截面的微内力构成空间平行力系，可能合成三个内力分量 F_N、M_y 和 M_z。

$$F_\mathrm{N} = \int_A \sigma\mathrm{d}A \tag{7.3a}$$

$$M_y = \int_A z\sigma\mathrm{d}A \tag{7.3b}$$

$$M_z = \int_A y\sigma\mathrm{d}A \tag{7.3c}$$

梁纯弯曲时，上式中的 F_N 和 M_y 均为零，M_z 为横截面上的弯矩 M。梁纯弯曲时，

$$F_\mathrm{N} = \int_A \sigma\mathrm{d}A = 0 \tag{7.3d}$$

$$M_y = \int_A z\sigma\mathrm{d}A = 0 \tag{7.3e}$$

$$M_z = \int_A y\sigma\mathrm{d}A = M \tag{7.3f}$$

将式（7.2）代入式（7.3d）～式（7.3f），根据截面几何性质，得

$$F_\mathrm{N} = \frac{F}{\rho}\int_A y\mathrm{d}A = \frac{E}{\rho}S_z = 0 \tag{7.3g}$$

$$M_y = \frac{F}{\rho}\int_A zy\mathrm{d}A = \frac{E}{\rho}I_{yz} = 0 \tag{7.3h}$$

$$M_z = \frac{F}{\rho}\int_A y^2\mathrm{d}A = \frac{E}{\rho}I_z = M \tag{7.3i}$$

对式（7.3g），由 E 和 ρ 不为零，则横截面对中性轴的静矩 $S_z = 0$，即中性轴必过横截面的形心。对式（7.3h），由于 y 轴为对称轴，则惯性矩 I_{yz} 必等于零。对式（7.3i），可得中性层曲率 $\frac{1}{\rho}$ 的表达式

$$\frac{1}{\rho} = \frac{M}{EI_z} \tag{7.3j}$$

式中，EI_z 称为梁的弯曲刚度，代表梁抵抗弯曲变形的能力。

4. 弯曲正应力

将式（7.3j）代入式（7.2）有

$$\sigma = \frac{My}{I_z} \tag{7.4}$$

式中，M 为横截面上的弯矩；y 为横截面上待求应力点至中性轴的距离；I_z 为横截面对中性轴的惯性矩。在计算**弯曲正应力**（normal stress bending）时，通常以 M 和 y 的绝对值代入，计算出大小，再根据弯曲变形情况即纵向纤维的伸缩来判断应力的正负（拉压）。如横截面上正应力分布如图 7.7 所示，横截面上正应力沿截面高度呈线性分布，离中性轴越远的点正应力越大，最大正应力发生在离中性轴最远处，为

$$\sigma_{max} = \frac{My_{max}}{I_z} \tag{7.5}$$

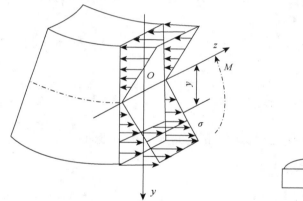 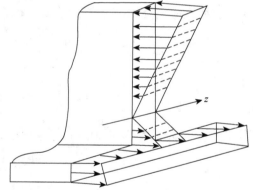

图 7.7　弯曲正应力分布规律

若令

$$W_z = \frac{I_z}{y_{max}} \tag{7.6}$$

则

$$\sigma_{max} = \frac{M}{W_z} \tag{7.7}$$

式中，W_z 称为弯曲截面模量，其值与横截面的形状和尺寸有关。

对于高为 h、宽为 b 的矩形截面，$I_z = \frac{1}{12}bh^3$，$y_{max} = \frac{1}{2}h$，弯曲截面模量为

$$W_z = \frac{I_z}{y_{max}} = \frac{1}{6}bh^2$$

对于直径为 d 的圆形截面，$I_z = \frac{1}{64}\pi d^4$，$y_{max} = \frac{1}{2}d$，弯曲截面模量为

$$W_z = \frac{I_z}{y_{max}} = \frac{1}{32}\pi d^3$$

对于内径为 d，外径为 D 的空心圆形截面，$I_z = \frac{1}{64}\pi D^4(1-\alpha^4)$，$y_{max} = \frac{1}{2}D$，弯曲截面模量为

$$W_z = \frac{I_z}{y_{max}} = \frac{1}{32}\pi D^3(1-\alpha^4)$$

式中，$\alpha = \frac{d}{D}$ 为空心圆截面内外径之比。

各类型钢的 I_z、W_z 的数值可在型钢表中查出。

对于中性轴是对称轴的截面，例如矩形、圆形、工字形等截面，最大拉应力与最大压应力的值相等，可按式（7.7）计算。对于中性轴不是对称轴的截面，如 T 形截面，其最大拉应力与最大压应力不等，应分别将横截面上受拉区 y 的最大值 $y_{t,max}$ 和受压区 y 的最大值 $y_{c,max}$ 代入式（7.5）计算，即最大拉应力和最大压应力分别为

$$\sigma_{t,max} = \frac{My_{t,max}}{I_z}, \quad \sigma_{c,max} = \frac{My_{c,max}}{I_z} \tag{7.8}$$

7.1.2 横力弯曲时梁横截面上的正应力

工程中常见的对称弯曲一般不是纯弯曲，而是横力弯曲。梁在横力弯曲时，横截面同时存在正应力和切应力。在切应力作用下，梁变形后，横截面不再保持为平面，会发生翘曲。按平面假设推导出的纯弯曲梁横截面上的正应力计算公式，用于计算横力弯曲梁横截面上的正应力是有一定误差的。

弹性力学的研究表明，当梁的跨度和梁的高度比 l/h 大于 5 时，其误差不超过 1%，可以满足工程精度的要求。因此，横力弯曲梁横截面上的正应力仍按式（7.4）计算。但弯矩不再是常数，而随截面位置变化，此时等直梁横截面上的最大正应力为

$$\sigma_{max} = \frac{M_{max}y_{max}}{I_z} \tag{7.9}$$

例 7.1 简支梁 AB 受力如图 7.8（a）所示，其横截面的形状和尺寸如图 7.8（b）所示，求该梁最大正应力及截面 m-m 上 a、b、c、d 四点的正应力。

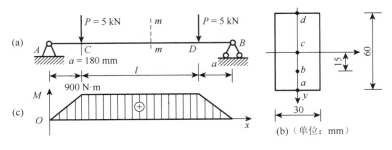

图 7.8 例 7.1 图

解　（1）求截面 *m-m* 和 *n-n* 的弯矩。

画梁的弯矩图如图 7.8（c）所示，由图可知，截面 *m-m* 和 *n-n* 的弯矩分别为

$$M_{m\text{-}m} = 900 \text{ N·m}$$

$$M_{n\text{-}n} = 450 \text{ N·m}$$

（2）计算梁的最大正应力。

$$\sigma_{\max} = \frac{M_{\max}}{W_z} = \frac{M_{m\text{-}m}}{\frac{1}{6}bh^2} = \frac{900}{\frac{1}{6} \times 30 \times 60^2 \times 10^{-9}} = 50 \times 10^6 \text{ (Pa)} = 50 \text{ (MPa)}$$

（3）求截面 *m-m* 上 *a*、*b*、*c*、*d* 四点的正应力。

截面上 *a* 点的正应力为

$$\sigma_a = \sigma_{\max} = 50 \text{ MPa} \quad （拉应力）$$

由于截面 *m-m* 的弯矩为正，根据变形可判断截面 *m-m* 上 *a* 点的正应力为拉应力。由于横截面上的正应力沿梁的高度呈线性分布，所以 *b* 点的应力为

$$\sigma_b = \frac{15}{30}\sigma_{\max} = \frac{1}{2}\sigma_{\max} = 25 \text{ MPa} \quad （拉应力）$$

得到另外两点的应力分别为

$$\sigma_c = 0$$

$$\sigma_d = \sigma_{\max} = 50 \text{ MPa} \quad （压应力）$$

7.2　梁横截面上的切应力

7.2.1　矩形截面梁横截面上的切应力

梁在横力弯曲时，横截面上除了弯曲正应力外，还有**弯曲切应力**（shearing stress in bending）。现以矩形截面梁为例，推导横截面上切应力公式。

如图 7.9 所示矩形截面梁，截面高度和宽度分别为 *h* 和 *b*。考虑到工程实际中多采用窄而高的截面，沿截面宽度上，切应力大小和方向变化不大。为使问题得到简化，对横截面上的切应力分布作如下假设：

（1）横截面上各点的切应力方向与剪力 F_S 的方向平行；

（2）横截面上切应力沿截面宽度均匀分布。

实践证明，上述假设对高度 *h* 大于宽度 *b* 的矩形截面梁具有足够的精度。

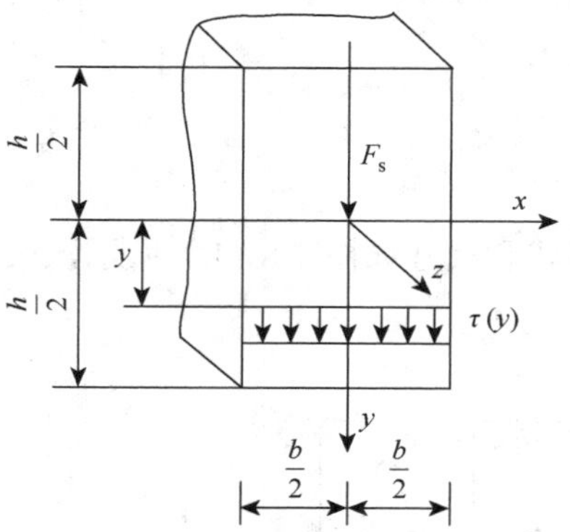

如图 7.10（a）所示，用相距为 d*x* 的两个横截面 *m-m* 和 *n-n* 截取梁段，设截面 *m-m* 和 *n-n* 上的弯矩分别为 *M* 和 *M* + d*M*，再用平行中性层且到中性层距离为 *y* 的平面 *rpqs* 截取，得微元体，如图 7.10（b）所示。

图 7.9　切应力分布

设左右梁截面上距中性轴为 y^* 处的正应力为 σ_1 和 σ_2，该微六面体左侧截面上的法向内力为

$$F_{N1} = \int_{A^*} \sigma_1 dA = \int_{A^*} \frac{M}{I_z} y^* dA = \frac{M}{I_z} \int_{A^*} y^* dA = \frac{M}{I_z} S_z^* \qquad (7.10)$$

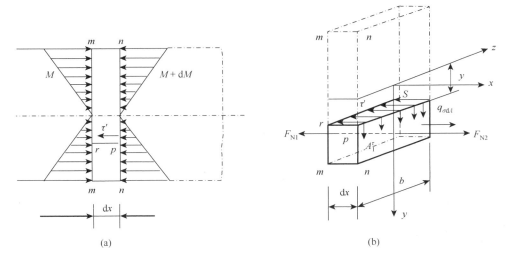

图 7.10 矩形截面梁横截面上切应力组成的内力分量

同理，该微六面体右侧截面上的法向内力为

$$F_{N2} = \int_{A^*} \sigma dA = \int_{A^*} \frac{(M + dM) y^*}{I_z} dA = \frac{M + dM}{I_z} \int_{A^*} y^* dA = \frac{M + dM}{I_z} S_z^* \qquad (7.11)$$

式中，y^* 是微分面积 dA 到横截面中性轴的距离；A^* 为微六面体左右侧截面面积；S_z^* 是微六面体的左右侧面对横截面中性轴的静矩。

由于微段梁左右上的弯矩不同，微六面体左右侧面的 F_{N1} 和 F_{N2} 不相等，所以在微六面体的上纵截面上必存在切应力 τ'。由假设（2）和切应力互等定律可知，切应力 τ' 也为均匀分布，且忽略沿 dx 方向的变化，则该纵向截面上的剪切内力 dF_S 为

$$dF_S = \tau' b dx \qquad (7.12)$$

由微六面体在 x 方向的平衡方程，可得

$$dF_S = F_{N2} - F_{N1} \qquad (7.13)$$

将式（7.10）～式（7.12）代入式（7.13）得

$$\tau' b dx = \frac{M + dM}{I_z} S_z^* - \frac{M}{I_z} S_z^* = \frac{dM}{I_z} S_z^*$$

由剪力和弯矩微分关系 $F_S = \dfrac{dM}{dx}$，得

$$\tau' = \frac{dM}{dx} \frac{S_z^*}{b I_z} = \frac{F_S S_z^*}{b I_z} \qquad (7.14)$$

根据切应力互等定理，该纵截面上的切应力 τ' 与横截面上距中性轴为 y 的横线上各点的切应力 τ 相等，即

$$\tau = \frac{F_S S_z^*}{b I_z} \qquad (7.15)$$

式中，F_S 为横截面上的剪力；b 为矩形截面的宽度；I_z 为横截面对中性轴的惯性矩；S_z^* 为横截面上距中性轴为 y 的横线以外部分的面积 A^* 对中性轴 z 的静矩。

对于矩形截面［图 7.11（a）］有

$$I_z = \frac{1}{12}bh^3$$

$$S_z^* = A^* y_c^* = \left(\frac{h}{2} - y\right)b \times \frac{1}{2}\left(\frac{h}{2} + y\right) = \frac{b}{2}\left[\left(\frac{h}{2}\right)^2 - y^2\right]$$

得

$$\tau = \frac{3}{2}\frac{F_S}{bh}\left[1 - \left(\frac{y}{h/2}\right)^2\right] \tag{7.16}$$

由式（7.16）可以看出：矩形截面切应力沿梁的高度呈抛物线规律变化［图 7.11（b）］。当 $y = \pm\dfrac{h}{2}$ 时，即截面的上下边缘处，切应力为零；当 $y = 0$ 时，切应力最大，即最大切应力发生在中性轴上各点，其值为

$$\tau_{max} = \frac{3}{2}\frac{F_S}{bh} \tag{7.17}$$

即矩形截面上的最大切应力是该截面平均切应力的 1.5 倍。

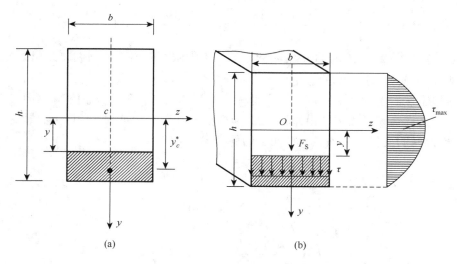

(a)　　　　　　　　　　　　(b)

图 7.11　矩形截面梁横截面上切应力分布

7.2.2　其他截面梁横截面上的切应力

1. 工字形截面梁

工字形截面梁由腹板和翼缘组成。其横截面如图 7.12（a）所示，中间狭长部分为腹板，上、下扁平部分为翼缘。梁横截面上的切应力主要分布于腹板上，翼缘部分的切应力情况比较复杂，数值很小，可以不予考虑。由于腹板比较狭长，可以认为，其上的切应力平行于腹

板的竖边，且沿宽度方向均匀分布。这样，腹板上距中性轴为 y 处的切应力也可按式（7.15）计算，即

$$\tau = \frac{F_S S_z^*}{\delta I_z}$$

式中，δ 为腹板宽度；S_z^* 为横截面上距中性轴为 y 的横线以外部分的面积对中性轴 z 的静矩。即

$$S_z^* = bt\left(\frac{h+t}{2}\right) + \frac{\delta}{2}\left(\frac{h^2}{4} - y^2\right) = \frac{b}{8}(h_0^2 - h^2) + \frac{\delta}{2}\left(\frac{h^2}{4} - y^2\right)$$

得

$$\tau = \frac{F_S}{\delta I_z}\left[\frac{b}{8}(h_0^2 - h^2) + \frac{\delta}{2}\left(\frac{h^2}{4} - y^2\right)\right]$$

可见，切应力 τ 沿腹板高度方向也是呈二次抛物线规律变化，如图 7.12（b）所示，最大切应力发生在中性轴上，其值为

$$\tau_{\max} = \frac{F_S S_{z,\max}^*}{\delta I_z} = \frac{F_S}{8\delta I_z}\left[bh_0^2 - (b-\delta)h^2\right] \tag{7.18}$$

在腹板与翼缘的交界处，切应力最小，其值为

$$\tau_{\min} = \frac{F_S b(h_0^2 - h^2)}{8\delta I_z} \tag{7.19}$$

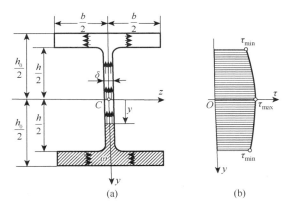

图 7.12　工字形截面梁横截面上切应力分布

由图 7.12（b）可以看到，腹板上的最大切应力与最小切应力差别并不太大，切应力接近于均匀分布。如果是型钢，式中的比值 $\dfrac{I_z}{S_{z,\max}^*}$ 可直接由型钢规格表查得。

2. 圆形截面梁

对于圆形截面，如图 7.13 所示，由切应力互等定理可知，横截面边缘各点处的切应力与周边相切。因此，即使在平行于中性轴的同一横线上，各点处的切应力方

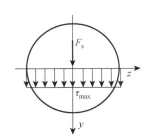

图 7.13　圆形截面梁横截面上切应力分布

向也不尽相同。研究表明，梁横截面上的最大切应力也发生在中性轴上各点处，并可近似认为

其上各点处的切应力均平行于剪力，且沿中性轴均匀分布，由式（7.15）可得圆截面梁的最大弯曲切应力为

$$\tau_{\max} = \frac{F_S S_{z,\max}^*}{d I_z}$$

式中，d 为截面直径；$S_{z,\max}^*$ 为半圆（环）截面对中性轴的静矩，即

$$S_{z,\max}^* = \frac{\pi d^2}{8} \cdot \frac{2d}{3\pi} = \frac{d^3}{12}$$

而圆形截面的惯性矩 $I_z = \dfrac{\pi d^4}{64}$，可得圆截面上的最大弯曲切应力

$$\tau_{\max} = \frac{F_S S_{z,\max}^*}{d I_z} = \frac{4}{3}\frac{F_S}{A} \tag{7.20}$$

式中，A 为圆形截面的面积。

3. 圆环形截面梁

圆环形截面如图 7.14 所示，设环壁厚度为 δ，环的平均半径为 r_0。由于 δ 与 r_0 相比很小，

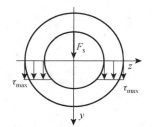

图 7.14　圆环形截面梁横截面上切应力分布

故可假设：①横截面上切应力的大小沿壁厚无变化；②切应力的方向与圆周相切。可以证明圆环形截面，其最大切应力仍发生在中性轴上。而在求中性轴上的切应力时，以半圆环截面为研究对象，其中式（7.15）中 d 应为 2δ，$S_{z,\max}^*$ 为半圆环面积对中性轴的静矩，即

$$S_{z,\max}^* = \pi r_0 \delta \frac{2r_0}{\pi} = 2r_0^2 \delta, \quad I_z = \pi r_0^3 \delta$$

可得圆环截面上的最大弯曲切应力

$$\tau_{\max} = \frac{F_S S_{z,\max}^*}{d I_z} = \frac{F_S}{\pi r_0^3 \delta} \frac{2r_0^2 \delta}{2\delta} = 2\frac{F_S}{A} \tag{7.21}$$

式中，$A = \dfrac{\pi}{A}[(2r_0 + \delta)^2 - (2r_0 - \delta)^2] = 2\pi r_0 \delta$，代表圆环横截面积。

工程中，一般梁的跨度远大于梁的高度，所以，通常梁的切应力比梁的正应力小很多。

例 7.2　矩形截面简支梁受力如图 7.15（a）所示，求梁的最大正应力和最大切应力，并求二者的比值。

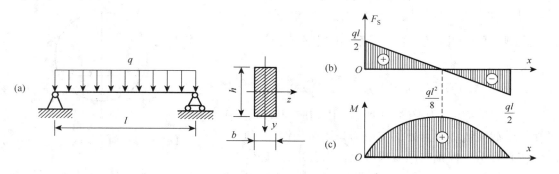

图 7.15　例 7.2 图

解　绘出梁的剪力图和弯矩图如图 7.15（b）、（c）所示。由图可知，最大剪力和最大弯矩分别为

$$F_{\mathrm{S}} = \frac{1}{2}ql, \quad M = \frac{1}{8}ql^2$$

梁的最大切应力发生在任一横截面的中性轴上各点，其值为

$$\tau_{\max} = \frac{3}{2}\frac{F_{\mathrm{S}}}{bh} = \frac{3}{2}\frac{\frac{1}{2}ql}{bh} = \frac{3}{4}\frac{ql}{bh}$$

梁的最大正应力发生在跨中截面的上下边缘各点，其值为

$$\sigma_{\max} = \frac{M_{\max}}{W_z} = \frac{\frac{1}{8}ql^2}{\frac{1}{6}bh^2} = \frac{3}{4}\frac{ql^2}{bh^2}$$

最大切应力与最大正应力的比值为

$$\frac{\tau_{\max}}{\sigma_{\max}} = \frac{\frac{3}{4}\frac{ql}{bh}}{\frac{3}{4}\frac{ql^2}{bh^2}} = \frac{h}{l}$$

从本例可以看出，梁的最大切应力与最大正应力之比的数量级等于梁的高度 h 与梁的跨度 l 之比。工程中，一般梁的跨度远大于梁的高度，所以，通常梁的切应力比梁的正应力小很多。

7.3　梁的强度条件

一般情况下，梁的横截面同时有弯曲正应力和弯曲切应力，因此建立梁的强度条件应考虑弯曲正应力和切应力两个方面。

7.3.1　弯曲正应力强度条件

梁在对称弯曲时，最大正应力发生在离中性轴最远的点处，而该处的弯曲切应力为零，这种状态类似于轴向拉（压）杆横截面上一点的应力情形，属于单向受力状态。因此，可仿照轴向拉（压）杆的强度条件形式，建立梁的正应力强度条件。

梁安全正常地工作时，横截面上的最大工作正应力不能超过材料的许用弯曲正应力，其强度条件为

$$\sigma_{\max} = \left(\frac{M_{\max}}{W_Z}\right)_{\max} \leqslant [\sigma] \tag{7.22}$$

对于等直梁，最大工作正应力位于最大弯矩所在的危险截面上，上式改写成

$$\sigma_{\max} = \frac{M_{\max}}{W_Z} \leqslant [\sigma]$$

上两式中，$[\sigma]$ 为弯曲**许用正应力**（allowable normal stress），可通过相关设计规范或手册查到。对于抗拉强度和抗压强度相等的材料，如低碳钢，$\sigma_{\max}$ 代表最大的弯曲正应力数值。

对于拉、压强度不相等的材料，如铸铁，则需要分别计算最大拉应力和最大压应力，梁的正应力强度条件为

$$\sigma_{t,max} = \frac{My_{t,max}}{I_z} \leqslant [\sigma_t], \quad \sigma_{c,max} = \frac{My_{c,max}}{I_z} \leqslant [\sigma_c] \quad (7.23)$$

7.3.2 弯曲切应力强度条件

梁的最大弯曲切应力通常发生在横截面的中性轴上。由于中性轴上弯曲正应力为零，这些点处于纯剪切状态，可按纯剪切建立梁的弯曲切应力强度条件，即

$$\tau_{max} = \left(\frac{F_S S^*_{z,max}}{bI_z} \right)_{max} \leqslant [\tau] \quad (7.24)$$

式中，$[\tau]$为弯曲许用切应力，可通过相关设计规范或手册查到。

一般来讲，梁的设计应进行弯曲正应力和弯曲切应力强度计算。但对细长梁，弯曲切应力比弯曲正应力小得多，若梁满足弯曲正应力强度条件，就满足了弯曲切应力强度条件。但是下列两种情况，需校核梁的切应力强度：

（1）腹板宽度较小的薄壁截面梁，由于其抗弯能力强，能承受的载荷大，而横截面积相对较小，因此切应力就大；

（2）跨度较小和支座附近作用有较大载荷的梁，其弯矩相对较小而剪力相对较大。

一般梁的最大正应力和最大切应力不在同一位置，可分别建立上述强度条件进行强度计算。如果梁横截面上某些点同时存在较大的正应力和切应力，可能成为危险点，需要同时考虑正应力和切应力对强度的影响，这类问题将在后续章节中讨论。

例 7.3　一空心矩形截面悬臂梁承受均布载荷 q 作用，如图 7.16（a）所示。已知梁的跨度 $l = 1.2$ m，材料的许用正应力$[\sigma] = 160$ MPa，横截面尺寸为 $H = 120$ mm，$B = 60$ mm，$h = 80$ mm，$b = 30$ mm。试按弯曲正应力强度条件确定梁的最大许用均布载荷 q 的值。

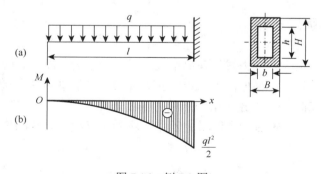

图 7.16　例 7.3 图

解　（1）作弯矩图。

作弯矩图如图 7.16（b）所示，最大弯矩发生在固定端截面上，其值为

$$M_{max} = \frac{1}{2}ql^2$$

故该截面是危险截面。

（2）计算截面几何性质。

截面对中性轴的惯性矩为

$$I_z = \frac{1}{12}BH^3 - \frac{1}{12}bh^3 = \frac{1}{12} \times 60 \times 120^3 \times 10^{-12} - \frac{1}{12} \times 30 \times 80^3 \times 10^{-12}$$
$$= 7.36 \times 10^{-6} (\text{m}^4)$$

截面的弯曲截面模量为

$$W_z = \frac{I_z}{y_{\max}} = \frac{7.36 \times 10^{-6}}{60 \times 10^{-3}} = 1.23 \times 10^{-4} \ (\text{m}^3)$$

（3）确定梁的许用载荷。

由梁的正应力强度条件有

$$\sigma = \frac{M_{\max}}{W_z} = \frac{\frac{1}{2}ql^2}{W_z} \leqslant [\sigma]$$

解得

$$q \leqslant \frac{2W_z[\sigma]}{l^2} = \frac{2 \times 1.23 \times 10^{-4} \times 160 \times 10^6}{1.2^2}$$
$$= 27.33 \times 10^3 \ (\text{N} \cdot \text{m}) = 27.33 \ (\text{kN} \cdot \text{m})$$

例 7.4 如图 7.17（a）所示的简支梁，若梁的许用正应力$[\sigma] = 140 \ \text{MPa}$，$[\tau] = 80 \ \text{MPa}$，试选择工字钢的型号。

解 （1）作剪力、弯矩图，如图 7.17（b）、（c）所示。

由剪力、弯矩图，得

$$F_S = 54 \ \text{kN}, \quad M = 10.8 \ \text{kN} \cdot \text{m}$$

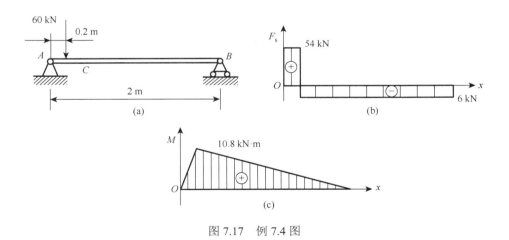

图 7.17 例 7.4 图

（2）选择截面。

因梁的强度主要取决于正应力强度条件，可按梁的正应力强度条件选择截面尺寸，再对切应力强度进行校核。由梁的正应力强度条件有

$$\sigma = \frac{M_{\max}}{W_z} \leqslant [\sigma]$$

解得

$$W_z \geq \frac{M_{max}}{[\sigma]} = \frac{10.8 \times 10^3}{140 \times 10^6} = 77.1 \times 10^{-6} \, (\text{m}^3) = 77.1 \, (\text{cm}^3)$$

查附录型钢表选 12.6 号工字钢，其 $W_z = 77.529 \, \text{cm}^3$。

由型钢表查得 12.6 号工字钢的 $\dfrac{I_z}{S_{z\max}^*} = 10.848 \, \text{cm}$，腹板宽 $d = 5 \, \text{mm}$，梁的最大剪应力为

$$\tau_{max} = \frac{Q_{max}}{d\left(I_z / S_{z\max}^*\right)} = \frac{54 \times 10^3}{5 \times 10^{-3} \times 10.848 \times 10^{-2}} = 99.6 \, (\text{MPa}) > [\tau] = 80 \, \text{MPa}$$

若剪应力强度不能满足要求，需加大工字钢型号，选用 14 号工字钢 $\dfrac{I_z}{S_{z\max}^*} = 12 \, \text{cm}$，腹板宽 $d = 5.5 \, \text{mm}$，重新计算最大剪应力

$$\tau_{max} = \frac{Q_{max}}{d\left(I_z / S_{z\max}^*\right)} = \frac{54 \times 10^3}{5.5 \times 10^{-3} \times 12 \times 10^{-2}} = 81.8 \, (\text{MPa}) < (1 + 5\%)[\tau] = 84 \, \text{MPa}$$

虽然仍大于许用应力，但没有超出 5%，这在工程设计中是允许的，因此，选用 14 号工字钢.

例 7.5 T 形截面铸铁梁的受力和尺寸如图 7.18（a）所示，材料的许用拉应力 $[\sigma_t] = 30 \, \text{MPa}$，许用压应力 $[\sigma_c] = 60 \, \text{MPa}$，试校核梁的正应力强度。

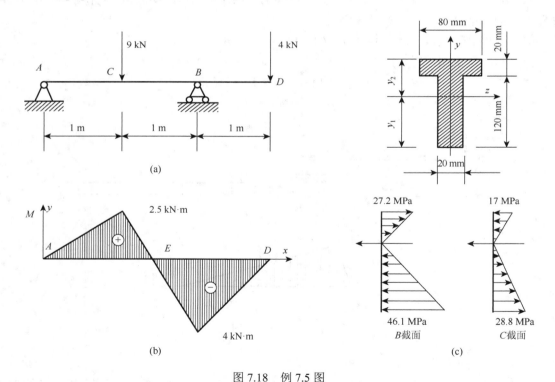

图 7.18　例 7.5 图

解 （1）作弯矩图。

由弯矩图 [图 7.18（b）] 可知：梁的 AE 段受正弯矩作用，危险截面在 C 处，最大正弯矩为 $M_C = 2.5 \, \text{kN·m}$；而梁的 ED 段受负弯矩作用，危险截面在 B 处，最大负弯矩为 $M_B = -4 \, \text{kN·m}$。

（2）计算截面的几何性质。

截面形心的位置为

$$y_c = y_1 = \frac{80 \times 20 \times 130 + 20 \times 120 \times 60}{80 \times 20 + 20 \times 120} = 88 \text{ mm}$$

$$y_2 = 140 - 88 = 52 \text{ mm}$$

截面对中性轴的惯性矩为

$$I_z = \frac{1}{12} \times 80 \times 20^3 + 80 \times 20 \times (130 - 88)^2 + \frac{1}{12} \times 20 \times 120^3 + 20 \times 120 \times (88 - 60)^2$$

$$= 763.7 \times 10^4 \text{ mm}$$

（3）校核强度。

截面 C 的最大拉、压应力是梁 AE 段的最大应力；截面 B 的最大拉、压应力是梁 ED 段的最大应力；比较截面 B 和 C 上的应力就可得到全梁的最大应力。

截面 C 的最大压应力发生在截面的上边缘处，其值为

$$\sigma_{c,max}^C = \frac{M_C y_2}{I_z} < \sigma_{c,max}^B = \frac{M_B y_1}{I_z}$$

因为 $M_C < M_B$， $y_2 < y_1$，所以 $\sigma_{c,max}^C < \sigma_{c,max}^B$，其值可不必计算。

截面 C 的最大拉应力发生在截面的下边缘处，其值为

$$\sigma_{t,max}^C = \frac{M_C y_1}{I_z} = \frac{2.5 \times 10^3 \times 88 \times 10^{-3}}{763.7 \times 10^{-8}} = 28.8 \text{ (MPa)}$$

截面 B 的最大拉应力发生在截面的上边缘处，其值为

$$\sigma_{t,max}^B = \frac{M_B y_2}{I_z} = \frac{4 \times 10^3 \times 52 \times 10^{-3}}{763.7 \times 10^{-8}} = 27.2 \text{ (MPa)}$$

截面 B 的最大压应力发生在截面的下边缘处，其值为

$$\sigma_{c,max}^B = \frac{M_B y_1}{I_z} = \frac{4 \times 10^3 \times 88 \times 10^{-3}}{763.7 \times 10^{-8}} = 46.1 \text{ (MPa)}$$

比较截面 B 和 C 上的应力，全梁的最大拉应力为

$$\sigma_{t,max} = \sigma_{t,max}^C = 28.8 \text{ MPa} < [\sigma_t] = 30 \text{ MPa}$$

全梁的最大压应力为

$$\sigma_{c,max} = \sigma_{c,max}^B = 46.1 \text{ MPa} < [\sigma_c] = 60 \text{ MPa}$$

如图 7.18（c）所示。因此，该梁满足强度条件。

7.4 提高梁强度的主要措施

在工程实际中，为了节省材料、降低成本和减少梁的自重，应以较少的材料消耗，使梁获得更大的弯曲强度。一般情况下，弯曲正应力是控制梁弯曲强度的主要方面。由弯曲正应力公式强度条件，降低梁的最大弯矩、提高弯曲截面模量，或局部加强弯矩较大的梁段，都可以降低梁的最大正应力，从而提高梁的承载能力。下面介绍工程中常用的几种措施。

7.4.1　合理安排梁的受力

合理布置梁支座的位置，可以降低梁内的最大弯矩。例如，将如图 7.19（a）所示受均匀分布载荷作用的简支梁的左右两端的支承均向内移动 0.2l，如图 7.19（b）所示，则最大弯矩由原来的 0.125ql^2 降为 0.025ql^2，即支座位置调整后最大弯矩为原来的 1/5。梁的截面尺寸可相应地减少，既节省了材料，又减轻了自重。图 7.20 所示某铣床的齿轮轴，如果将齿轮从轴的跨中位置移到距右轴承 l/6 处，最大弯矩将由原来的 $\dfrac{F_{\mathrm{P}}l}{4}$ 降为 $\dfrac{5}{36}F_{\mathrm{P}}l$，可见由于齿轮的移动，啮合力 F_{P} 引起的最大弯矩降低很多。

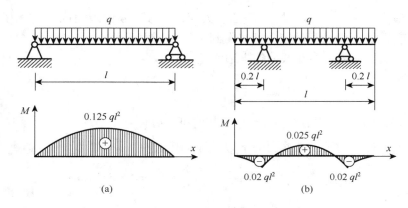

图 7.19　支承的最佳位置

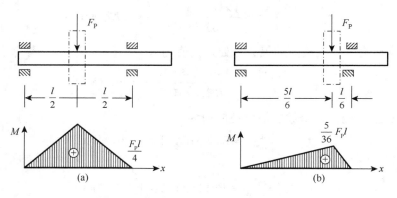

图 7.20　改善受力位置，提高梁的强度

同样，合理配置梁上的载荷，也可降低梁的最大弯矩。以如图 7.21（a）所示的简支梁为例，集中力 F_{P} 作用在梁的中点时，其最大弯矩为 $\dfrac{F_{\mathrm{P}}l}{4}$ ［图 7.21（a）］；如将力 F_{P} 以集度 $q=\dfrac{P}{l}$ 均匀地分布于整根梁上，这时的最大弯矩仅为 $\dfrac{F_{\mathrm{P}}l}{8}$ ［图 7.21（b）］，减少了一半。同样，若用一根副梁将力 F_{P} 分为两个靠近支座的集中力，也可减小梁的最大弯矩。例如，按图 7.21（c）所示位置安放副梁，主梁的最大弯矩也可减小为 $\dfrac{F_{\mathrm{P}}l}{8}$。

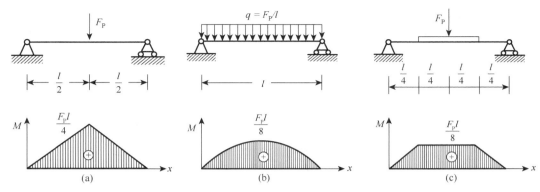

图 7.21 改善受力状况，提高梁的强度

7.4.2 选择合理的截面形状

当弯矩确定时，梁横截面上的最大正应力与弯曲截面模量成反比，弯曲截面模量越大越有利。另外，从材料的使用来说，梁横截面的面积越大，消耗的材料就越多。因此，梁的合理截面应采用尽可能小的横截面积 A，得到较大的弯曲截面模量 W_z，即要求 W_z/A 这个比值尽量大。表 7.1 为几种常见截面的 W_z/A 值的比较，其中 h 代表各截面的高。

表 7.1 其他形状的截面 W_z/A

截面形状	矩形	圆形	环形 内径$d = 0.8\,h$	槽钢	工字钢
$\dfrac{W_z}{A}$	$0.167\,h$	$0.125\,h$	$0.205\,h$	$(0.27\sim0.31)\,h$	$(0.27\sim0.31)\,h$

由表 7.1 可见，工字形或槽形截面比矩形截面更为合理，而实心圆形最差。由于梁的弯曲正应力沿截面高度线性分布时，离中性轴越远处，弯曲正应力越大，因此，为充分地发挥材料的作用，应尽可能地将材料置于离中性轴较远的地方。空心圆截面比实心圆截面合理［图 7.22（a）］；矩形截面梁竖放比横放合理［图 7.22（b）］；如再将矩形截面梁中部的一些材料移至其上下边缘处，从而形成工字形截面，就更为合理［图 7.22（c）］。

此外，还应考虑材料的特性。对于抗拉和抗压强度相等的塑性材料，应采用对称于中性轴的截面，使截面最大的拉应力和最大的压应力同时达到材料的许用应力，如矩形、槽形、工字形截面。对于抗拉强度小于抗压强度的脆性材料制成的梁，宜采用 T 形、Π 形截面。最理想的情况是截面上的最大拉应力和最大压应力同时达到各自的许用应力，即

$$\frac{\sigma_{\mathrm{t,max}}}{\sigma_{\mathrm{c,max}}} = \frac{M_{\max}y_1/I_z}{M_{\max}y_2/I_z} = \frac{y_1}{y_2} = \frac{[\sigma_{\mathrm{t}}]}{[\sigma_{\mathrm{c}}]}$$

式中，y_1 和 y_2 分别代表最大拉应力和最大压应力所在的点到中性轴的距离（图 7.23）；$[\sigma_{\mathrm{t}}]$ 和 $[\sigma_{\mathrm{c}}]$ 分别为材料的许用拉应力和许用压应力。

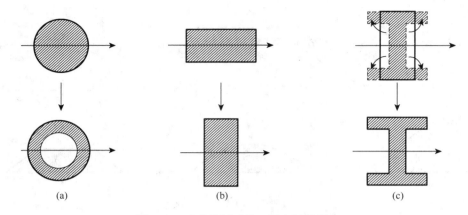

图 7.22 改变截面形状，提高梁的强度

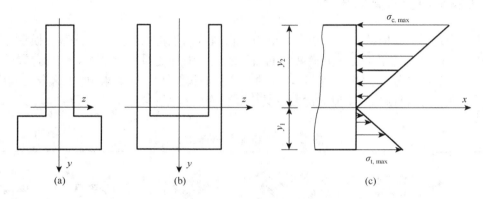

图 7.23 不对称截面

7.4.3 采用变截面梁与等强度梁

在采用等截面梁时，只有在弯矩为最大值 M 的截面上，最大应力才有可能接近许用应力，其余各截面上的正应力较低，材料没有得到充分利用。为了节省材料，按弯矩随轴线的变化情况，设计成变截面的。这种横截面尺寸沿轴线变化的梁称为**变截面梁**（beam of variable cross-section）。

从弯曲强度考虑，理想的变截面梁可设计成每个横截面上的最大正应力都正好等于材料的许用应力，即要求

$$\sigma_{\max} = \frac{M(x)}{W(x)} = [\sigma]$$

由此得

$$W(x) = \frac{M(x)}{[\sigma]} \tag{7.25}$$

例如对于图 7.24（a）所示矩形截面悬臂梁，在载荷 F 作用时，弯矩方程为

$$M(x) = Fx$$

如果截面宽度 b 沿着梁轴保持不变，则由式（7.25）及 $W_z = bh^2 / 6$ 得截面高度为

$$h(x) = \sqrt{\frac{6Fx}{b[\sigma]}} \tag{7.26}$$

即沿梁轴线按抛物线规律变化，如图 7.24（b）所示，在固定端处截面高度最大，其值为

$$h_{max} = \sqrt{\frac{6Fl}{b[\sigma]}}$$

由式（7.26）可以看出，当 $x = 0$ 时，$h = 0$，显然不符合剪切强度要求。设按剪切强度要求所需最小截面高度为 h_1，则由弯曲切应力强度条件可知，

$$h_1 = \frac{3F}{2b[\tau]}$$

所以，梁端设计成如图 7.24（b）所示虚线形状。

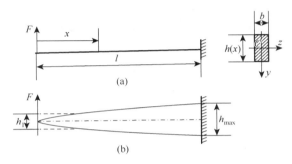

图 7.24　矩形截面悬臂梁

这种各横截面具有同样强度的梁称为**等强度梁**（beam of constant strength）。等强度梁制作困难，实际应用时，多采用接近等强度梁的变截面梁，如图 7.25（a）所示房屋建筑中的阳台挑梁，图 7.25（b）所示汽车轮轴上的叠板弹簧，图 7.25（c）所示传动系统中的阶梯轴等。

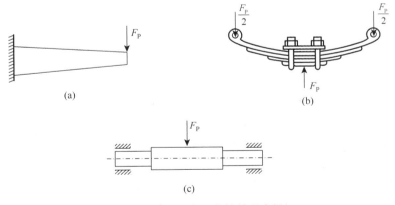

图 7.25　工程实际中的等强度梁

7.5　思考与讨论

7.5.1　中性层位置问题研究历史

1638 年伽利略出版的《关于两门新科学的对话》一书中研究了梁的强度问题，书中在谈

论悬臂梁强度论证问题时隐含了一个错误，即出梁的中性层取在梁的下侧。

1678 年，英国学者胡克出版了著作《论弹簧》，书中不仅叙述了他对各种材料弹性实验的结论，还描述了一根受弯曲杆的变形。他明确指出，在弯曲时杆的一侧纤维伸长，另一侧被压缩。按照胡克得到的弹性定律，梁截面内的应力分布是以梁的中性层为零的线性分布，即一侧受拉，另一侧受压。但人们对这个思想没有进一步展开研究，仅仅是定性描述，而非精确表述。

1686 年法国学者马略特在著作《论水和其他流体的运动》中认为应力从梁的下层纤维起沿高度是线性分布，较之伽利略认为在梁的截面上应力是均匀分布而言，其结果进了一步，但他同样没有精确考虑梁的变形，而且对中性层的认识与伽利略存在同样的误区。

法国数学家瓦利农，他在静力平衡和分析方面有重要贡献。1702 年，他沿着伽利略的思路对梁进行了讨论，发现梁内不同层的纤维有不同的伸长，认为对应的应力也在变化；利用积分工具计算了应力的合力，比较了伽利略和马略特的结果。遗憾的是他仍然默认了梁的下侧为中性层位置，所以结果也是错误的。

1795 年伯努利最早用微积分工具研究梁的变形，他假定梁在变形时横截面保持平面。这是材料力学的重要假定，但他没有彻底解决梁的问题，原因是他对中性层的位置的讨论仍然没有跳出马略特的思路。

历史上第一次认真讨论悬臂梁中性层，即梁截面上没有应力作用的那一层的位置的学者是法国数学家帕朗。他推论认为悬臂梁根部下侧所受的一定是压应力，因此认定中性层一定是处于梁的中间某个位置。

梁的中性层最后准确定位是直到 1826 年法国科学家纳维给出的。他在 1826 年出版了《力学在机械与结构方面的应用》，该书系统讲述了材料力学，第一次给出中性层的准确定义，即中性层通过截面的形心。至此，关于悬臂梁的中性层位置及正确的应力分布问题才算尘埃落定。

可见，一个实际问题的完全解决，绝不是一朝一夕之功。它需要无数学者的努力，还需要通过实践不断地检验与修正。诚然，梁中性层位置问题虽然告一段落，但人类的科技发展是无穷尽的，需要更多人投入研究。

7.5.2　三板搭桥问题

"村边小溪，木桥已断，现有三板，尺寸相同，如何搭桥，安全可靠？"有人发现板长够长，就将三块板叠放成桥。当他走上桥，到跨中位置时，桥产生了较大变形，板上出现细小裂纹，桥是摇摇欲坠。于是他说："三块板不够搭桥。"这时，来了一位经验丰富的老木工，说："三板组合，钉在一起就可成桥。"果然，三块板还是如此叠放，只是用铆钉钉在一起，奇迹发生了，此人再次走上桥，桥是岿然不动。

方案一：三块板叠放成桥，如图 7.26 所示。现象：受力后，桥产生了较大变形，板上出现细小裂纹，桥摇摇欲坠。结论：三块板不够搭桥。

方案二：三块板钉装成桥，如图 7.27 所示。现象：受力后，桥岿然不动。结论：三块板足够搭桥。

这是为什么呢？两种情况下，相同外力作用，相同的承弯构件，为什么组合梁更抗弯呢？这样的组合梁蕴含着什么道理呢？

图 7.26 三块板叠放　　　　　　　　图 7.27 三块板钉装

思维导图 7

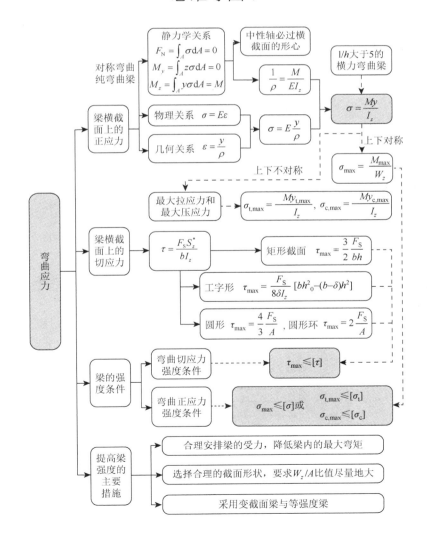

习　题　7

7-1　在下列四种情况中，（　　　）称为纯弯曲。

A. 载荷作用在梁的纵向对称面内

B. 载荷仅有集中力偶，无集中力和分布载荷

C. 梁只发生弯曲，不发生扭转和拉压变形

D. 梁的各个截面上均无剪力，且弯矩为常量

7-2　由梁的平面假设可知，梁纯弯曲时，其横截面（　　　）。

A. 保持平面，且与梁轴正交　　　　　　　　B. 保持平面，且形状大小不变

C. 保持平面，只做平行移动　　　　　　　　D. 形状尺寸不变，且与梁轴正交

7-3　在梁的正应力公式 $\sigma(y) = \dfrac{My}{I_z}$ 中，I_z 为梁截面对（　　　）的惯性矩。

A. 形心轴　　　　B. 对称轴　　　　　　C. 中性轴　　　　　　　D. 形心主惯性轴

7-4　梁弯曲正应力公式的应用条件是（　　　）。

A. 适用于所有弯曲问题　　　　　　　　　　B. 纯弯曲、等截面直梁

C. 平面弯曲、弹性范围　　　　　　　　　　D. 平面弯曲、剪应力为零

7-5　梁弯曲时横截面的中性轴，就是梁弯曲时的（　　　）与（　　　）的交线。

A. 纵向对称平面　　　　　　　　　　　　　B. 梁的横截面

C. 中性层　　　　　　　　　　　　　　　　D. 梁的上表面

7-6　矩形截面梁剪切弯曲时，在横截面的中性轴处（　　　）。

A. 正应力最大，剪应力为零　　　　　　　　B. 正应力为零，剪应力最大

C. 正应力和剪应力均最大　　　　　　　　　D. 正应力和剪应力均为零

7-7　直梁弯曲的正应力公式是依据梁的纯弯曲得出的，可以应用于剪切弯曲的强度计算，是因为剪切弯曲时梁的横截面上（　　　）。

A. 有切应力，无正应力

B. 无切应力只有正应力

C. 既有切应力又有正应力，但切应力对正应力无影响

D. 既有切应力又有正应力，切应力对正应力的分布影响很小，可以忽略不计

7-8　如题 7-8 图所示梁，在其横截面积不变的条件下采用（　　　）截面才最合理。

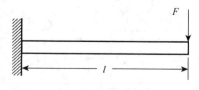

题 7-8 图

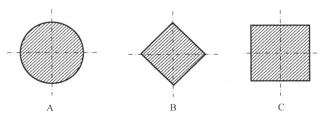

7-9　T形截面铸铁梁弯曲时，最佳的放置方式是（　　）。

    A. 正弯矩作用下⊤　　　　　　　　B. 正弯矩作用下⊥

    C. 负弯矩作用下⊥　　　　　　　　D. 无论什么弯矩均⊤

7-10　矩形截面梁，当横截面的高增大两倍，宽度减小一半时，从正应力强度条件考虑，该梁的承载能力将（　　）。

    A. 不变　　　　　　　　　　　　　B. 增大一倍

    C. 减小一半　　　　　　　　　　　D. 增大三倍

7-11　矩形截面梁的高宽比 $h/b = 2$，把梁竖放和平放安置时，梁的惯性矩之比 $I_{竖}/I_{平}$ 为（　　）。

    A. 4　　　　　　B. 2　　　　　　C. 1/4　　　　　　D. 1/2

7-12　T形截面铸铁梁，设各个截面的弯矩均为正值，则将其截面按图（　　）所示的方式布置，梁的强度最高。

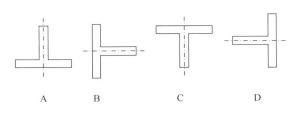

题 7-12 图

7-13　同一种材料分别制成的实心圆截面和空心圆截面梁，只要两梁的（　　）相同，实心圆截面梁就比空心圆截面梁的弯曲承载能力强。

    A. 截面外径 D　　　B. 截面积 A　　　C. 截面高度 h　　　D. 跨长 l

7-14　设梁的截面为 T 字形，如题 7-14 图所示，中性轴为 z，已知：A 点的拉应力为 $\sigma_A = 40\ \text{MPa}$，其离中性轴的距离为 $y_1 = 10\ \text{mm}$，同一截面上 B、C 两点离中性轴的距离分别为 $y_2 = 8\ \text{mm}$，$y_3 = 30\ \text{mm}$。试确定 B、C 两点的正应力的大小和正负，以及该截面上的最大拉应力。

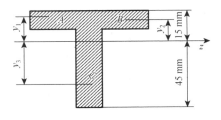

题 7-14 图

7-15　如题 7-15 图所示，简支梁为矩形截面。已知：$b \times h = 50 \times 150$（$mm^2$），$F_P = 16$ kN。试求：（1）截面 1-1 上 D、E、F、H 等点的正应力大小和正负；（2）梁的最大正应力；（3）若将梁的截面转 $90°$〔题 7-15 图（c）〕，则最大正应力是原来最大正应力的几倍。

7-16　如题 7-16 图所示，简支梁受均布载荷作用，其许用正应力为 $[\sigma] = 120$ MPa。若采用面积相等（或近似相等），形状不同的截面。试求它们能承担的均布载荷集度 q，并加以比较。

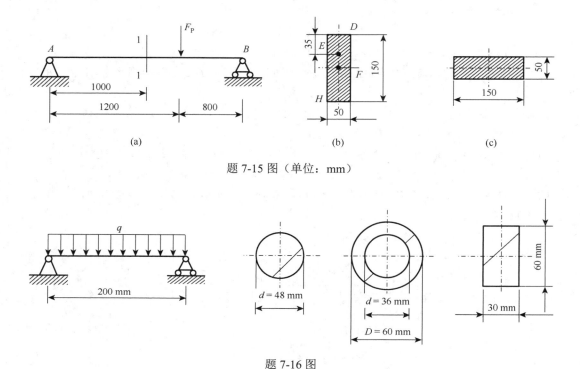

题 7-15 图（单位：mm）

题 7-16 图

7-17　如题 7-17 图所示，一受均布载荷的外伸梁，梁为 18 号工字钢制成，许用正应力 $[\sigma] = 160$ MPa，试求许可载荷。

7-18　如题 7-18 图所示，外伸梁受集中力作用，已知材料的许用正应力 $[\sigma] = 160$ MPa，许用切应力 $[\tau] = 90$ MPa。试选择工字钢的型号。

7-19　当 F_P 力直接作用于柱梁 AB 中点时，梁内最大应力超过许用应力 30%，为了消除此过载现象，配置了如题 7-19 图所示的辅助梁 CD。已知 $l = 6$ m，试求此辅助梁的跨度 a。

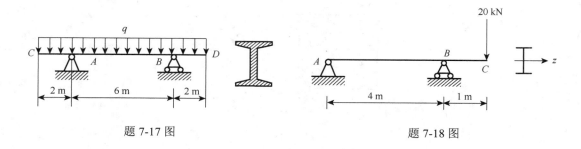

题 7-17 图　　　　　　　　　　　　　题 7-18 图

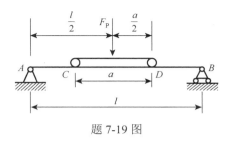

题 7-19 图

7-20　试计算题 7-20 图所示工字形截面梁内的最大正应力和最大切应力。

7-21　由三根木条胶合而成的悬臂梁截面尺寸如题 7-21 图所示。跨度 $l = 1$ m。若胶合面上的许用切应力为 0.34 MPa，木材的许用正应力为 $[\sigma] = 10$ MPa，许用切应力为 $[\tau] = 1$ MPa，试求许用载荷 $[F_P]$。

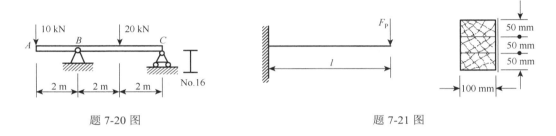

题 7-20 图　　　　　　　　　　　　　题 7-21 图

7-22　如题 7-22 图所示槽形截面悬臂梁。材料的许用拉应力 $[\sigma_t] = 35$ MPa，许用压应力 $[\sigma_c] = 120$ MPa，试校核梁的正应力强度。

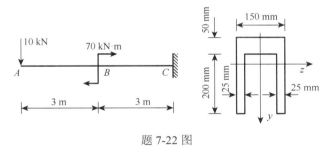

题 7-22 图

7-23　如题 7-23 图所示，承受纯弯曲的 T 形截面梁，已知材料的许用拉、压应力的关系为 $[\sigma_c] = 4[\sigma_t]$，试从正应力强度观点考虑，b 为何值合适。

7-24　T 形截面铸铁悬臂梁，尺寸及载荷如题 7-24 图所示。已知材料的许用拉应力 $[\sigma_t] = 40$ MPa，许用压应力 $[\sigma_c] = 80$ MPa，截面对形心轴的惯性矩 $I_z = 101.8 \times 10^6$ mm^4，$h_1 = 96.4$ mm。求此梁的许用载荷 $[F_P]$。

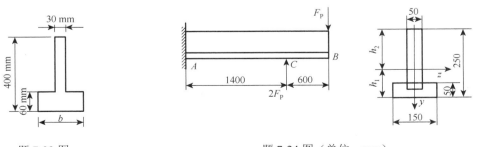

题 7-23 图　　　　　　　　　　　题 7-24 图（单位：mm）

7-25　一悬臂梁长为 900 mm，在自由端受一集中力 F_P 的作用。此梁由三块 50 mm×100 mm 的木板胶合而成，如题 7-25 图所示。胶合缝的许用切应力$[\tau]$ = 0.35 MPa。试按胶合缝的切应力强度求许用载荷$[F_P]$，并求在此载荷作用下梁的最大正应力。

7-26　一正方形截面的悬臂木梁，其尺寸及所受载荷如题 7-26 图所示。木料的许用正应力$[\sigma]$ = 10 MPa。现需要在梁的截面 c 上中性轴处钻一直径为 d 的圆孔，问在保证梁强度的条件下，圆孔的最大直径 d（不考虑圆孔处应力集中的影响）可达多少？

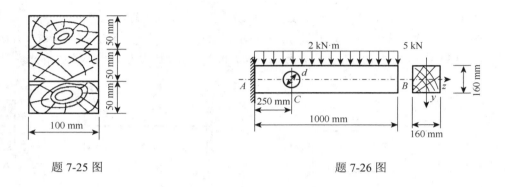

題 7-25 图　　　　　　　　　　　　　　題 7-26 图

7-27　如题 7-27 图所示，一矩形截面简支梁由圆柱形木料锯成。已知 F_P = 5 kN，a = 1.5 m，许用正应力$[\sigma]$ = 10 MPa，试确定弯曲截面系数为最大时矩形截面的高宽比 h/b，以及锯成此梁所需木料的最小直径 d。

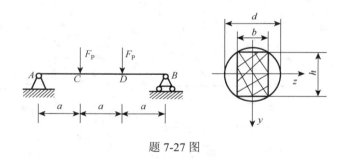

題 7-27 图

7-28　铸铁轴承架的尺寸如题 7-28 图所示，受力 F_P = 16 kN，材料的许用拉应力$[\sigma_t]$ = 30 MPa，许用压应力$[\sigma_c]$ = 100 MPa。试校核截面 A-A 的强度。

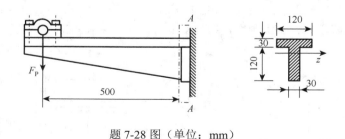

題 7-28 图（单位：mm）

7-29　矩形截面梁 AB，以铰链支座 A 及拉杆 CD 支承，有关尺寸如题 7-29 图所示。设拉杆及横梁的许用正应力$[\sigma]$ = 140 MPa，试求作用于梁 B 端的许用载荷$[F_P]$。

7-30 如题 7-30 图所示，由 No.10 号工字钢制成的 ABD 梁，左端 A 处为固定铰链支座，B 点处用铰链与钢制圆截面杆 BC 连接，BC 杆在 C 处用铰链悬挂。已知圆截面杆直径 d = 20 mm，梁和杆的许用正应力均为 [σ] = 160 MPa。试求结构的许用均布载荷集度[q]。

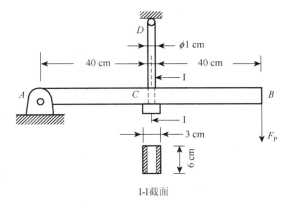

题 7-29 图

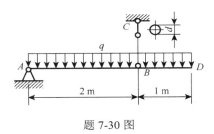

题 7-30 图

第8章 梁弯曲时的位移

8.1 挠度和转角

工程中的许多梁，除了要满足强度条件之外，还对弯曲时的位移有一定的限制。例如，桥式起重机大梁在起吊重物时，若产生的弯曲变形过大，就会引起梁的过大振动；若机床主轴的变形过大，就会影响加工工件的精度等。因此，需要研究梁弯曲时的位移，解决梁的刚度问题。此外，分析求解超静定梁以及压杆稳定问题也需研究梁的变形。

梁在载荷作用下，轴线会由直线变为曲线。变弯后的轴线称为梁的**挠曲线**（deflection curve），它是一条连续光滑的曲线。对称弯曲时外力均位于对称面内，则挠曲线位于该对称面内为一平面曲线。取 x 轴与梁变形前的轴线重合，垂直于 x 轴方向为 w 轴，xw 平面是梁的纵向对称面，如图 8.1 所示。

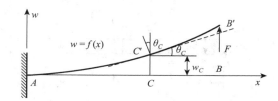

图 8.1 梁的变形和位移

研究表明，对于细长梁，剪力对其变形的影响一般可忽略不计，认为变形后的各横截面仍保持为平面。因此，梁的变形可用横截面形心的线位移与横截面的角位移表示。

梁的任一横截面的形心在垂直于 x 轴方向的线位移，称为梁的**挠度**（deflection），即图 8.1 中的 w。挠度的符号由选择的坐标而定，图 8.1 中 C 点的挠度为正值。在小变形情形下，横截面形心沿 x 轴方向的线位移很小，可以忽略不计。

一般情况下，挠度 w 随截面位置而变化，梁的挠曲线可用如下函数表示

$$w = f(x) \tag{8.1}$$

此式称为梁的**挠曲线方程**或**挠度方程**。

在弯曲变形的过程中，梁的横截面相对其原来位置绕中性轴转过的角度 θ，称为该截面的**转角**（angle of rotation）。根据平面假设，梁变形后，各横截面仍垂直于梁的挠曲线。因此，如果在梁的挠曲线上的 C' 点引一切线，显然该切线的倾角就等于横截面 C 的转角。规定逆时针的转角为正，反之为负。图 8.1 中，截面 C 的转角即为正值。

梁的挠曲线在 C' 点的切线斜率为 $\tan\theta = \dfrac{\mathrm{d}w}{\mathrm{d}x}$。在实际工程中，挠曲线是一条非常平坦的曲线，即 θ 很小，故可认为 $\tan\theta \approx \theta$，即

$$\theta = \frac{\mathrm{d}w}{\mathrm{d}x} \tag{8.2}$$

式（8.2）表明，梁的挠曲线上任一点切线的斜率近似等于该点处横截面的转角。式（8.2）又称为转角方程。

综上所述，只要知道梁的挠曲线方程，即可求得梁轴上任一点的挠度和横截面的转角。

8.2　梁的挠曲线近似微分方程及其积分

在第 7 章中，曾得到梁的中性层曲率（curvature）与弯矩的关系，即

$$\frac{1}{\rho} = \frac{M}{EI}$$

式中，ρ 为中性层挠曲线的曲率半径；I 为横截面对中性轴的惯性矩；EI 为梁的弯曲刚度。上式是在梁纯弯曲情况下建立的，对于横力弯曲的细长梁，剪力对梁的位移的影响很小，可略去不计，故该式仍然适用。但式中的曲率半径 ρ 和弯矩 M 皆为 x 的函数，故上式可写为

$$\frac{1}{\rho(x)} = \frac{M(x)}{EI}$$

由微积分可知，平面曲线上任一点的曲率为

$$\frac{1}{\rho} = \pm \frac{\dfrac{\mathrm{d}^2 w}{\mathrm{d}x^2}}{\left[1 + \left(\dfrac{\mathrm{d}w}{\mathrm{d}x}\right)^2\right]^{3/2}}$$

考虑挠曲线极为平坦，$\dfrac{\mathrm{d}w}{\mathrm{d}x}$ 的数值很小，即 $\left(\dfrac{\mathrm{d}w}{\mathrm{d}x}\right)^2 \ll 1$，可略去不计。上两式可写成

$$\pm \frac{\mathrm{d}^2 w}{\mathrm{d}x^2} = \frac{M(x)}{EI} \tag{8.3a}$$

式中的正负号由弯矩的符号和 w 轴的方向而定。弯矩的符号规定，当挠曲线向下凸出时，弯矩为正；反之为负。如图 8.2 所示，向下凸出的曲线，其二阶导数也为正，而向上凸出的曲线之二阶导数则为负。

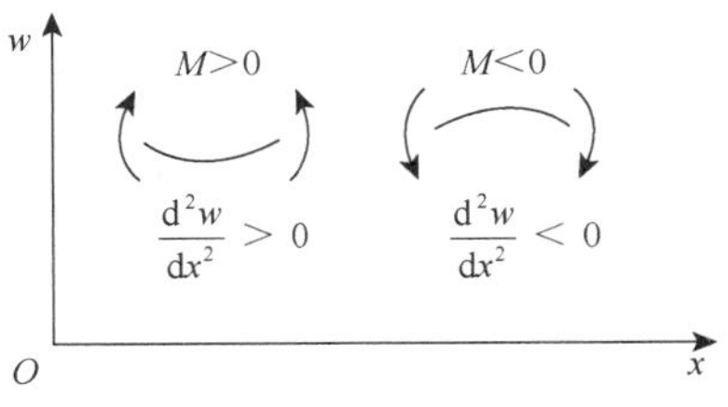

w　　$M>0$　　　$M<0$

$\dfrac{\mathrm{d}^2 w}{\mathrm{d}x^2} > 0$　　　$\dfrac{\mathrm{d}^2 w}{\mathrm{d}x^2} < 0$

O　　　　　　　　　　x

图 8.2　弯矩与挠曲线对应的符号

因此，式（8.3a）两边的符号是一致的，即该式左边应该取正号，所以有

$$\frac{\mathrm{d}^2 w}{\mathrm{d}x^2} = \frac{M(x)}{EI} \tag{8.3b}$$

此式称为梁的**挠曲线近似微分方程**（approximately differential equation of the deflection curve）。

对于等截面梁，EI 为一常数。式（8.3b）可改写成

$$EI \frac{\mathrm{d}^2 w}{\mathrm{d}x^2} = M(x)$$

对上式两边同乘以 dx 并积分一次，得转角方程为

$$EI\theta = \int M \mathrm{d}x + C \tag{8.4}$$

再积分一次，得挠曲线方程为

$$EIw = \iint M \mathrm{d}x \mathrm{d}x + Cx + D \tag{8.5}$$

式中，两个积分常数 C 和 D 可利用梁上支座处已知的位移条件来确定，即梁位移的**边界条件**（boundary condition）。例如，梁在固定端处，横截面的挠度与转角均为零，即 $w_A = 0$，$\theta_A = 0$ ［图 8.3（a）］；在固定铰支座或活动铰支座处，横截面的挠度为零，即 $w_A = 0$ ［图 8.3（b）］。

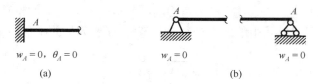

图 8.3　常见支承情况下的边界条件

此外，当梁上有集中力、集中力偶或分布载荷集度突变时，梁的弯矩方程需要分段建立，各段梁的挠曲线微分方程也随之不同。为了确定这些积分常数，除了利用位移边界条件外，还需利用位移的**连续条件**（continuity condition）确定。例如，在相邻梁段的交接处，左右两段梁的挠度和转角均应相等 ［图 8.3（a）］；在铰链接连处，左右两截面挠度相等 ［图 8.3（b）］。

图 8.4　常见情况下的连续条件

由此可见，梁的位移不仅与弯矩 M 及弯曲刚度 EI 有关，而且与梁位移的边界条件及连续条件有关。

例 8.1　车床上用卡盘夹紧长度为 $l = 80$ mm，直径 $d = 15$ mm 的圆形工件进行切削，如图 8.5（a）所示。设车刀作用于工件上的径向力 $F = 400$N，工件的材料为 Q235 钢，弹性模量 $E = 200$ GPa，试求车刀在工件端点切削时工件端点的挠度。

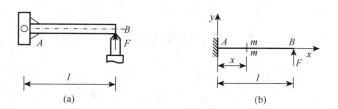

图 8.5　例 8.1 图

解　（1）求弯矩方程。

工件可简化为悬臂梁，选取坐标如图 8.5（b）所示。选取距离 A 端 x 的任意截面 m-m，由右段梁的平衡，弯矩方程为

$$M(x) = F(l-x)$$

代入式（8.3b）得

$$EI\frac{\mathrm{d}^2 w}{\mathrm{d}x^2} = F(l-x) \qquad \text{①}$$

（2）求挠曲线方程。

对式①积分两次得

$$EI\frac{\mathrm{d}w}{\mathrm{d}x} = Flx - \frac{F}{2}x^2 + C \qquad \text{②}$$

$$EIw = \frac{Fl}{2}x^2 - \frac{F}{6}x^3 + Cx + D \qquad \text{③}$$

在固定端，转角和挠度均为零，即 $x=0$ 时，

$$w=0, \quad \frac{\mathrm{d}w}{\mathrm{d}x}=0$$

代入式②和式③，分别得 $C=0$，$D=0$。于是梁的转角方程和挠曲线方程分别为

$$EI\frac{\mathrm{d}w}{\mathrm{d}x} = Flx - \frac{F}{2}x^2 \qquad \text{④}$$

$$EIw = \frac{Fl}{2}x^2 - \frac{F}{6}x^3 \qquad \text{⑤}$$

（3）求端点挠度。

在梁的自由端 B 处，有最大挠度和最大转角，它们分别是

$$w_{\max} = w_B = \frac{Fl^3}{3EI} \qquad \text{⑥}$$

$$\theta_{\max} = \theta_B = \frac{Fl^2}{2EI}$$

式中，w_B 为正，表示 B 点的挠度向上；θ_B 也为正，表示 B 点的截面转角是逆时针的。

将本题数据代入式⑥，得工件端点的挠度

$$w_B = \frac{400 \times 90^3}{3 \times 200 \times 10^3 \times \dfrac{\pi \times 15^4}{64}} = 0.196 \text{ mm}$$

例 8.2　如图 8.6（a）所示，悬臂梁 AC 段受到均布载荷 q 的作用，梁的弹性模量为 E、截面惯性矩为 I。求 B 点的最大转角与最大挠度。

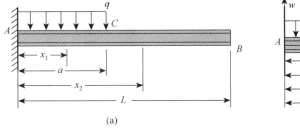
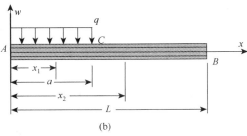

图 8.6　例 8.2 图

解　（1）求弯矩方程。

选取坐标如图 8.6（b）所示，距离 A 端分别取 x_1 和 x_2 截面，由平衡方程，梁上任意截面上的弯矩为

AC 段：

$$M(x) = -\frac{q}{2}x_1^2 + qax_1 - \frac{qa^2}{2}$$

CB 段：

$$M(x) = 0$$

代入式（8.3b）得

AC 段：

$$EI\frac{\mathrm{d}^2 w_1}{\mathrm{d}x_1^2} = -\frac{q}{2}x_1^2 + qax_1 - \frac{qa^2}{2} \tag{①}$$

CB 段：

$$EI\frac{\mathrm{d}^2 w_2}{\mathrm{d}x_2^2} = 0 \tag{②}$$

（2）求挠曲线方程。

对式①分别积分一次及二次，得转角方程和挠曲线方程为

AC 段：

$$EI\frac{\mathrm{d}w_1}{\mathrm{d}x_1} = -\frac{q}{6}x_1^3 + \frac{qa^2}{2}x_1^2 - \frac{qa^2}{2}x_1 + C_1 \tag{③}$$

$$EIw_1 = -\frac{q}{24}x_1^4 + \frac{qa}{6}x_1^3 - \frac{qa^2}{4}x_1^2 + C_1 x_1 + D_1 \tag{④}$$

根据已知条件有边界条件：

$$w_1(0) = 0, \quad \frac{\mathrm{d}w_1}{\mathrm{d}x_1}(0) = 0$$

代入式③和式④，得

$$C_1 = 0, \quad D_1 = 0$$

于是 AC 段梁的转角方程和挠曲线方程分别为

$$EI\frac{\mathrm{d}w_1}{\mathrm{d}x_1} = -\frac{q}{6}x_1^3 + \frac{qa}{2}x_1^2 - \frac{qa^2}{2}x_1 \tag{⑤}$$

$$EIw_1 = -\frac{q}{24}x_1^4 + \frac{qa}{6}x_1^3 - \frac{qa^2}{4}x_1^2 \tag{⑥}$$

对式②分别积分一次及二次，得转角方程和挠曲线方程为

CB 段：

$$EI\frac{\mathrm{d}w_2}{\mathrm{d}x_2} = C_2 \tag{⑦}$$

$$EIw_2 = C_2 x_2 + D_2 \tag{⑧}$$

由于梁在 C 点的变形连续，则有变形连续条件

$$\frac{\mathrm{d}w_1}{\mathrm{d}x_1}(a) = \frac{\mathrm{d}w_2}{\mathrm{d}x_2}(a), \quad w_1(a) = w_2(a)$$

将连续代入式⑦和式⑧，得

$$C_2 = -\frac{q}{6}a^3, \quad D_2 = \frac{qa^4}{24}$$

于是 CB 段梁的转角方程和挠曲线方程分别为

$$EI\frac{dw_2}{dx_2} = -\frac{q}{6}a^3 \qquad\qquad ⑨$$

$$EIw_2 = -\frac{q}{6}a^3 x_2 + \frac{qa^4}{24} \qquad\qquad ⑩$$

（3）求最大转角与最大挠度。

梁的自由端 B，有最大挠度和最大转角，代入式⑨和式⑩求得

$$\theta_B = -\frac{q}{6EI}a^3$$

$$w_B = w_2(x)\big|_{x_2 = L} = \frac{q}{24EI}a^3(-4L + a)$$

8.3　用叠加法计算梁的挠度和转角

在实际工程中，往往需要计算梁在多个载荷同时作用下的变形。梁在微小变形条件下，其弯矩与载荷呈线性关系。而在线弹性范围内，挠曲线的曲率与弯矩成正比。当挠度很小时，挠度和转角与梁上载荷成正比。在这种情况下，梁在多个载荷同时作用时某一截面的挠度或转角，分别等于每项载荷单独作用时该截面的挠度或转角的代数和，此即求解梁位移的**叠加法**。

为了便于应用叠加法，将常用简支梁、悬臂梁受多种载荷的挠度方程、端截面转角和最大挠度列于表 8.1 中，以备查用。

表 8.1　梁的挠度和转角公式

序号	梁的简图	挠度方程	梁端转角	最大挠度
1		$w = -\dfrac{F_P x^2}{6EI}(3l - x)$	$\theta_B = -\dfrac{F_P l^2}{2EI}$	$w_B = -\dfrac{F_P l^2}{3EI}$
2		$w = -\dfrac{qx^2}{24EI}(x^2 - 4lx + 6l^2)$	$\theta_B = -\dfrac{ql^3}{6EI}$	$w_B = -\dfrac{ql^4}{8EI}$
3		$w = -\dfrac{Mx^2}{2EI}$	$\theta_B = -\dfrac{Ml}{EI}$	$w_B = -\dfrac{Ml^2}{2EI}$

续表

序号	梁的简图	挠度方程	梁端转角	最大挠度
4	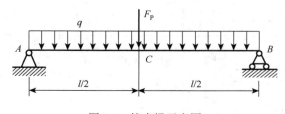	$w = -\dfrac{F_P bx}{6EIl}(l^2 - x^2 - b^2)$ $0 \leqslant x \leqslant a$ $w = -\dfrac{F_P b}{6EIl}\left[\dfrac{l}{6}(x-a)^3 + (l^2 - b^2)x - x^3\right]$ $a \leqslant x \leqslant l$	$\theta_A = -\dfrac{F_P ab(l+b)}{6EIl}$ $\theta_B = \dfrac{F_P ab(l+a)}{6EIl}$	在 $x = \sqrt{\dfrac{l^2 - b^2}{3}}$ 处, $w_{max} = \dfrac{F_P b(l^2 - b^2)^{3/2}}{9\sqrt{3}EIl}$
5		$w = -\dfrac{qx}{24EI}(l^3 - 2lx^2 + x^3)$	$\theta_A = -\theta_B = -\dfrac{ql^3}{24EI}$	$w_C = -\dfrac{5ql^4}{384EI}$
6		$w = \dfrac{Mx}{6EIl}(l^2 - 3b^2 - x^2)$ $0 \leqslant x \leqslant a$ $w = -\dfrac{M(l-x)}{6EIl}[l^2 - 3a^2 - (l-x)^2]$ $a \leqslant x \leqslant l$	$\theta_A = \dfrac{M}{6EIl}(l^2 - 3b^2)$ $\theta_B = \dfrac{M}{6EIl}(l^2 - 3a^2)$	在 $x = \sqrt{\dfrac{l^2 - 3b^2}{3}}$ 处, $w_{1max} = \dfrac{M(l^2 - 3b^2)^{3/2}}{9\sqrt{3}EIl}$ 在 $x = \sqrt{\dfrac{l^2 - 3a^2}{3}}$ 处, $w_{2max} = \dfrac{M(l^2 - 3a^2)^{3/2}}{9\sqrt{3}EIl}$

　　如图 8.7 所示简支梁，承受均布载荷 q 和作用于跨中的集中力 $F_P = ql$ 共同作用。为求梁中点的挠度，可将均布载荷 q 和集中力 $F_P = ql$ 分别作用在同一简支梁上，将两种情况下跨中挠度的代数值相加，便得到二者共同作用时所产生的挠度值。

$$w\left(\dfrac{l}{2}\right) = w_1\left(\dfrac{l}{2}\right) + w_2\left(\dfrac{l}{2}\right)$$

式中，$w_1\left(\dfrac{l}{2}\right)$ 和 $w_2\left(\dfrac{l}{2}\right)$ 分别为均布载荷 q 和集中力 $F_P = ql$ 作用在简支梁上，梁中点所产生的挠度。这两种挠度都可以从表 8.1 中查得：

图 8.7　简支梁示意图

$$w_1\left(\frac{l}{2}\right) = -\frac{5ql^4}{384EI}$$

$$w_2\left(\frac{l}{2}\right) = -\frac{F_\mathrm{P}l^3}{48EI} = -\frac{ql^4}{48EI}$$

二者叠加后，得到总挠度为

$$w\left(\frac{l}{2}\right) = w_1\left(\frac{l}{2}\right) + w_2\left(\frac{l}{2}\right) = -\frac{13ql^4}{384EI}$$

例 8.3　悬臂梁受力如图 8.8（a）所示，q、l、EI 均为已知。求 C 截面的挠度 w_C 和转角 θ_C。

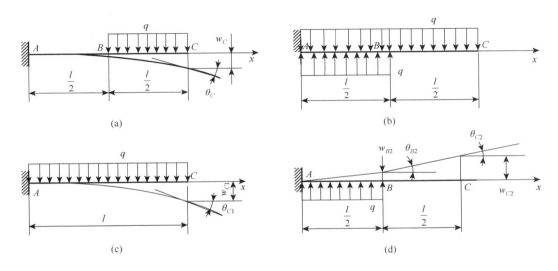

图 8.8　例 8.3 图

解　（1）首先，将梁上的载荷变成有表可查的情形。

为了利用挠度表中梁全长承受均布载荷的已知结果，先将均布载荷延长至梁的全长，为了不改变原来载荷作用的效果，在 AB 段还需再加上集度相同、方向相反的均布载荷，如图 8.8（b）所示。

（2）再将处理后的梁分解为简单载荷作用的情形，如图 8.8（c）和（d），计算各自 C 截面的挠度和转角。

$$w_{C1} = -\frac{ql^4}{8EI}, \quad \theta_{C1} = -\frac{ql^3}{6EI}$$

$$w_{C2} = w_{B2} + \theta_{B2} \times \frac{l}{2} = \frac{ql^4}{128EI} + \frac{ql^3}{48EI} \times \frac{l}{2}, \quad \theta_{C2} = \frac{ql^3}{48EI}$$

（3）将结果叠加，可得

$$w_C = \sum_{i=1}^{2} w_{Ci} = -\frac{41ql^4}{384EI}, \quad \theta_C = \sum_{i=1}^{2} \theta_{Ci} = -\frac{7ql^3}{48EI}$$

例 8.4 悬臂梁的左半段受均布载荷 q 的作用［图 8.9（a）］，弯曲刚度 EI 为常数。求 B 端的挠度与转角。

解 因为 CB 段梁上没有载荷，各截面的弯矩均为零，说明在弯曲过程中不产生变形，可以视为刚体，即 CB 仍为直线。由图 8.9（b）可知：

$$w_B = w_C + \theta_C \frac{l}{2}$$

这里，w_C、θ_C 分别是梁的变形段 AC 上的 C 截面的挠度和转角，可由表 8.1 查出：

$$w_C = -\frac{q\left(\frac{l}{2}\right)^4}{8EI} = -\frac{ql^4}{128EI}$$

$$\theta_C = -\frac{q\left(\frac{l}{2}\right)^3}{6EI} = -\frac{ql^3}{48EI}$$

代入上式即得

$$w_B = -\frac{ql^4}{128EI} - \frac{ql^3}{48EI}\frac{l}{2} = -\frac{7ql^4}{384EI}$$

$$\theta_B = -\frac{ql^3}{48EI}$$

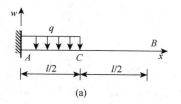
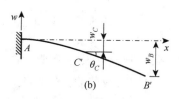
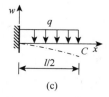

图 8.9　例 8.4 图

8.4　梁的刚度条件和提高刚度的措施

8.4.1　梁的刚度条件

在梁的设计中，通常先根据强度条件选择梁的截面，然后再对梁进行刚度校核，也就是检查梁的位移是否在许可的范围内。在工程中，通常对梁的挠度和转角加以限制。

梁的刚度条件可表示为

$$\frac{w_{\max}}{l} \leqslant \left[\frac{w}{l}\right] \tag{8.6}$$

$$\theta_{\max} \leqslant [\theta] \tag{8.7}$$

式中，$\left[\dfrac{w}{l}\right]$ 为挠度与梁跨长之比的许用值；$[\theta]$ 为许用转角。这些值可从有关设计规范或手册中查得。

例如，在土木工程方面，$\left[\dfrac{w}{l}\right]$ 值常限制在 $\dfrac{1}{250} \sim \dfrac{1}{1000}$ 范围内；在机械制造工程方面，对主要的轴，$\left[\dfrac{w}{l}\right]$ 值则限制在 $\dfrac{1}{5000} \sim \dfrac{1}{10000}$ 范围内；对传动轴在支座处，$[\theta]$ 值一般限制在 $0.005 \sim 0.001\text{rad}$ 范围内。

例 8.5 如图 8.10 所示，已知钢制圆轴左端受力为 $F = 20\text{ kN}, a = 1\text{ m}, l = 2\text{ m}, E = 206\text{ GPa}$。轴承 B 处的许用转角 $[\theta] = 0.5°$。根据刚度要求确定轴的直径 d。

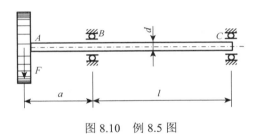

图 8.10 例 8.5 图

解 根据要求，圆轴必须具有足够的刚度，以保证轴承 B 处转角不超过许用值。

（1）由挠度表中查得承受集中载荷的外伸梁 B 处的转角为

$$\theta_B = \frac{Fla}{3EI}$$

（2）确定轴的直径。由刚度条件

$$\theta_B \leqslant [\theta]$$

将 B 处的转角代入，得

$$\frac{Fla}{3EI} \cdot \frac{180}{\pi} \leqslant [\theta]$$

即

$$I \geqslant \frac{Fla \times 180}{3E\pi[\theta]}$$

代入圆轴的惯性矩，得

$$\frac{\pi d^4}{64} \geqslant \frac{Fla \times 180}{3E\pi[\theta]}$$

代入数据，解得

$$d \leqslant \sqrt[4]{\frac{64Fla \times 180}{3E\pi[\theta]\pi}} = \sqrt[4]{\frac{64 \times 20 \times 10^3 \times 2 \times 1 \times 180}{3 \times 206 \times 10^9 \times \pi^2 \times 0.5}} = 111 \times 10^{-3}(\text{m}) = 111(\text{mm})$$

　　通常情况下，对于一般工程中的构件，如能满足强度要求，一般也能满足刚度条件。因此，在设计工作中，刚度要求相比强度要求常处于从属地位。但是当正常工作条件对构件的位移限制很严，或按强度条件所选用的构件截面过于单薄时，刚度条件有时也可能起控制作用。

8.4.2　提高梁刚度的措施

　　提高梁的刚度主要是指减小梁的位移即挠度和转角。由表 8.1 可见，梁的挠度和转角除了与梁的支承和载荷情况有关外，还与梁的跨长和弯曲刚度 EI 有关。

　　1. 调整跨长和支座

　　由于梁的挠度和转角与跨长的 n 次幂成正比，因此设法缩短梁的跨长，能显著减小其位移。例如，梁在受到均布载荷作用时，挠度与梁长的四次方成比例。如图 8.11 所示，调整支座的位置后，梁的跨长减小了，梁的最大挠度也大大降低了，$\dfrac{w_{2,\max}}{w_{1,\max}} = 8.85\%$。

　　还可以增加中间支座来降低梁的挠度。例如，在车床上加工较长的工件时，为了减小切削力引起的挠度，以提高加工精度，可在卡盘与尾架之间再增加一个中间支架。

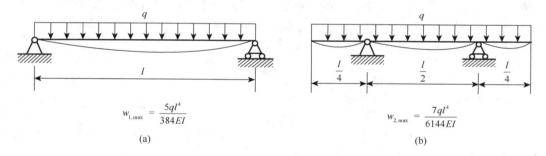

$$w_{1,\max} = \frac{5ql^4}{384EI}$$　　　　　　　　$$w_{2,\max} = \frac{7ql^4}{6144EI}$$

(a)　　　　　　　　　　　　　　　　　(b)

图 8.11　支座位置变换示意图

　　2. 增大梁的弯曲刚度

　　由于弯曲变形与梁的横截面惯性矩成反比，采用合理的截面形状可以增加惯性矩 I。在截面积不变的情况下，工程中常采用工字形、箱形等截面来增大截面惯性矩，从而提高弯曲刚度。

　　此外，选用弹性模量 E 较高的材料也能提高梁的刚度。但是，对于各种钢材弹性模量的数值相差甚微，因而与一般钢材相比，选用高强度钢材并不能有效提高梁的刚度。

8.5　思考与讨论

8.5.1　工程中的弯曲刚度问题

例如，图 8.12 中所示机械传动机构中的齿轮轴，当变形过大时，两齿轮的啮合处将产生较大的挠度和转角，这不仅会影响两个齿轮之间的啮合，以致不能正常工作，而且还会加大齿轮磨损，同时将在转动的过程中产生很大的噪声；此外，当轴的变形很大时，轴在支承处也将产生较大的转角，从而使轴和轴承的磨损大大增加，降低轴和轴承的使用寿命。

图 8.12　齿轮轴的弯曲刚度问题

风力发电机风轮的关键部件——叶片（图 8.13），在风载的作用下，如果没有足够的弯曲刚度，将会产生很大的弯曲挠度，其结果将是很大的力撞在塔杆上，不仅叶片遭到彻底毁坏，而且会导致塔杆倒塌。

工程设计中还有另外一类问题，所考虑的不是限制构件的弹性位移，而是希望在构件不发生强度失效的前提下尽量产生较大的弹性位移。例如，各种车辆中用于减振的板簧（图 8.14），都是采用厚度不大的板条叠合而成，采用这种结构，板簧既可以承受很大的力而不发生破坏，同时又能产生较大的弹性变形，吸收车辆受到振动和冲击时产生的动能，起到抗振和抗冲击的作用。

图 8.13　风力发电机叶片

图 8.14　车辆中用于减振的板簧

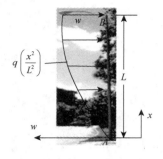

图 8.15 路灯受力问题

此外，位移分析也是解决超静定问题与振动问题的基础。

如图 8.15 所示，马路边上的路灯，用来给道路提供照明。它由立柱和灯杆构成，立柱和灯杆都会受到自重的作用，同时也会受到风载荷的作用。已知路灯杆和立柱的弹性模量、截面惯性矩及长度，（1）求无风载时灯顶的竖向位移；（2）如果已知风载荷沿杆长分布为二次函数，求风载荷作用下灯顶的横向位移。

8.5.2 飞机机翼的弯曲变形问题

歼 15 战斗机（图 8.16）是我国航母战斗力的重要组成部分，飞机的机翼是变形体，飞机在飞行过程中受到升力的作用，会产生向上的弯曲变形。如果弯曲变形过大，势必会影响飞机的飞行姿态，增大事故隐患；同时在战斗机的战术机动方面也会影响其操作精确性，降低战斗力。试分析计算机翼的弯曲变形，并讨论如何尽量降低弯曲变形的影响？

图 8.16 战斗机示意图

8.5.3 军事浮桥的设计问题

2021 年 9 月 11 日，湖北赤壁长江流域某江段，陆军某舟桥旅展开"渡江-2021"实兵检验性演习，设定的背景是有 20 辆运输车要将物资运往前线，要求在长江上快速搭建一座 1100 m 的浮桥，需要用到 14 个浮桥模块，每一个浮桥模块由五艘舟船支撑。取其中一个浮桥模块为研究对象，建立其力学模型（图 8.17），浮桥可简化为细长梁，每一个舟船简化为一个支座，则该浮桥模块有 5 个支座支撑。试从提高梁强度和刚度的措施出发进行分析讨论：浮桥为什么要设置这么多的支座？支座位置如何布置更合理呢？

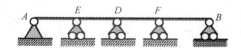

图 8.17 力学模型示意图

思维导图 8

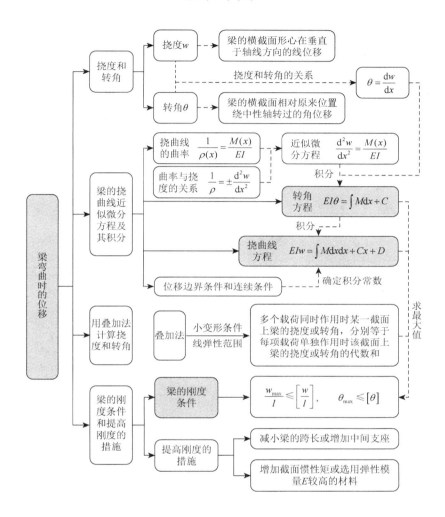

习 题 8

8-1 在下面这些关于梁的弯矩与变形间关系的说法中，（　　）是正确的。

A. 弯矩为正的截面转角为正　　　　　B. 弯矩最大的截面挠度最大

C. 弯矩突变的截面转角也有突变　　　D. 弯矩为零的截面曲率必为零

8-2 如题 8-2 图所示变截面梁，用积分法求挠曲线方程时应分几段？共有几个积分常数？（　　）

A. 分 2 段，共有 2 个积分常数

B. 分 2 段，共有 4 个积分常数

C. 分 3 段，共有 6 个积分常数

D. 分 4 段，共有 8 个积分常数

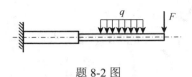

题 8-2 图

8-3 如题 8-3 图所示二简支梁在跨度中点 C 截面处的（　　）。

A. 转角和挠度均相等 　　　　　　　　B. 转角和挠度均不相等

C. 转角相等，挠度不等 　　　　　　　　D. 转角不等，挠度相等

8-4 如题 8-4 图所示梁中截面 1-1，2-2 无限接近梁中点 C，则有转角（　　）。

A. $|\theta_{C1}| > |\theta_{C2}|$ 　　　　　B. $|\theta_{C1}| = |\theta_{C2}|$ 　　　　　C. $|\theta_{C1}| < |\theta_{C2}|$

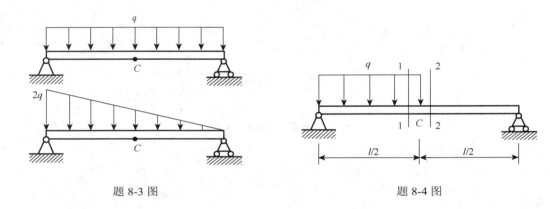

题 8-3 图 　　　　　　　　　　　　　　题 8-4 图

8-5 已知一直梁的挠曲线方程是 $EIw = -\dfrac{q}{24}x(l^3 - 2lx^2 + x^3)$，则该梁的最大弯矩是（　　）。

A. $\dfrac{1}{4}ql^2$ 　　　　　　B. $\dfrac{1}{8}ql^2$ 　　　　　　C. $\dfrac{1}{16}ql^2$

8-6 提高梁的弯曲刚度，可通过（　　）来实现。

A. 选择优质材料 　　　　　　　　B. 选择合理截面形状

C. 减少梁上作用的载荷 　　　　　　　　D. 合理安置梁的支座，减少梁的跨长

8-7 在下列关于挠度、转角正负号的概念中，（　　）是正确的。

A. 转角的正负号与坐标系有关，挠度的正负号与坐标系无关

B. 转角的正负号与坐标系无关，挠度的正负号与坐标系有关

C. 转角和挠度的正负号均与坐标系有关

D. 转角和挠度的正负号均与坐标系无关

8-8 挠曲线近似微分方程在（　　）条件下成立。

A. 梁的变形属于小变形 　　　　　　　　B. 材料服从胡克定律

C. 挠曲线在 xOy 平面内 　　　　　　　　D. 同时满足 A、B、C

8-9 等截面直梁在弯曲变形时，挠曲线的最大曲率发生在（　　）处。

A. 挠度最大 　　　　　B. 转角最大 　　　　　C. 剪力最大 　　　　　D. 弯矩最大

8-10 某悬臂梁其刚度为 EI，跨度为 l，自由端作用有力 F。为减小最大挠度，则下列方案中最佳的是（　　）。

A. 梁长改为 $l/2$，惯性矩改为 $I/8$ 　　　　　　B. 梁长改为 $3l/4$，惯性矩改为 $I/2$

C. 梁长改为 $5l/4$，惯性矩改为 $3I/2$　　D. 梁长改为 $3l/2$，惯性矩改为 $I/4$

8-11　已知等截面直梁在某一段上的挠曲线方程为：$w(x) = Ax^2(4lx-6l^2-x^2)$，则该段梁上（　　）。

A. 无分布载荷作用　　　　　　　　B. 有均布载荷作用

C. 分布载荷是 x 的一次函数　　　　D. 分布载荷是 x 的二次函数

8-12　用积分法求如题 8-12 图所示悬臂梁的转角方程和挠曲线方程，并求出自由端的挠度和转角。设梁的 EI 为常数。

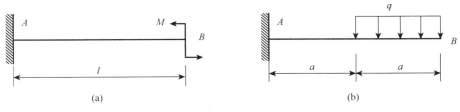

题 8-12 图

8-13　用积分法求如题 8-13 图所示梁的转角方程和挠曲线方程，梁的弯曲刚度 EI 为常数。

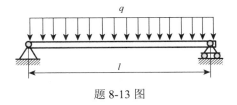

题 8-13 图

8-14　如题 8-14 图所示外伸梁，两端各受一集中载荷 F 作用。试问：

（1）当 $\dfrac{x}{l}$ 为何值时，梁跨度中点处的挠度与自由端的挠度数值相等；

（2）当 $\dfrac{x}{l}$ 为何值时，梁跨度中点处的挠度最大。梁的弯曲刚度 EI 为常数。

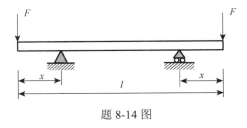

题 8-14 图

8-15　用叠加法求如题 8-15 图所示各梁中截面 B 的挠度和转角。梁的抗弯刚度 EI 为已知。

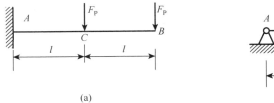
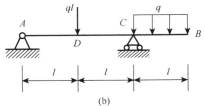

(a)　　　　　　　　　　　　　　　　(b)

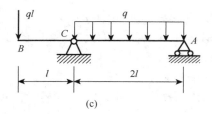
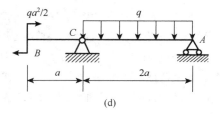

题 8-15 图

8-16　如题 8-16 图所示，用积分法求梁的最大挠度和最大转角。

8-17　用叠加法求如题 8-17 图所示外伸梁 C 截面的挠度和转角。

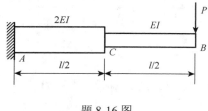
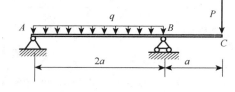

题 8-16 图　　　　　　　　　　　　题 8-17 图

8-18　用叠加法计算如题 8-18 图所示阶梯梁的最大挠度。已知 $I_2 = 2I_1$，阶梯梁的两段承受相同的均布载荷 q。

8-19　如题 8-19 图所示钢轴，已知材料的弹性模量 $E = 200\ \text{GPa}$，$F_P = 20\ \text{kN}$，$a = 1\ \text{m}$，若规定截面 A 处许用转角$[\theta] = 0.5°$，试选定此轴的直径。

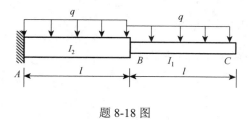
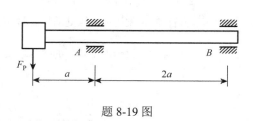

题 8-18 图　　　　　　　　　　　　题 8-19 图

8-20　如题 8-20 图所示悬臂梁，均布载荷 $q = 15\ \text{kN/m}$，$a = 1\ \text{m}$，许用应力$[\sigma] = 100\ \text{MPa}$，其许用挠度与跨长之比$\left[\dfrac{w}{l}\right] = \dfrac{1}{500}$，弹性模量 $E = 200\ \text{GPa}$。试确定工字钢的型号。

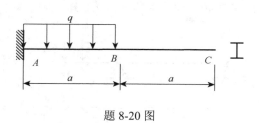
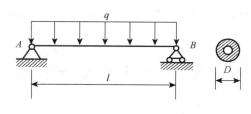

题 8-20 图　　　　　　　　　　　　题 8-21 图

8-21　两端简支的输气管道如题 8-21 图所示。已知外径 $D = 114$ mm，内外径之比 $\alpha = 0.8$，单位长度的重力 $q = 106$ N/m，材料的弹性模量 $E = 210$ GPa。若管道材料的许用应力 $[\sigma] = 120$ MPa，许用挠度与梁跨长之比 $\left[\dfrac{w}{l}\right] = \dfrac{1}{400}$，试确定此管道允许的最大跨度。

8-22　一跨度 $l = 4$ m 的简支梁如题 8-22 图所示，受集度 $q = 10$ kN/m 的均布载荷、$F = 20$ kN 的集中载荷作用，梁由两槽钢组成。设材料的许用应力 $[\sigma] = 160$ MPa，梁的许用挠度与跨长之比 $\left[\dfrac{w}{l}\right] = \dfrac{1}{400}$。试选定槽钢的型号，并校核其刚度。梁的自重忽略不计，材料的弹性模量 $E = 210$ GPa。

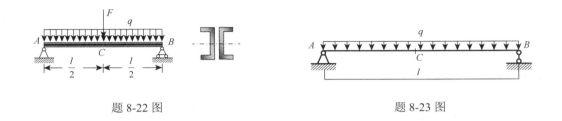

题 8-22 图　　　　　　　　　　　　　　　　题 8-23 图

8-23　如题 8-23 图所示松木桁条，横截面为圆形，跨度 $l = 4$ m，两端视为铰支，均布载荷 $q = 1.82$ kN/m，松木的许用应力 $[\sigma] = 10$ MPa，弹性模量 $E = 10^4$ MPa，许用挠度与跨长之比 $\left[\dfrac{w}{l}\right] = \dfrac{1}{200}$。试求梁的横截面所需的直径。计算挠度时可将直径视为中径的等截面圆杆。

8-24　如题 8-24 图所示桥式起重机，最大载荷为 $P = 20$ kN。起重机大梁为 32a 工字钢，弹性模量 $E = 210$ GPa，$l = 8.8$ m。规定 $\left[\dfrac{w}{l}\right] = \dfrac{1}{500}$，试校核大梁刚度。

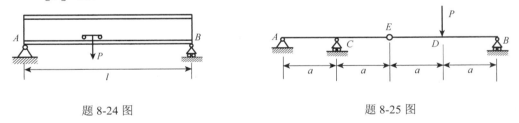

题 8-24 图　　　　　　　　　　　　　　　　题 8-25 图

8-25　如题 8-25 图所示两根梁由铰链相互连接，EI 相同，且 $EI =$ 常量。试求 P 力作用点 D 的位移。

8-26　滚轮沿等截面简支梁移动时，其上作用载荷 P，要求滚轮恰好走一水平路径，试问需将题 8-26 图所示梁的轴线预弯成怎样的曲线？

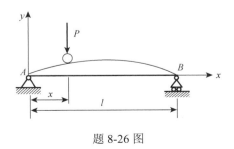

题 8-26 图

第9章 简单的超静定问题

9.1 超静定问题及其解法

前面所讨论的轴向拉压杆、受扭转的圆轴和受弯曲的梁，其约束力或构件内力都可由静力学平衡方程求出，这类问题称为**静定问题**。如图 9.1（a）和（b）所示，可由静力学平衡方程求出图中结构所有的未知约束力，属静定问题。

工程中有时为了提高结构的强度和刚度，或为了满足构造上的技术要求，常常在静定结构上增加一些约束或杆件，如图 9.1（c）和（d）所示。这时，结构需求的约束力或内力的个数已超过独立平衡方程的个数，故不能由静力学平衡方程求出全部未知的约束力和内力，这类问题称为**超静定问题**或**静不定问题**（statically indeterminate problem）。

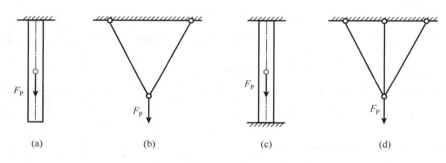

图 9.1 静定结构和超静定结构

在静定结构上增加的约束或杆件称为多余约束（redundant constraint），相应的力称为多余未知力。全部未知力的个数与独立平衡方程个数的差值，称为**超静定次数**（degree of statically indeterminate problem）。超静定次数也等于多余约束或多余未知力的个数。

在静力学中，由于研究对象是刚体模型，所以无法求解超静定问题。现在研究构件的受力和变形后，通过各部分之间的变形关系，就可以求解超静定问题了。

多余约束使结构由静定变为超静定，问题由静力平衡可解变为静力平衡不可解。同时，多余约束对结构的变形有限制作用，结构中各杆件的变形有关联，而杆件的变形与其受力紧密相联，这就为求解超静定问题提供了补充条件。

因此，求解超静定问题，先解除"多余"约束，施加相应的多余未知力，根据静力学平衡条件列出平衡方程；然后根据"多余"约束性质，寻找各部分之间变形的几何关系，即变形协调条件（compatibility relation of deformation）；再利用弹性范围内的力与变形之间的物理关系，如胡克定律、热膨胀规律、轴的相对扭转角公式、梁的挠度和转角公式等，建立补充方程；最后联立求解静力学平衡方程以及变形协调条件和物理关系所建立的补充方程，求出未知约束力或内力。

总之，求解超静定问题需要综合考虑静力学、变形几何和物理三方面，这是分析超静定问题的基本方法。下面分别以轴向拉压、扭转和弯曲的超静定问题来说明其具体解法。

9.2　拉压超静定问题

9.2.1　拉压超静定问题解法

如 9.1 节所述，对于拉压超静定问题，可综合应用静力学平衡方程、变形协调条件和物理关系三方面来求解，下面举例说明其求解方法。

如图 9.2（a）所示平行杆系 1、2、3 悬吊着横梁 AB，其变形略去不计，在横梁上作用着载荷 F_P。如杆①、②、③的截面积、长度、弹性模量均相同，分别为 $A，l，E$。试求①、②、③三杆的轴力 F_{N1}，F_{N2}，F_{N3}。

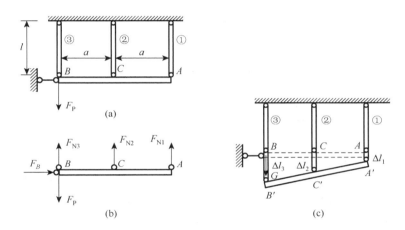

图 9.2　悬吊横梁结构

首先分析 AB 杆，假设①、②、③均为拉杆，受力如图 9.2（b）所示，由平衡方程

$$\sum F_y = 0, \quad F_{N1} + F_{N2} + F_{N3} - F_P = 0$$

$$\sum M_B = 0, \quad F_{N1} \cdot 2a + F_{N2} \cdot a = 0$$

可以看出 2 个独立平衡方程求不出 3 个未知力，该问题为一次超静定问题，需补充 1 个方程。

考虑横梁 AB 不变形，画结构的变形图，如图 9.2（c）所示，得变形协调条件

$$\Delta l_1 + \Delta l_3 = 2\Delta l_2$$

由于杆①、②、③为轴向拉（压）杆，根据胡克定律，得到力与杆件变形的物理关系

$$\Delta l_1 = \frac{F_{N1}l}{EA}, \quad \Delta l_2 = \frac{F_{N2}l}{EA}, \quad \Delta l_3 = \frac{F_{N3}l}{EA}$$

将上述三式代入变形协调条件，得补充方程

$$F_{N1} + F_{N3} = 2F_{N2}$$

最后联立平衡方程与补充方程，解得

$$F_{N1} = -\frac{F_P}{6}, \quad F_{N2} = \frac{F_P}{3}, \quad F_{N3} = \frac{5F_P}{6}$$

例 9.1　如图 9.3（a）所示桁架，1、2、3 杆有相同的弹性模量 E 和横截面积 A，1、2 两杆的长度为 l，已知载荷 F_P 和角 α，求三杆的内力。

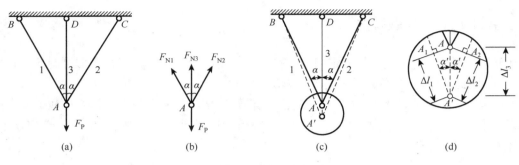

图 9.3　例 9.1 图

解　（1）选取研究对象，画受力图，列平衡方程。

将 1、2、3 杆沿任意截面截开，选取如图 9.3（b）所示的研究对象，考虑到在外力作用下，3 根杆都是二力杆，且都是伸长变形，故 3 根杆都受轴向拉力作用。研究所取对象的平衡，有

$$\sum F_x = 0, \quad -F_{N1}\sin\alpha + F_{N2}\sin\alpha = 0 \tag{①}$$

$$\sum F_y = 0, \quad -F_{N1}\cos\alpha + F_{N2}\cos\alpha + F_{N3} - F_P = 0 \tag{②}$$

（2）画变形图，找变形关系。

由平衡方程①知 $F_{N1} = F_{N2}$，则 1、2 两杆伸长相同。设受力后，节点 A 竖直下移至 A' 点，则 3 杆的伸长量为 $\Delta l_3 = AA'$［图 9.3（d）］，以 B 为圆心，BA 为半径作圆弧，与线段 BA' 交于 A_1 点，则 $BA_1 = BA$，1 杆的伸长量为 $\Delta l_1 = A_1A' = \Delta l_2$。

在工程实际中，通常变形都较小，在小变形情况下，用切线来代替圆弧［图 9.3（d）］，近似认为 $AA_1 \perp BA'$，同时，近似认为 $\angle AA'A_1 = \angle BAD = \alpha$，因此，三杆变形满足下列关系

$$\Delta l_1 = \Delta l_2 = \Delta l_3 \cos\alpha \tag{③}$$

杆的伸长与内力有下列关系

$$\Delta l_1 = \frac{F_{N1}l_1}{E_1A_1} = \frac{F_{N1}l}{EA}, \quad \Delta l_3 = \frac{F_{N3}l_3}{E_3A_3} = \frac{F_{N3}l\cos\alpha}{EA} \tag{④}$$

将式④代入式③得

$$F_{N1} = F_{N3}\cos^2\alpha \tag{⑤}$$

联立解方程①、②、⑤可得

$$F_{N1} = F_{N2} = \frac{\cos^2\alpha}{1 + 2\cos^3\alpha}F_P$$

$$F_{N3} = \frac{1}{1 + 2\cos^3\alpha}F_P$$

9.2.2　装配应力

在构件制作过程中，难免存在微小误差。对于静定结构，这种误差只是造成结构几何形状的轻微变化，不会引起内力。而对于超静定结构，由于多余约束的存在，必须强制将其装配，

从而引起杆件在未承载时就存在初始内力，相应的应力称为**装配应力**。

例 9.2 结构左右对称的桁架，尺寸如图 9.4 所示。杆 1 和杆 2 的抗拉刚度为 E_1A_1，杆 3 的抗拉刚度为 E_3A_3，杆 3 比设计尺寸短 δ，装配后将引起应力。求三杆的内力。

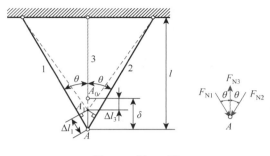

图 9.4 例 9.2 图

解 根据图 9.4 所示的结构，杆 3 比设计的长度 l 短 δ。将杆 3 强行安装在杆 1 和杆 2 之间，必然会使杆 1 和杆 2 产生压应力，即为装配应力。求解装配应力需应用静力学平衡方程、变形协调条件和物理关系。

（1）画受力图，建立平衡方程。

$$\sum F_x = 0, \quad F_{N1}\sin\theta - F_{N2}\sin\theta = 0 \qquad ①$$

$$\sum F_y = 0, \quad F_{N3} - F_{N1}\cos\theta - F_{N2}\cos\theta = 0 \qquad ②$$

由方程①知 $F_{N1} = F_{N2}$，由方程②知 $F_{N3} - 2F_{N1}\cos\theta = 0$。

（2）画变形图，找变形关系。

$$\Delta l_3 + \frac{\Delta l_1}{\cos\theta} = \delta \qquad ③$$

（3）根据物理关系，建立补充方程。

$$\Delta l_1 = \frac{F_{N1}l_1}{E_1A_1}, \quad \Delta l_3 = \frac{F_{N3}l_3}{E_3A_3}$$

代入式③得

$$\frac{F_{N3}l}{E_3A_3} + \frac{F_{N1}l}{E_1A_1\cos\theta}\frac{1}{\cos\theta} = \delta \qquad ④$$

（4）计算轴力。

联立解方程①、②、④可得

$$F_{N1} = F_{N2} = \frac{\delta}{l}\frac{E_1A_1\cos^2\alpha}{\left(1 + \dfrac{3E_1A_1}{E_3A_3}\cos^3\alpha\right)}, \quad F_{N3} = \frac{\delta}{l}\frac{2E_1A_1\cos^3\alpha}{\left(1 + \dfrac{3E_1A_1}{E_3A_3}\cos^3\alpha\right)}$$

9.2.3 温度应力

当温度变化时，构件的形状和尺寸都会发生变化。如图 9.5 所示，长为 l 的杆件，温度变化 ΔT 时，经过实验测定，其变形量 Δl_T 与 ΔT、原长 l 及材料有关，可表示为

式中，α 为线膨胀系数，与材料的性质有关。

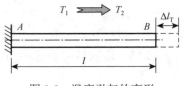

图 9.5　温度引起的变形

$$\Delta l_{\mathrm{T}} = \alpha l \Delta T$$

　　静定结构允许杆件自由伸长，故温度变化不引起应力变化。对于超静定结构，当结构的工作环境温度改变时，由于各杆的变形受到限制，杆内将产生应力，这种由温度变化而产生的应力称为**温度应力**。例如舰艇动力装置的管道、钢轨等易产生温度应力。

　　例 9.3　如图 9.6（a）所示两端固定的钢杆 AB，长为 l，横截面积为 A，材料的弹性模量 $E = 200\ \mathrm{GPa}$，线膨胀系数 $\alpha_l = 1.25 \times 10^{-6}\,℃^{-1}$。求温度升高 $\Delta T = 20℃$ 时，杆内的应力。

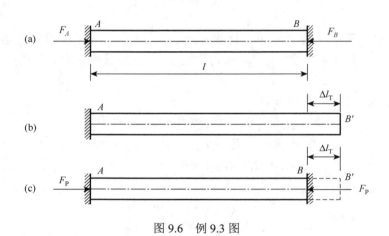

图 9.6　例 9.3 图

　　解　（1）画受力图，列平衡方程。

　　当温度升高时，杆伸长，但受两固定端的阻挡，杆不能自由伸长，在此特殊受力情况下，固定端只有轴向约束反力，分别设为 F_A、F_B，由平衡方程

$$\sum F_x = 0, \quad F_A - F_B = 0$$

得

$$F_A = F_B = F_{\mathrm{P}}$$

图示结构为一次超静定问题。

　　（2）画变形图，找变形几何关系。

　　如图 9.6（b）所示，杆因温度升高而引起的伸长为 $\Delta l_{\mathrm{T}} = \alpha_l \Delta T l$，因受压力作用而引起的伸长为 $\Delta l_{\mathrm{N}} = \dfrac{F_{\mathrm{N}} l}{EA} = \dfrac{-F_{\mathrm{P}} l}{EA}$，因杆在温度升高和压力的共同作用下，杆的长度没有变化 [图 9.6（c）]，因此，变形几何条件为

$$\Delta l = \Delta l_{\mathrm{T}} + \Delta l_{\mathrm{N}} = 0$$

即

$$\alpha_1 \Delta T l - \frac{F_p l}{EA} = 0$$

解得

$$F_p = \alpha_1 \Delta T E A$$

杆内应力为

$$\sigma = \frac{F_N}{A} = -\frac{F_p}{A} = -\alpha E \Delta T = -12.5 \times 10^{-6} \times 200 \times 10^9 \times 20 = -50(\text{MPa})$$

工程中常采取一些措施来消除温度应力的不利影响，例如，在两段钢轨间预留空隙；在混凝土路面和房屋建筑中设置伸缩缝；架设管道时，弯个伸缩节等。

9.3　扭转超静定问题

由 9.1 节可知，求解扭转超静定问题，除应利用平衡方程外，还需建立补充方程。现以图 9.7（a）所示超静定轴为例，介绍分析方法。

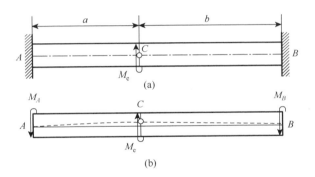

图 9.7　扭转超静定轴

设轴 A 与 B 端的支反力偶矩分别为 M_A 与 M_B〔图 9.7（b）〕，则轴的平衡方程为

$$\sum M_x = 0, \quad M_A + M_B - M_e = 0 \tag{9.5}$$

因上述方程中包括两个未知力偶矩，故为一次超静定问题。

根据轴两端的约束条件可知，横截面 A 与 B 间的相对扭转角 φ_{AB} 为零，所以轴的变形协调条件为

$$\varphi_{AB} = \varphi_{AC} + \varphi_{CB} = 0 \tag{9.6}$$

式中，φ_{AC} 与 φ_{CB} 分别代表 AC 与 CB 段的相对扭转角。

AC 与 CB 段的扭矩分别为

$$T_1 = -M_A, \quad T_2 = M_B$$

根据扭转角公式，得相应扭转角分别为

$$\varphi_{AC} = \frac{T_1 a}{GI_p} = \frac{(-M_A)a}{GI_p}, \quad \varphi_{CB} = \frac{T_2 b}{GI_p} = \frac{M_B b}{GI_p}$$

将上述关系式代入式（9.6），即得补充方程为

$$-M_A a + M_B b = 0 \tag{9.7}$$

最后，联立求解平衡方程（9.5）与补充方程（9.7），于是得

$$M_A = \frac{M_e b}{a+b}, \quad M_B = \frac{M_e a}{a+b}$$

支反力偶矩确定后，即可按以前所述方法分析轴的内力、应力与变形，并进行强度与刚度计算。

例 9.4　如图 9.8（a）所示芯轴与套管，两端用刚性平板连接在一起。设作用在刚性平板上的扭力偶矩为 M，芯轴与套管的扭转刚度分别为 $G_1 I_{P1}$ 与 $G_2 I_{P2}$。试计算芯轴与套管的扭矩。

解　设芯轴与套管的扭矩分别为 T_1 与 T_2，则由图 9.8（b）可知

$$T_1 + T_2 - M_e = 0 \tag{①}$$

因一个平衡方程包含两个未知扭矩，故为一次超静定问题。

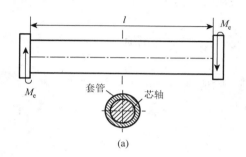 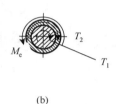

(a)　　　　　　　　　　(b)

图 9.8　例 9.4 图

如上所述，芯轴与套管的两端由刚性平板相连接，因此，芯轴的扭转角 φ_1 与套管的扭转角 φ_2 应相等，即

$$\varphi_1 = \varphi_2 \tag{②}$$

根据扭转角公式，可知

$$\varphi_1 = \frac{T_1 l}{G_1 I_{P1}}$$

$$\varphi_2 = \frac{T_2 l}{G_2 I_{P2}}$$

将上述关系式代入式②，得补充方程为

$$\frac{T_1}{G_1 I_{P1}} = \frac{T_2}{G_2 I_{P2}} \tag{③}$$

最后，联立求解平衡方程①与补充方程③，于是得

$$T_1 = \frac{G_1 I_{P1}}{G_1 I_{P1} + G_2 I_{P2}} M_e, \quad T_2 = \frac{G_2 I_{P2}}{G_1 I_{P1} + G_2 I_{P2}} M_e$$

由上式可知

$$\frac{T_1}{T_2} = \frac{G_1 I_{P1}}{G_2 I_{P2}}$$

即扭矩按扭转刚度比分配。

9.4　简单超静定梁

为了求解超静定梁，除建立平衡方程外，还应利用变形协调条件以及力与位移间的物理

关系，以建立补充方程。现以图 9.9（a）所示梁为例，说明分析超静定梁的基本方法。

梁的受力如图 9.9（b）所示。该梁具有一个多余约束，即具有一个多余支反力。如果选择支座 B 为多余约束，则相应的多余支反力为 F_B。

为了求解，假想地将支座 B 解除，而以支反力 F_B 代替其作用，于是得一承受均布载荷 q 与未知支反力 F_B 的静定悬臂梁［图 9.9（c）］。多余约束解除后，所得之受力与原超静定梁相同的静定梁，称为**原超静定梁的相当系统**。

相当系统在均布载荷 q 与多余支反力 F_B 共同作用下发生变形，为了使其变形与原超静定梁相同，在多余约束处的位移，必须符合原超静定梁在该处的约束条件。在本例中，即要求相当系统横截面 B 的挠度为零，由此得变形协调条件为

$$w_B = 0$$

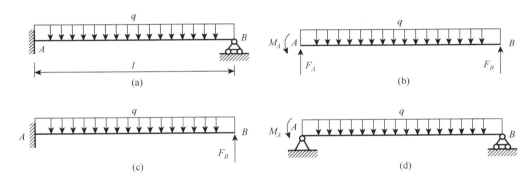

图 9.9　求解超静定梁的示意图

由叠加法或积分法可知，相当系统截面 B 的挠度为

$$w_B = w_{B,F_B} + w_{B,q} = \frac{F_{By}l^3}{3EI} - \frac{ql^4}{8EI}$$

代入变形协调条件，得补充方程为

$$\frac{F_B l^3}{3EI} - \frac{ql^4}{8EI} = 0$$

由此得

$$F_B = \frac{3ql}{8}$$

所得结果为正，说明所设支反力 F_B 的方向是正确的。

多余支反力确定后，根据图 9.9（b）所示，由平衡方程

$$\sum M_A = 0, \quad M_A + F_B l - \frac{ql^2}{2} = 0$$

$$\sum F_y = 0, \quad F_A + F_B - ql = 0$$

得固定端的支反力与支反力偶矩分别为

$$F_A = \frac{5ql}{8}$$

$$M_A = \frac{ql^2}{8}$$

应该指出，只要不是限制刚体位移所必需的约束，均可作为多余约束，即多余约束可以任意选取。因此，对于图9.9（a）所示超静定梁，也可将固定端处限制截面 A 转动的约束作为多余约束。于是，如果将该约束解除，并以支反力偶矩 M_A 代替其作用，则原超静定梁的相当系统如图9.9（d）所示，而相应的变形协调条件为横截面 A 的转角为零，即

$$\theta_A = 0$$

由此求出的支反力、支反力偶矩与上述解答完全相同。

例9.5　如图9.10（a）所示圆形截面梁，承受集中载荷 F_P 作用，试校核梁的强度。已知：载荷 $F_P = 20$ kN，跨度 $a = 500$ mm，截面直径 $d = 60$ mm，许用应力 $[\sigma] = 100$ MPa。

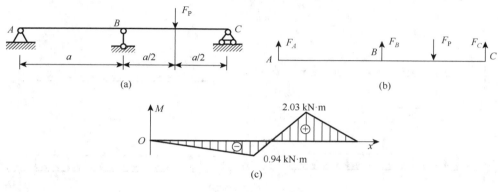

图 9.10　例 9.5 图

解　（1）求解超静定梁的多余支反力。

该梁为一次超静定梁，如果以支座 B 为多余约束，F_B 为多余支反力，则系统受力如图9.10（b）所示，而变形协调条件为横截面 B 的挠度为零，即

$$w_B = 0$$

或

$$w_{B,F_P} + w_{B,F_B} = 0 \tag{①}$$

式中，w_{B,F_P}、w_{B,F_B} 分别代表载荷 F_P 与多余支反力 F_B 单独作用时截面 B 的挠度。

从梁变形表中查得

$$w_{B,F_P} = \frac{F_P \cdot \dfrac{a}{2} \cdot a}{6 \cdot 2a \cdot EI}\left[a^2 - (2a)^2 - \left(\frac{a}{2}\right)^2\right] = -\frac{11F_P a^3}{96EI}$$

$$w_{B,F_B} = \frac{F_B(2a)^3}{48EI} = -\frac{F_B a^3}{6EI}$$

代入式①，得补充方程为

$$-\frac{11F_P a^3}{96EI} + \frac{F_B a^3}{6EI} = 0 \tag{②}$$

由式②得

$$F_B = \frac{11F_P}{16} = \frac{11 \times 20 \times 10^3}{16} = 13.75 \ (\text{kN})$$

（2）强度校核。

多余支反力 F_B 确定后，根据平衡方程求出铰支座 A 与 C 的支反力，并作弯矩图，如图 9.9（c）所示，可见梁的最大弯矩为

$$M_{\max} = 2.03 \text{ kN·m}$$

由此得梁的最大弯曲正应力为

$$\sigma_{\max} = \frac{32 M_{\max}}{\pi d^3} = \frac{32 \times 2.03 \times 10^3}{\pi \times 0.06^3} = 95.7 \text{ (MPa)} < [\sigma]$$

上述计算表明，梁的强度符合要求。

例 9.6　已知题图 9.11 所示梁的外力 F（$F_1 = F_2 = F$）以及尺寸 l，试求支座处的反力，并画出剪力、弯矩图。

解　（1）如图 9.11（a）所示梁为一次超静定问题，将支座 B 视为多余约束，得原结构的相当系统，如图 9.12（a）所示。

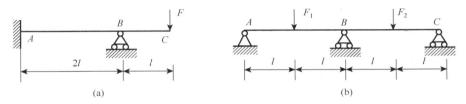

图 9.11　例 9.6 图

变形协调条件为

$$y_B = y_{B,F} + y_{B,R_B} = 0 \qquad ①$$

而

$$y_{B,R_B} = \frac{R_B(2l)^3}{3EI} = \frac{8R_B l^3}{3EI}, \qquad y_{B,F} = -\frac{F(2l)^2}{6EI}(3 \times 3l - 2l) = -\frac{14Fl^2}{3EI}$$

代入式①中，得

$$R_B = \frac{7F}{4}$$

将 R_B 作为载荷与载荷 P 共同作用，容易作出剪力图和弯矩图，如图 9.12（b）所示。

（2）如图 9.11（b）所示梁为一次超静定问题，将支座 B 视为多余约束，得原结构的相当系统，如图 9.12（c）所示。

变形协调条件为

$$y_B = y_{B,F_1} + y_{B,R_B} + y_{B,F_2} = 0 \qquad ②$$

而

$$y_{B,F_1} = -\frac{Fl[3(4l)^2 - 4l^2]}{48EI} = -\frac{11Fl^3}{12EI}, \qquad y_{B,F_2} = -\frac{11Fl^3}{12EI}$$

$$y_{B,R_B} = -\frac{R_B(2l)[3(4l)^2 - 4(2l)^2]}{48EI} = \frac{4R_B l^3}{3EI}$$

代入式②中，得

$$R_B = \frac{11F}{8}$$

将 R_B 作为载荷与载荷 F_1、F_2 共同作用，容易作出剪力图和弯矩图，如图 9.12（d）所示。

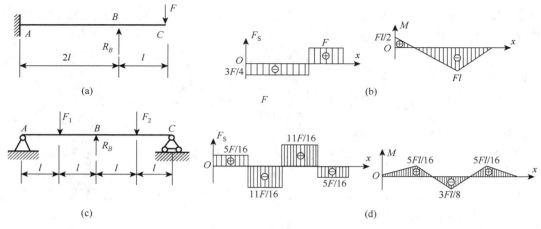

图 9.12　剪力图和弯矩图

9.5　思考与讨论

9.5.1　两端固定拉（压）杆的内力

两等截面直杆均承受沿轴线方向的一对大小相等、方向相反的集中力作用，分别如图 9.13（a）和（b）所示。图 9.13（a）中杆的两端自由，无约束；图 9.13（b）中杆的两端为固定端约束。假设杆件各段的拉伸与压缩刚度均为 EA，其中 E 为材料的弹性模量，A 为杆件的横截面积。

（1）试分别画出两杆的轴力图；

（2）请分别分析两种情形下：如果杆 CD 段的刚度为 $2EA$，AC 和 DB 段刚度为 EA，上述结果是否会发生变化？结果又如何？

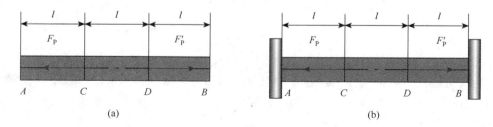

图 9.13　两种约束的等截面直杆

9.5.2　托臂力士结构分析

我国有著名的四大石窟，其中云冈石窟中的第十三窟（图 9.14）为一尊交脚弥勒佛像，高 12 m 多，其右臂与腿之间雕有一托臂力士像。

现从力学的角度分析佛像右臂的构造。佛像的右臂与身体连为一整体，既不能移动也不能转动，可看成一固定端约束，手臂可以近似成一等截面梁，手臂的自重则可近似为一均布载荷，而托臂力士限制了手臂铅垂方向的位移，则可看成一滚动支座。经过简化得到了佛像手臂的力学模型，如图 9.15（b）所示。如果没有托臂力士的存在，手臂就是一悬臂梁，如图 9.15（a）所示。试用本章所学知识分析这一现象，并讨论加与不加托臂力士，佛像手臂的变形有变化吗？

图 9.14　云冈石窟第十三窟

图 9.15　手臂的力学模型示意图

思维导图 9

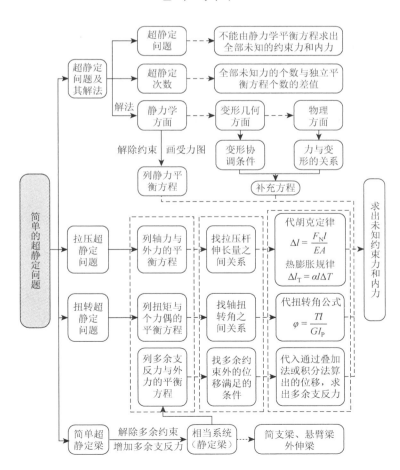

习　题　9

9-1　如题 9-1 图所示钢梁 AB 由长度和横截面积相等的钢杆 1 和铝杆 2 支承，在载荷 F_P 作用下，欲使钢梁平行下移，则载荷 F_P 的作用点应（　　）。

　　A. 靠近 A 端　　　　　　　　　　　　B. 靠近 B 端

　　C. 在 AB 梁的中点　　　　　　　　　D. 任意点

9-2　如题 9-2 图所示的结构中，杆 AB 为刚性杆，设 l_1 和 l_2 分别表示杆 1、2 的长度，Δl_1 和 Δl_2 分别表示它们的伸长，则当求解斜杆的内力时，相应的变形协调条件为（　　）。

　　A. $2l_1\Delta l_1 = l_2\Delta l_2$　　　　　　　　　B. $l_1\Delta l_1 = 2l_2\Delta l_2$

　　C. $\Delta l_1\sin\alpha_2 = 2\Delta l_2\sin\alpha_1$　　　　　　D. $\Delta l_1\cos\alpha_2 = 2\Delta l_2\cos\alpha_1$

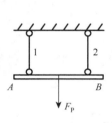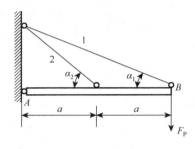

　　　　题 9-1 图　　　　　　　　　　　　　　　题 9-2 图

9-3　对题 9-3 图所示的两种结构，AB 均为刚性杆，以下结论中（　　）是正确的。

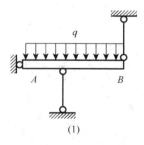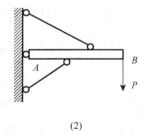

　　　　　(1)　　　　　　　　　　　　　　　　　(2)

题 9-3 图

　　A. 图（1）和图（2）均为静定结构

　　B. 图（1）和图（2）均为超静定结构

　　C. 图（1）为静定结构，图（2）为超静定结构

　　D. 图（1）为超静定结构，图（2）为静定结构

9-4　一阶梯杆如题 9-4 图所示，上端固定，下端与刚性支承面之间留有空隙 $\Delta = 0.08$ mm。杆的上段是铜材，横截面积 $A_1 = 4000$ mm²，弹性模量 $E_1 = 100$ GPa；下段是钢材，横截面积 $A_2 = 2000$ mm²，弹性模量 $E_2 = 200$ GPa。若在两段交界处施加轴向载荷 F，试问：

　　（1）F 等于多大时，下端空隙恰好消失？

　　（2）当 $F = 500$ kN 时，各段横截面上的正应力是多少？

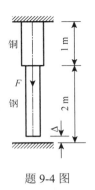

题 9-4 图

9-5　如题 9-5 图所示,有一阶梯形钢杆,两端的横截面积分别为 $A_1 = 1000 \text{ mm}^2$、$A_2 = 500 \text{ mm}^2$,在 $T_1 = 5℃$ 时将杆的两端固定,求当温度升高至 $T_2 = 25℃$ 时,在杆各段中引起的温度应力。已知钢的线膨胀系数 $\alpha_l = 12.5 \times 10^{-6} ℃^{-1}$,弹性模量 $E = 200 \text{ GPa}$。

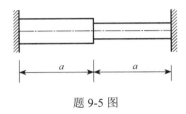

题 9-5 图

9-6　如题 9-6 图所示一横截面为正方形的木短柱,在其四角上用四个 $40 \text{ mm} \times 40 \text{ mm} \times 4 \text{ mm}$ 的等边角钢加固。已知角钢的许用应力 $[\sigma]_钢 = 160 \text{ MPa}$,弹性模量 $E_钢 = 200 \text{ GPa}$;木材的许用应力 $[\sigma]_木 = 12 \text{ MPa}$,弹性模量 $E_木 = 10 \text{ GPa}$。求载荷 F_P 的最大值。

9-7　在题 9-7 图所示结构中,AB 为刚性杆,BD 和 CE 为钢杆。已知杆 BD 和 CE 的横截面积分别为 $A_1 = 400 \text{ mm}^2$、$A_2 = 200 \text{ mm}^2$,钢的许用应力 $[\sigma] = 170 \text{ MPa}$。若在 AB 上作用有均布载荷 $q = 30 \text{ kN/m}$,试校核钢杆 BD 和 CE 的强度。

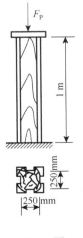

题 9-6 图

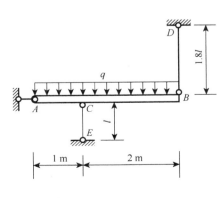

题 9-7 图

9-8　如题 9-8 图所示横梁 AB 为刚性梁，不计其变形。杆 1、2 的材料、横截面积、长度均相同，其许用应力 $[\sigma] = 100$ MPa，横截面积 $A = 200$ mm^2。试求许用载荷 $[F_P]$。

9-9　如题 9-9 图所示两端固定杆件，承受轴向载荷作用。试求支座反力与杆内的最大轴力。

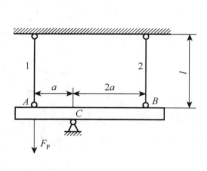

题 9-8 图

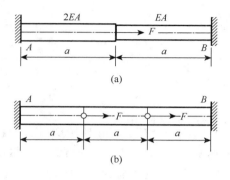

题 9-9 图

9-10　如题 9-10 图所示，已知 1、2、3 三杆得截面积 A，长度 l 及弹性模量 E 均相等，$F = 120$ kN，试求三杆的内力。

9-11　如题 9-11 图所示杆 1、2 的弹性模量 E、横截面积 A 相同，横梁 AB 的变形不计，试求各杆的内力。

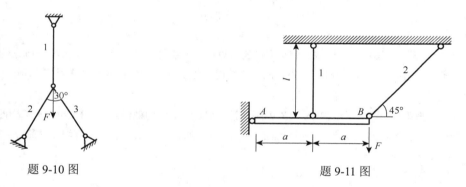

题 9-10 图　　　　　　　　　　　　　　题 9-11 图

9-12　在题 9-12 图所示结构中，假设 AC 梁为刚性杆，杆 1、2、3 横截面积相等，材料相同。试求三杆的轴力。

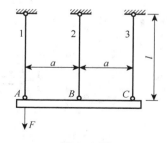

题 9-12 图

9-13　如题 9-13 图所示两端固定的圆截面轴，承受外力偶矩作用。试求支反力偶矩。设扭转刚度 GI_P 为已知常量。

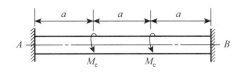

题 9-13 图

9-14　如题 9-14 图所示两端固定阶梯形圆轴，承受外力偶矩 M_e 作用。为使轴的重量最轻，试确定轴径 d_1 与 d_2。已知许用切应力为 $[\tau]$。

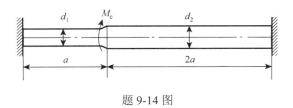

题 9-14 图

9-15　如题 9-15 图所示组合轴，由套管与芯轴两端刚性平板牢固地连接在一起。设作用在刚性平板上的外力偶矩为 $M_e = 2$ kN·m，套管与芯轴的剪切模量分别为 $G_1 = 40$ GPa 和 $G_2 = 80$ GPa。试求套管与芯轴的扭矩及最大扭转切应力。

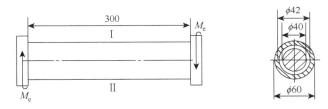

题 9-15 图

9-16　结构受载如题 9-16 图所示，已知梁的弯曲刚度为 EI，杆的拉（压）刚度为 EA，试分别求（a）中杆 BD 和（b）中杆 CD 的内力。

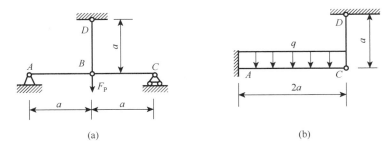

(a)　　　　　　　　　　　　　　(b)

题 9-16 图

9-17　试求题 9-17 图（a）和（b）所示两杆横截面上最大正应力及其比值。

9-18　简易起重机如题 9-18 图所示。水平梁 AB 为 18 号工字钢，拉杆 BC 为一钢杆，滑车可沿梁 AB 移动。

已知滑车自重及载重共计为 $F_P = 15$ kN，AB 杆的许用正应力 $[\sigma] = 120$ MPa。当滑车移动到 AB 中点时，试校核梁 AB 的强度。

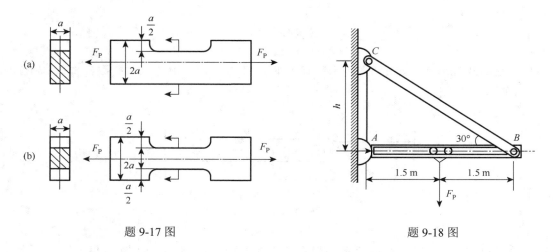

题 9-17 图
题 9-18 图

9-19　如题 9-19 图所示悬臂梁的弯曲刚度 $EI = 30 \times 10^3$ Nm²。弹簧刚度为 185×10^3 N/m。若梁与弹簧间的空隙为 1.25 mm，$P = 450$ N。试问弹簧将分担多大的力？

9-20　如题 9-20 图所示三支座等截面轴，由于加工不精确轴承有高低，这在装配时就将引起轴内应力。已知 EI、δ 和 l，试求该种情况下的最大弯矩。

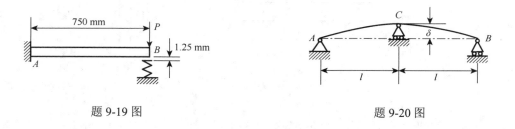

题 9-19 图
题 9-20 图

第10章 应力状态分析与强度理论

10.1 概 述

前面各章在研究构件的强度问题时，均是将构件危险截面上的最大正应力 σ_{max} 或最大切应力 τ_{max} 与构件材料的许用正应力 $[\sigma]$ 或许用切应力 $[\tau]$ 进行比较，来建立强度条件。这些强度条件没有考虑构件上既有正应力又有切应力的任意一点处的强度，以及构件材料失效（脆性断裂或塑性屈服）的原因。实际上，对受力构件上的同一点，在不同方位截面上的应力一般是不同的。例如，对轴向拉（压）杆而言，在一点处横截面上的正应力和切应力分别为 σ 和 0，而在该点处与横截面夹角为 α 的斜截面上的正应力和切应力分别为 $\sigma_\alpha = \sigma \cos^2 \alpha$ 和 $\tau_\alpha = \dfrac{\sigma}{2} \sin 2\alpha$。受力构件内一点处不同方位截面上应力的集合，称为该点的**应力状态**（state of stress at a point）。

为研究受力构件内某一点处的应力状态，可围绕该点取出一个边长为无穷小的正六面体，称为**单元体**。例如，图 10.1（a）所示螺旋桨轴既受拉又受扭，研究轴表面上 A 点处的应力状态，可围绕 A 点用横、纵截面截取图 10.1（b）所示单元体。由于单元体在三个方向上的尺寸均为无穷小量，故可认为在它的每个面上应力都是均匀的，且在单元体内相互平行的截面上应力的大小及性质都是相同的，因此单元体的应力状态可以代表一点的应力状态。

研究图 10.2（a）所示导轨与滚轮接触点 A 处的应力状态，可截取图 10.2（b）所示单元体，在它的三对相互垂直的面上都没有切应力，只有正应力。单元体上切应力等于零的面称为**主平面**（principal plane）。主平面上的正应力称为**主应力**（principal stress），分别用 σ_1、σ_2、σ_3 表示，并按代数值大小排序为 $\sigma_1 \geqslant \sigma_2 \geqslant \sigma_3$。如图 10.3（a）所示，若只有一个主应力不等于零，称为**单向应力状态**（one dimensional state of stress）。例如，轴向拉伸（压缩）杆件和纯弯曲梁的横截面上各点的应力状态都是单向应力状态。若有两个主应力不等于零，称为**二向应力状态**（two dimensional state of stress）或**平面应力状态**（plane state of stress），如图 10.3（b）所示。

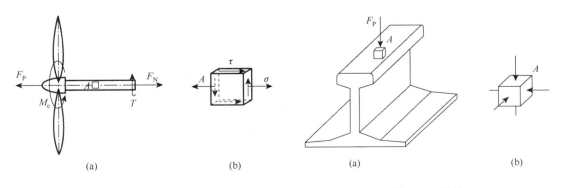

(a)	(b)	(a)	(b)

图 10.1 螺旋桨轴　　　　　　　　　　　图 10.2 导轨

若三个主应力均不等于零，称为**三向应力状态**（three dimensional state of stress），如图 10.3（c）所示。

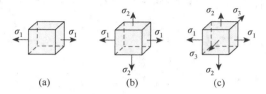

图 10.3　应力状态

研究受力构件内一点处应力随通过该点截面方位的变化规律，称为对该点的应力状态分析。进行一点处的应力状态分析，主要是为了确定该点处的主应力和最大应力，这是对受力构件危险点在复杂应力状态下进行强度计算的基础。

10.2　平面应力状态分析

在实际工程中，许多受力构件的危险点处于平面应力状态，图 10.4（a）所示单元体是平面应力状态的一般情况，其全部应力分量都平行于 xy 平面。由于与 z 轴垂直的平面上没有应力，可用如图 10.4（b）所示平面图形来表示该单元体。与 x 轴垂直的平面上作用有正应力 σ_x 和切应力 τ_x，与 y 轴垂直的平面上作用有正应力 σ_y 和切应力 τ_y。应力的符号规定为：正应力以拉应力为正，反之为负；切应力以对单元体内任意点呈顺时针力矩者为正，反之为负。下面根据单元体上的已知应力分量 σ_x、τ_x 和 σ_y、τ_y，来确定平行于 z 轴的任意斜截面上的未知应力分量，并确定该点处的主应力和主平面。

10.2.1　斜截面上的应力

如图 10.4（b）所示，任一斜截面 ef 的方位角可用其外法线 n 与 x 轴的夹角 α 来表示，规定由 x 轴逆时针转到外法线 n 时 α 为正，将方位角为 α 的斜截面简称为 α 截面。研究如图 10.4（c）所示楔形体 aef 的平衡，可求出 α 截面上的正应力 σ_α 和切应力 τ_α。设斜截面 ef 的面积为 $\mathrm{d}A$，则 ae 和 af 平面的面积分别为 $\mathrm{d}A\cos\alpha$ 和 $\mathrm{d}A\sin\alpha$，如图 10.4（d）所示。将作用于楔形体 aef 各面上的力分别向 α 截面的外法线 n 和切线 t 方向投影，由静力平衡方程 $\sum F_n = 0$ 和 $\sum F_t = 0$，得

$$\sigma_\alpha \mathrm{d}A - (\sigma_x \mathrm{d}A\cos\alpha)\cos\alpha + (\tau_x \mathrm{d}A\cos\alpha)\sin\alpha - (\sigma_y \mathrm{d}A\sin\alpha)\sin\alpha + (\tau_y \mathrm{d}A\sin\alpha)\cos\alpha = 0$$

$$\tau_\alpha \mathrm{d}A - (\sigma_x \mathrm{d}A\cos\alpha)\sin\alpha - (\tau_x \mathrm{d}A\cos\alpha)\cos\alpha + (\sigma_y \mathrm{d}A\sin\alpha)\cos\alpha + (\tau_y \mathrm{d}A\sin\alpha)\sin\alpha = 0$$

由切应力互等定理，τ_x 和 τ_y 大小相等，再利用三角函数公式

$$\cos^2\alpha = \frac{1+\cos 2\alpha}{2}, \quad \sin^2\alpha = \frac{1-\cos 2\alpha}{2}, \quad 2\sin\alpha\cos\alpha = \sin 2\alpha$$

将以上两个方程简化，可得 α 截面上的正应力和切应力分别为

$$\sigma_\alpha = \frac{\sigma_x + \sigma_y}{2} + \frac{\sigma_x - \sigma_y}{2}\cos 2\alpha - \tau_x \sin 2\alpha \tag{10.1}$$

$$\tau_\alpha = \frac{\sigma_x - \sigma_y}{2}\sin 2\alpha + \tau_x \cos 2\alpha \tag{10.2}$$

这就是平面应力状态下任意斜截面上的应力计算公式。

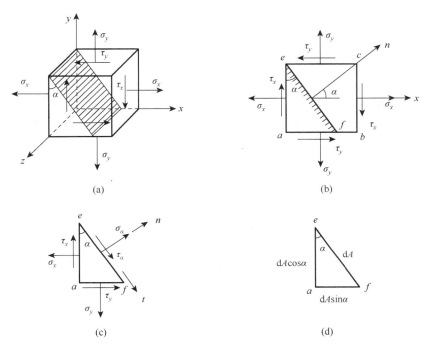

(a)　　　　　　　　　　　　　(b)

(c)　　　　　　　　　　　　　(d)

图 10.4　平面应力状态

10.2.2　主平面和主应力

对处于平面应力状态的单元体，有一个主平面是已知的，即垂直于 z 轴的那个面，其正应力和切应力都为零。另两个主平面都与此平面垂直，设其中一个主平面的方位角为 α_0，根据主平面的定义，该面上的切应力 $\tau_{\alpha_0} = 0$，由式（10.2）有

$$\tau_{\alpha_0} = \frac{\sigma_x - \sigma_y}{2}\sin 2\alpha_0 + \tau_x \cos 2\alpha_0 = 0$$

得

$$\tan 2\alpha_0 = -\frac{2\tau_x}{\sigma_x - \sigma_y} \tag{10.3}$$

在 $-90° \sim 90°$ 范围内，式（10.3）有两个解，即 $\alpha_0 = \dfrac{1}{2}\arctan\left(-\dfrac{2\tau_x}{\sigma_x - \sigma_y}\right)$，$\alpha_0 + 90°$ 或 $\alpha_0 - 90°$。

由式（10.1）和式（10.2）得 $\dfrac{\mathrm{d}\sigma_\alpha}{\mathrm{d}\alpha} = \tau_\alpha$，当 $\tau_{\alpha_0} = 0$ 时，必有 $\left.\dfrac{\mathrm{d}\sigma_\alpha}{\mathrm{d}\alpha}\right|_{\alpha=\alpha_0} = 0$。因此，平面应力状态的两个非零主应力的值恰好是任意斜截面上正应力的最大值 $\sigma_{\max}$ 和最小值 $\sigma_{\min}$。将式（10.3）的解代入式（10.1），得

$$\left.\begin{array}{c}\sigma_{\max} \\ \sigma_{\min}\end{array}\right\} = \frac{\sigma_x + \sigma_y}{2} \pm \sqrt{\left(\frac{\sigma_x - \sigma_y}{2}\right)^2 + \tau_x^2} \tag{10.4}$$

将 $\sigma_{\max}$、$\sigma_{\min}$ 和 0 按代数值从大到小排序，即可确定主应力 σ_1、σ_2、σ_3。

关于主应力与主平面的对应关系，式（10.3）的解 $\alpha_0 = \dfrac{1}{2}\arctan\left(-\dfrac{2\tau_x}{\sigma_x - \sigma_y}\right)$ 不一定是主应力 $\sigma_{\max}$ 所在主平面的方位角，要分类讨论。

（1）当 $\sigma_x > \sigma_y$ 时，主应力 $\sigma_{\max}$ 所在主平面的方位角是 α_0；

（2）当 $\sigma_x < \sigma_y$ 时，若 $\tau_x > 0$，主应力 $\sigma_{\max}$ 所在主平面的方位角是 $\alpha_0 - 90°$；若 $\tau_x < 0$，主应力 $\sigma_{\max}$ 所在主平面的方位角是 $\alpha_0 + 90°$。

总之，主应力 $\sigma_{\max}$ 所在主平面的方位总是在 τ_x 箭头指向的那一象限。

10.2.3　应力圆

将斜截面上的正应力公式（10.1）改写为

$$\sigma_\alpha - \frac{\sigma_x + \sigma_y}{2} = \frac{\sigma_x - \sigma_y}{2}\cos 2\alpha - \tau_x \sin 2\alpha$$

并与斜截面上的切应力公式（10.2）联立，分别将等号两边平方再相加，可消去参数 2α，得

$$\left(\sigma_\alpha - \frac{\sigma_x + \sigma_y}{2}\right)^2 + \tau_\alpha^2 = \left(\frac{\sigma_x - \sigma_y}{2}\right)^2 + \tau_x^2$$

将此式与 x-y 直角坐标系的圆方程 $(x-a)^2 + (y-b)^2 = R^2$ 相比较，可以看出，此式是 σ-τ 直角坐标系的圆方程，圆心 C 的坐标为 $\left(\dfrac{\sigma_x + \sigma_y}{2}, 0\right)$，半径为 $\sqrt{\left(\dfrac{\sigma_x - \sigma_y}{2}\right)^2 + \tau_x^2}$，如图 10.5（a）所示。此圆称为**应力圆**（stress circle）或**莫尔圆**（Mohr circle）。

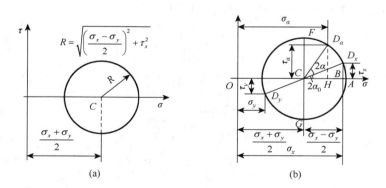

图 10.5　应力圆

以图 10.4（a）所示单元体为例，说明应力圆的画法。在 σ-τ 直角坐标系中，按选定的比例尺标出 $D_x(\sigma_x, \tau_x)$ 点和 $D_y(\sigma_y, \tau_y)$ 点，如图 10.5（b）所示。连接 $D_x D_y$ 两点，交 σ 轴于 C 点，设

CD_x 与 σ 轴的夹角为 $2\alpha_0$，其在 σ 轴和 τ 轴上的投影分别为

$$CB = CD_x \cos 2\alpha_0 = \frac{\sigma_x - \sigma_y}{2}, \quad D_x B = CD_x \sin 2\alpha_0 = \tau_x$$

以 C 点为圆心、CD_x 为半径作圆，即为对应该单元体应力状态的应力圆。将半径 CD_x 沿逆时针方向旋转 2α 到达 CD_α，由图 10.5（b）可知

$$OH = OC + CH = OC + CD_\alpha \cos(2\alpha + 2\alpha_0) = OC + CD_x \cos(2\alpha + 2\alpha_0)$$
$$= OC + CD_x \cos 2\alpha_0 \cos 2\alpha - CD_x \sin 2\alpha_0 \sin 2\alpha$$
$$= \frac{\sigma_x + \sigma_y}{2} + \frac{\sigma_x - \sigma_y}{2} \cos 2\alpha - \tau_x \sin 2\alpha$$

$$D_\alpha H = CD_\alpha \sin(2\alpha + 2\alpha_0) = CD_x \sin(2\alpha + 2\alpha_0)$$
$$= CD_x \cos 2\alpha_0 \sin 2\alpha + CD_x \sin 2\alpha_0 \cos 2\alpha$$
$$= \frac{\sigma_x - \sigma_y}{2} \sin 2\alpha + \tau_x \cos 2\alpha$$

与式（10.1）和式（10.2）进行比较可知，$OH = \sigma_\alpha$，$D_\alpha H = \tau_\alpha$。由此证明：D_α 点的横、纵坐标分别是 σ_α、τ_α。

由此可见，应力圆直观地反映了一点处应力状态的特征。应力圆上任一点的横坐标和纵坐标，分别对应单元体某一截面上的正应力和切应力；应力圆上任意两点间的圆弧所对应的圆心角为单元体上两个对应截面外法线夹角的两倍，而且二者转向相同。

利用公式分析一点处的应力状态称为**解析法**。与解析法相比，利用应力圆分析一点处的应力状态是一种简便、直观的方法，通常称为**图解法**。

下面仍结合图 10.4（a）所示单元体，用图解法来确定该单元体的主应力数值和主平面方位。如图 10.6（a）所示，应力圆与 σ 轴的两个交点 A 和 B 的横坐标，分别对应于单元体中平行于 z 轴的各截面上正应力的最大值 σ_{max} 和最小值 σ_{min}，即

$$\left.\begin{array}{r}\sigma_{max} \\ \sigma_{min}\end{array}\right\} = OC \pm CA = \frac{\sigma_x + \sigma_y}{2} \pm \sqrt{\left(\frac{\sigma_x - \sigma_y}{2}\right)^2 + \tau_x^2}$$

将 σ_{max}、σ_{min} 和 0 按代数值从大到小排序，即为三个主应力 σ_1、σ_2、σ_3。由于应力圆上 D 点和 A 点分别对应于单元体上法线为 x 轴的平面和主应力 σ_{max} 所在主平面，$\angle DCA$ 为上述两平面法线夹角 α_0 的两倍，因此，主应力 σ_{max} 所在主平面[图 10.6（b）中截面 ab]的方位角为 $\alpha_0 = \frac{1}{2}\angle DCA$，由于半径 CD 沿顺时针方向转至 CA 处，按方位角的符号规定，α_0 是负值。

由图 10.6（a）所示应力圆可知，F 和 G 两点的纵坐标分别对应于单元体中平行于 z 轴的各截面上切应力的最大值 τ_{max} 和最小值 τ_{min}，二者的绝对值均等于应力圆的半径，即

$$\left.\begin{array}{r}\tau_{max} \\ \tau_{min}\end{array}\right\} = \pm\sqrt{\left(\frac{\sigma_x - \sigma_y}{2}\right)^2 + \tau_x^2} = \pm\frac{\sigma_{max} - \sigma_{min}}{2} \tag{10.5}$$

而且，切应力 τ_{max}、τ_{min} 所在截面与主平面的夹角为 45°。

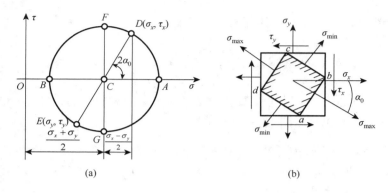

图 10.6　点的应力状态

例 10.1　从一受力构件上截取的单元体如图 10.7（a）所示，试分别用解析法和图解法求单元体中方位角为 40° 的斜截面上的应力（图中应力单位为 MPa）。

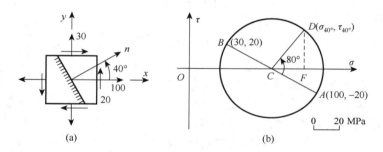

图 10.7　例 10.1 图

解　（1）解析法。由图 10.7（a）可知，x 与 y 截面的应力分别为 $\sigma_x = 100$ MPa，$\tau_x = -20$ MPa，$\sigma_y = 30$ MPa，$\alpha = 40°$。将上述数据代入式（10.1）与式（10.2），分别得

$$\sigma_{40°} = \frac{100 + 30}{2} + \frac{100 - 30}{2}\cos 80° - (-20)\sin 80° = 90.8 \text{ MPa}$$

$$\tau_{40°} = \frac{100 - 30}{2}\sin 80° + (-20)\cos 80° = 31.0 \text{ MPa}$$

（2）图解法。在 σ-τ 直角坐标系中，按选定的比例尺，由坐标（100，−20）与（30，20）分别确定 A 点与 B 点，以 CA 为半径画圆即得相应的应力圆，如图 10.7（b）所示。因 $\alpha = 40°$，将半径 CA 沿逆时针方向旋转 $2\alpha = 80°$ 至 CD 处，所得 D 点即为 40° 截面的对应点。按选定的比例尺，量得 $OF = 91$ MPa，$FD = 31$ MPa，即 40° 截面的正应力与切应力分别为

$$\sigma_{40°} = 91.0 \text{ MPa}$$

$$\tau_{40°} = 31.0 \text{ MPa}$$

例 10.2　从一受力构件中截取一单元体，其各截面上的应力如图 10.8（a）所示，试分别用解析法与图解法确定该单元体的主应力数值及主平面方位。

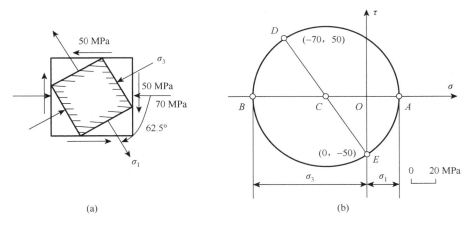

图 10.8　例 10.2 图

解　（1）解析法。x 与 y 截面的应力分别为

$$\sigma_x = -70 \text{ MPa}, \quad \tau_x = 50 \text{ MPa}, \quad \sigma_y = 0$$

将其代入式（10.3），得

$$\left.\begin{array}{c}\sigma_{\max} \\ \sigma_{\min}\end{array}\right\} = \frac{-70+0}{2} \pm \sqrt{\left(\frac{-70-0}{2}\right)^2 + 50^2} = \begin{cases} 26 \text{ MPa} \\ -96 \text{ MPa} \end{cases}$$

因此，$\sigma_1 = 26 \text{ MPa}$，$\sigma_2 = 0$，$\sigma_3 = -96 \text{ MPa}$。

由式（10.3）得

$$\alpha_0 = \frac{1}{2}\arctan\left(-\frac{2\tau_x}{\sigma_x - \sigma_y}\right) = \arctan\left(-\frac{2\times 50}{-70-0}\right) = 27.5°$$

由于 $\sigma_x < \sigma_y$，$\tau_x > 0$，主应力 σ_1 的方位角为 $27.5° - 90° = -62.5°$，而主应力 σ_3 的方位角为 $\alpha_0 = 27.5°$，如图 10.8（a）所示。

（2）图解法。在 σ-τ 平面内，按选定的比例尺，由坐标（$-70, 50$）与（$0, -50$）分别确定 D 与 E 点，以 CE 为半径画圆即得相应的应力圆，如图 10.8（b）所示。应力圆与 σ 轴相交于 A、B 点，按选定的比例尺，量得 $OA = 26 \text{ MPa}$，$OB = 96 \text{ MPa}$，所以

$$\sigma_1 = \sigma_A = 26 \text{ MPa}, \quad \sigma_3 = \sigma_B = -96 \text{ MPa}$$

从应力圆上量得 $\angle DCA = 125°$，$\angle DCB = 55°$。半径 CD 沿顺时针方向转至 CA 处，故主应力 σ_1 的方位角为 $-\frac{1}{2}\angle DCA = -62.5°$；而半径 CD 沿逆时针方向转至 CB 处，故主应力的 σ_3 的方位角为 $\frac{1}{2}\angle DCB = 27.5°$。

10.3　三向应力状态的最大应力

受力构件一点处的主应力单元体如图 10.9（a）所示，当三个主应力 σ_1、σ_2、σ_3 均已知时，可以求出该点处的最大正应力和最大切应力，便于在强度理论中应用。

首先分析其中一个主应力，例如，与 σ_3 平行的斜截面 $abcd$ 上的应力。如图 10.9（b）所示，由于主应力 σ_3 所在的两平面上是一对自相平衡的力，因而该斜截面上的应力 σ、τ 与 σ_3 无关，

仅由 σ_1、σ_2 决定。所以，在 σ-τ 直角坐标系中，与该斜截面对应的点必然位于由 σ_1、σ_2 作出的应力圆上。同理，由 σ_2、σ_3 作出的应力圆上各点代表单元体中与 σ_1 平行的各斜截面上的应力；由 σ_3、σ_1 作出的应力圆上各点代表单元体中与 σ_2 平行的各斜截面上的应力。

　　如图 10.10 所示，在 σ-τ 直角坐标系中，分别作出上述三个应力圆，并用阴影表示三圆所围成的面积，所得图形称为**三向应力圆**（three dimensional stress circle）。设单元体中任意斜截面 efg 与三个主应力均不平行，如图 10.9（c）所示。研究表明，该斜截面上的正应力 σ_n 和切应力 τ_n［图 10.9（d）］分别为

$$\sigma_n = \sigma_1 \cos^2 \alpha + \sigma_2 \cos^2 \beta + \sigma_3 \cos^2 \gamma$$

$$\tau_n = \sqrt{\sigma_1^2 \cos^2 \alpha + \sigma_2^2 \cos^2 \beta + \sigma_3^2 \cos^2 \gamma - \sigma_n^2}$$

式中，α、β、γ 分别是斜截面 efg 的外法线 $\boldsymbol{n}$ 与 x、y、z 轴正向的夹角。在图 10.10 所示三向应力圆中，点 D（σ_n，τ_n）必位于三圆所围成的阴影面积内。

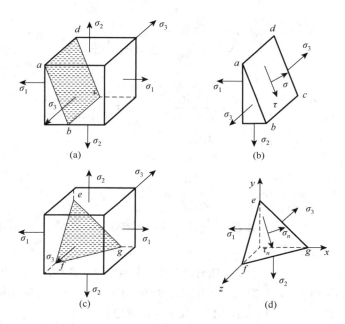

图 10.9　点的三向应力状态

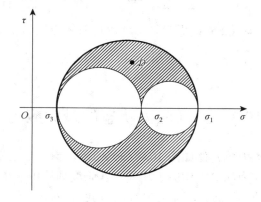

图 10.10　三向应力圆

由图 10.10 可知，σ_1 和 σ_3 分别为过一点所有截面上正应力的最大值和最小值，即

$$\sigma_{\max} = \sigma_1, \quad \sigma_{\min} = \sigma_3 \tag{10.6}$$

而最大切应力的数值为最大圆的半径，即

$$\tau_{\max} = \frac{\sigma_1 - \sigma_3}{2} \tag{10.7}$$

且其所在截面与主应力 σ_2 平行，并与 σ_1 和 σ_3 所在主平面各成 45°角。

10.4　广义胡克定律

下面研究三向应力状态下的应力和应变的关系。如图 10.11 所示单元体，在普遍情况下，描述一点的应力状态需要 6 个独立的应力分量，即 σ_x、σ_y、σ_z 和 τ_{xy}、τ_{yz}、τ_{zx}。这种普遍情况可以看成是三组单向应力和三组纯剪切的组合。试验结果表明，对于各向同性材料，在线弹性、小变形条件下，正应力只引起正应变，不会引起切应变；切应力对正应变的影响可以忽略不计，只引起同一平面内的切应变。因此，将各应力分量对应的应变进行叠加，即得三向应力状态下的应力和应变的关系。

如图 10.11 所示单元体，当 σ_x 单独作用时，三个方向所产生的正应变分别为

$$\varepsilon_x' = \frac{\sigma_x}{E}, \quad \varepsilon_y' = -\mu\frac{\sigma_x}{E}, \quad \varepsilon_z' = -\mu\frac{\sigma_x}{E}$$

式中，E、μ 分别为材料的弹性模量和泊松比。

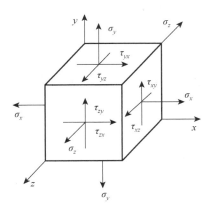

图 10.11　点的应力状态

同理，当 σ_y、σ_z 单独作用时，上述三个方向的正应变分别为

$$\varepsilon_x'' = -\mu\frac{\sigma_y}{E}, \quad \varepsilon_y'' = \frac{\sigma_y}{E}, \quad \varepsilon_z'' = -\mu\frac{\sigma_y}{E}$$

$$\varepsilon_x''' = -\mu\frac{\sigma_z}{E}, \quad \varepsilon_y''' = -\mu\frac{\sigma_z}{E}, \quad \varepsilon_z''' = \frac{\sigma_z}{E}$$

于是，在 σ_x、σ_y、σ_z 同时作用时，x 方向的正应变为

$$\varepsilon_x = \varepsilon_x' + \varepsilon_x'' + \varepsilon_x''' = \frac{1}{E}[\sigma_x - \mu(\sigma_y + \sigma_z)]$$

同理，可以求出 y、z 方向的正应变 ε_y、ε_z。因而，单元体在 σ_x、σ_y、σ_z 共同作用下所产生的正应变为

$$\varepsilon_x = \frac{1}{E}[\sigma_x - \mu(\sigma_y + \sigma_z)]$$

$$\varepsilon_y = \frac{1}{E}[\sigma_y - \mu(\sigma_x + \sigma_z)] \qquad (10.8)$$

$$\varepsilon_z = \frac{1}{E}[\sigma_z - \mu(\sigma_x + \sigma_y)]$$

至于切应变与切应力的关系，在 xy、yz、zx 三个面内的切应变 γ_{xy}、γ_{yz}、γ_{zx} 分别只与 τ_{xy}、τ_{yz}、τ_{zx} 有关，仍服从剪切胡克定律，即

$$\gamma_{xy} = \frac{\tau_{xy}}{G}, \quad \gamma_{yz} = \frac{\tau_{yz}}{G}, \quad \gamma_{zx} = \frac{\tau_{zx}}{G} \qquad (10.9)$$

式（10.8）和式（10.9）称为**广义胡克定律**。

当单元体的六个面均为主平面，x、y、z 方向分别对应主应力 σ_1、σ_2、σ_3 时，广义胡克定律化为

$$\varepsilon_1 = \frac{1}{E}[\sigma_1 - \mu(\sigma_2 + \sigma_3)]$$

$$\varepsilon_2 = \frac{1}{E}[\sigma_2 - \mu(\sigma_1 + \sigma_3)] \qquad (10.10)$$

$$\varepsilon_3 = \frac{1}{E}[\sigma_3 - \mu(\sigma_1 + \sigma_2)]$$

$$\gamma_{xy} = 0, \quad \gamma_{yz} = 0, \quad \gamma_{zx} = 0$$

式中，ε_1、ε_2、ε_3 为主应变，按代数值大小排序为 $\varepsilon_1 \geqslant \varepsilon_2 \geqslant \varepsilon_3$。

单元体产生变形时，将引起体积改变。单元体在变形前的体积为

$$dV = dxdydz$$

在弹性范围内变形后的体积为

$$dV' = (1 + \varepsilon_1)dx \cdot (1 + \varepsilon_2)dy \cdot (1 + \varepsilon_3)dz$$

展开上式，略去高阶小量，并用体积应变 θ 来度量单元体的体积改变，则

$$\theta = \frac{dV' - dV}{dV} = \varepsilon_1 + \varepsilon_2 + \varepsilon_3$$

将式（10.10）代入上式，化简得

$$\theta = \frac{1 - 2\mu}{E}(\sigma_1 + \sigma_2 + \sigma_3) = \frac{\sigma_m}{K} \qquad (10.11)$$

式中，$K = \dfrac{E}{3(1 - 2\mu)}$ 为**体积弹性模量**；$\sigma_m = \dfrac{\sigma_1 + \sigma_2 + \sigma_3}{3}$ 为三个主应力的平均值，即**平均应力**。上式表明，单元体的体积应变 θ 与平均应力 σ_m 成正比。

例 10.3 图 10.12（a）所示钢质圆杆的直径 $d = 20$ mm，A 点在与水平线成 $60°$ 方向的正应变 $\varepsilon_{60°} = 4.1 \times 40^{-4}$。材料的弹性模量 $E = 210$ GPa，泊松比 $\mu = 0.28$。试求载荷 F_p。

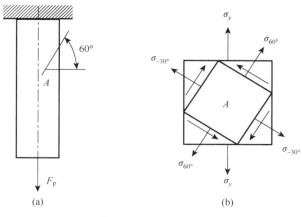

图 10.12　例 10.3 图

解　（1）围绕 A 点取一单元体，其应力状态如图 10.12（b）所示。

$$\sigma_x = 0, \quad \sigma_y = \frac{F_P}{A} = \frac{4F_P}{\pi d^2}, \quad \tau_x = 0$$

（2）计算 $\sigma_{60°}$、$\sigma_{-30°}$，由式（10.1）得

$$\sigma_{60°} = \frac{\sigma_y}{2} + \frac{-\sigma_y}{2}\cos 120° = \frac{3\sigma_y}{4}$$

$$\sigma_{-30°} = \frac{\sigma_y}{2} + \frac{-\sigma_y}{2}\cos(-60°) = \frac{\sigma_y}{4}$$

（3）由广义胡克定律得

$$\varepsilon_{60°} = \frac{1}{E}(\sigma_{60°} - \mu\sigma_{-30°}) = \frac{(3-\mu)\sigma_y}{4E} = \frac{(3-\mu)F_P}{E\pi d^2}$$

所以，载荷 F_P 为

$$F_P = \frac{E\pi d^2 \varepsilon_{60°}}{3-\mu} = \frac{210\times 10^9 \times \pi \times (20\times 10^{-3})^2 \times 4.1\times 10^{-4}}{3-0.28} = 39.8\times 10^3 \text{ (N)} = 39.8 \text{ (kN)}$$

10.5　三向应力状态的畸变能密度

在外力作用下，弹性体因发生变形而在其内部储存的能量称为应变能，单位体积内的应变能则称为应变能密度。在弹性体内一点处取主应力单元体，如图 10.13（a）所示，下面分析单元体的应变能密度。

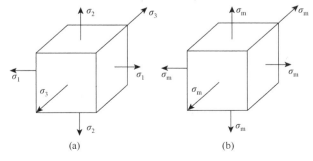

图 10.13　三向应力状态

设单元体的三个边长在变形前分别为 dx、dy、dz，在弹性范围内变形后分别为 $(1 + \varepsilon_1)dx$、$(1 + \varepsilon_2)dy$、$(1 + \varepsilon_3)dz$，则与力 $\sigma_1 dydz$、$\sigma_2 dxdz$ 和 $\sigma_3 dxdy$ 对应的位移分别为 $\varepsilon_1 dx$、$\varepsilon_2 dy$ 和 $\varepsilon_3 dz$。为便于分析，假设单元体各面上的应力按同一比例由零增至最终值，且这些力所做的功 dW 全部转变为单元体内的应变能 dV_ε，则有

$$dV_\varepsilon = dW = \frac{1}{2}(\sigma_1\varepsilon_1 + \sigma_2\varepsilon_2 + \sigma_3\varepsilon_3)dxdydz = \frac{1}{2}(\sigma_1\varepsilon_1 + \sigma_2\varepsilon_2 + \sigma_3\varepsilon_3)dV$$

于是三向应力状态下的单元体的应变能密度为

$$v_\varepsilon = \frac{dV_\varepsilon}{dV} = \frac{1}{2}(\sigma_1\varepsilon_1 + \sigma_2\varepsilon_2 + \sigma_3\varepsilon_3)$$

将式（10.10）代入上式，得

$$v_\varepsilon = \frac{1}{2E}\left[(\sigma_1^2 + \sigma_2^2 + \sigma_3^2) - 2\mu(\sigma_1\sigma_2 + \sigma_2\sigma_3 + \sigma_3\sigma_1)\right] \tag{10.12}$$

单元体受力时一般同时发生体积改变和形状改变。与单元体体积改变对应的那一部分能密度称为**体积改变能密度**，用 v_V 表示；而与单元体形状改变对应的那一部分能密度称为**畸变能密度**，用 v_d 表示。二者之和即为应变能密度 v_ε，即

$$v_\varepsilon = v_V + v_d$$

图 10.13（b）所示单元体的三个主应力均为 $\sigma_m = \dfrac{\sigma_1 + \sigma_2 + \sigma_3}{3}$，由式（10.11）可知，其与 10.13（a）所示单元体的体积应变相等，体积改变能密度也相等。由于图 10.13（b）所示单元体只发生体积改变而无形状改变，因此其应变能密度即为体积改变能密度，由式（10.12）得

$$v_V = \frac{1}{2E}\left[(\sigma_m^2 + \sigma_m^2 + \sigma_m^2) - 2\mu(\sigma_m^2 + \sigma_m^2 + \sigma_m^2)\right]$$

$$= \frac{3(1-2\mu)}{2E}\sigma_m^2 = \frac{1-2\mu}{6E}(\sigma_1 + \sigma_2 + \sigma_3)^2 \tag{10.13}$$

将式（10.12）、式（10.13）代入式 $v_\varepsilon = v_V + v_d$，得三向应力状态下单元体的畸变能密度为

$$v_d = \frac{1+\mu}{6E}[(\sigma_1 - \sigma_2)^2 + (\sigma_2 - \sigma_3)^2 + (\sigma_3 - \sigma_1)^2] \tag{10.14}$$

该式可用于建立 10.6 节中的第四强度理论。

例 10.4　导出各向同性线弹性材料的弹性常数 E，G，μ 间的关系。

解　如图 10.14 所示，单元体处于纯剪切应力状态，设单元体左侧面固定（不影响结果），三个边长分别为 dx、dy、dz，则单元体右侧面上的剪力为 $\tau dydz$，右侧面因剪切变形向下错动的距离为 γdx。若切应力有一增量 $d\tau$，切应变的相应增量为 $d\gamma$，右侧面向下位移的增量则应为 $d\gamma dx$。剪力 $\tau dydz$ 在位移 $d\gamma dx$ 上完成的功应是 $\tau dydz \cdot d\gamma dx$。在应力从零开始逐渐增加到 τ_1（相应切应变为 γ_1）的过程中，右侧面上剪力 $\tau dydz$ 总共完成的功应为

$$dW = \int_0^{\gamma_1} \tau dydz \cdot d\gamma dx$$

dW 全部转变为单元体内的应变能 dV_ε，则有

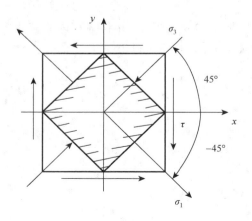

图 10.14　纯剪切应力状态

$$dV_\varepsilon = dW = \int_0^{\gamma_1} \tau dydz \cdot d\gamma dx = \left(\int_0^{\gamma_1} \tau d\gamma \right) dV$$

式中，$dV = dxdydz$ 是单元体的体积。

因此，单元体的应变能密度为

$$v_\varepsilon = \frac{dV_\varepsilon}{dV} = \int_0^{\gamma_1} \tau d\gamma$$

这表明，v_ε 等于 τ-γ 曲线下的面积。在弹性变形范围内，τ 与 γ 满足剪切胡克定律，即 $\tau = G\gamma$，将其代入上式，得

$$v_\varepsilon = \int_0^{\gamma_1} G\gamma d\gamma = \frac{1}{2} G\gamma^2 = \frac{\tau^2}{2G}$$

此外，由式（10.4）可知，纯剪切应力状态的主应力为

$$\sigma_1 = \tau, \quad \sigma_2 = 0, \quad \sigma_3 = -\tau$$

将其代入式（10.12），又可求得单元体的应变能密度为

$$v_\varepsilon = \frac{1+\mu}{E} \tau^2$$

上述两种方式求出的纯剪切应力状态的应变能密度应相等，从而各向同性线弹性材料的弹性常数 E，G，μ 间的关系为

$$G = \frac{E}{2(1+\mu)}$$

10.6 强 度 理 论

当受力构件中的危险点处于单向应力或纯剪切等简单应力状态时，其强度条件分别为

$$\sigma_{\max} \leqslant [\sigma], \quad \tau_{\max} \leqslant [\tau]$$

式中的许用应力$[\sigma]$、$[\tau]$是通过试验测定的材料失效极限应力 σ_u 除以适当的安全因数而获得的。这种直接根据试验结果建立强度条件的方法，既简明又直观。然而，实际构件中的危险点经常处于复杂应力状态，仿照上述试验方式相当困难，而且应力组合的方式多样，破坏条件难以确立。因此，需要寻求理论上的解决途径。

大量试验结果表明，材料的破坏形式主要是断裂和屈服两种。通常在常温和静载荷条件下，脆性材料多发生脆性断裂，塑性材料多发生塑性屈服。但是，材料的破坏不仅与材料的性质有关，而且还与它所处的应力状态有关，在某些特殊情况下，材料所处的应力状态会影响其破坏形式。例如，在接近三向均匀拉伸应力状态下，不论塑性材料还是脆性材料，都发生断裂破坏；而在接近三向均匀压缩的应力状态下，不论塑性材料还是脆性材料，都发生屈服破坏。人们通过分析材料的破坏现象，推测材料破坏的原因，认为同一形式的破坏是由某一共同的因素所引起的，从而提出关于材料破坏原因的各种假说，称为**强度理论**。利用强度理论，可由简单试验结果建立复杂应力状态下的强度条件。

根据材料的破坏形式，强度理论可分为两大类，一类是断裂强度理论，主要包括最大拉

应力理论和最大拉应变理论；另一类是屈服强度理论，主要包括最大切应力理论和畸变能密度理论。

10.6.1　断裂强度理论

1. 最大拉应力理论（第一强度理论）

最大拉应力理论（maximum tensile stress criterion）认为：引起材料断裂破坏的主要因素是最大拉应力。不论材料处于何种应力状态，只要最大拉应力 σ_1 达到单向拉伸断裂时的最大拉伸应力值 $\sigma_u = \sigma_b$，材料就将发生断裂破坏。这里 σ_u 是极限应力，σ_b 是材料单向拉伸时的强度极限。

因此发生断裂破坏的条件是

$$\sigma_1 = \sigma_b$$

将 σ_b 除以安全因数后，即得材料的许用应力$[\sigma]$。于是按此理论所建立的在复杂应力状态下的强度条件是

$$\sigma_1 \leqslant [\sigma] \tag{10.15}$$

试验表明，这一理论可以很好地解释铸铁等脆性材料在单向拉伸和扭转时的破坏现象。但是它没有考虑其余两个主应力对于断裂破坏的影响，而且也不能解释材料在单向压缩、三向压缩等没有拉应力的应力状态下的破坏现象。

2. 最大拉应变理论（第二强度理论）

最大拉应变理论（maximum tensile strain criterion）认为：引起材料断裂破坏的主要因素是最大拉应变。也就是说，不论材料处于何种应力状态，只要最大拉应变 ε_1 达到单向拉伸断裂时的最大拉应变值 $\varepsilon_b = \dfrac{\sigma_b}{E}$，材料就将产生断裂破坏。由此得出断裂破坏的条件是

$$\varepsilon_1 = \varepsilon_b = \frac{\sigma_b}{E}$$

在三向应力状态下，上式中的 ε_1 可由广义胡克定律式（10.10）求得，即

$$\varepsilon_1 = \frac{1}{E}[\sigma_1 - \mu(\sigma_2 + \sigma_3)]$$

所以断裂条件可以写成

$$\frac{1}{E}[\sigma_1 - \mu(\sigma_2 + \sigma_3)] = \frac{\sigma_b}{E}$$

或

$$\sigma_1 - \mu(\sigma_2 + \sigma_3) = \sigma_b$$

考虑安全因数以后，可得复杂应力状态下的强度条件为

$$\sigma_1 - \mu(\sigma_2 + \sigma_3) \leqslant [\sigma] \tag{10.16}$$

这一理论可以很好地解释石料或混凝土等脆性材料受轴向压缩时，试件沿纵向面破坏的现象（试件两端加润滑剂），因为这时最大拉应变发生在横向。但是按照这个理论，铸铁在二向拉伸时应该比单向拉伸更加安全，但实验结果却不能证实这一点。

10.6.2　屈服强度理论

1. 最大切应力理论（第三强度理论）

最大切应力理论（maximum shearing stress criterion）认为：引起材料塑性屈服的主要因素是最大切应力。不论材料处于何种应力状态，只要最大切应力 $\tau_{\max}$ 达到单向拉伸屈服时的最大切应力值 $\tau_s = \dfrac{\sigma_s}{2}$，材料即发生屈服。这样，材料发生屈服破坏的条件为

$$\tau_{\max} = \tau_s = \frac{\sigma_s}{2}$$

在三向应力状态下，上式中的最大切应力 $\tau_{\max}$ 可由式（10.7）求得，即

$$\tau_{\max} = \frac{\sigma_1 - \sigma_3}{2}$$

于是材料的屈服条件是

$$\frac{\sigma_1 - \sigma_3}{2} = \frac{\sigma_s}{2}$$

考虑安全因数后，可得复杂应力状态下的强度条件为

$$\sigma_1 - \sigma_3 \leqslant [\sigma] \tag{10.17}$$

这一理论与塑性材料的试验结果比较符合，而且概念明确，形式简单，因此在机械工业中广为使用。不足之处是该理论忽略了中间主应力 σ_2 对屈服的影响，使得在二向应力状态下按该理论所得的结果与试验相比稍偏安全。

2. 畸变能密度理论（第四强度理论）

畸变能密度理论（criterion of strain energy density corresponding to distortion）认为：引起材料塑性屈服的主要因素是畸变能密度。不论材料处于何种应力状态，只要畸变能密度 v_d 达到单向拉伸屈服时的畸变能密度 v_d^0，材料就将发生屈服。

三向应力状态的畸变能密度 v_d 可由主应力按式（10.14）求得，即

$$v_d = \frac{1+\mu}{6E}[(\sigma_1 - \sigma_2)^2 + (\sigma_2 - \sigma_3)^2 + (\sigma_3 - \sigma_1)^2]$$

令 $\sigma_1 = \sigma_s$，$\sigma_2 = \sigma_3 = 0$，可得单向拉伸屈服时的畸变能密度 v_d^0 为

$$v_d^0 = \frac{1+\mu}{6E}(2\sigma_s^2)$$

因此，按这一理论所得出的材料塑性屈服条件是

$$\frac{1+\mu}{6E}[(\sigma_1 - \sigma_2)^2 + (\sigma_2 - \sigma_3)^2 + (\sigma_3 - \sigma_1)^2] = \frac{1+\mu}{6E}(2\sigma_s^2)$$

即

$$\sqrt{\frac{1}{2}[(\sigma_1 - \sigma_2)^2 + (\sigma_2 - \sigma_3)^2 + (\sigma_3 - \sigma_1)^2]} = \sigma_s$$

考虑安全因数后，可得复杂应力状态下的强度条件为

$$\sqrt{\frac{1}{2}[(\sigma_1 - \sigma_2)^2 + (\sigma_2 - \sigma_3)^2 + (\sigma_3 - \sigma_1)^2]} \leqslant [\sigma] \tag{10.18}$$

对于塑性材料，如钢、铝、铜等，畸变能密度理论比最大切应力理论更加符合试验结果。

上述四个强度理论的强度条件可以归纳为一般形式

$$\sigma_r \leqslant [\sigma] \tag{10.19}$$

式中，σ_r 称为**相当应力**，它由三个主应力按一定形式组合而成。按照第一到第四强度理论的次序，相当应力分别为

$$
\begin{aligned}
\sigma_{r1} &= \sigma_1 \\
\sigma_{r2} &= \sigma_1 - \mu(\sigma_2 + \sigma_3) \\
\sigma_{r3} &= \sigma_1 - \sigma_3 \\
\sigma_{r4} &= \sqrt{\frac{1}{2}[(\sigma_1 - \sigma_2)^2 + (\sigma_2 - \sigma_3)^2 + (\sigma_3 - \sigma_1)^2]}
\end{aligned}
\tag{10.20}
$$

如图 10.15 所示单元体为单向与纯剪切组合应力状态，是一种常见的应力状态，下面根据第三和第四强度理论对其建立相应的强度条件。

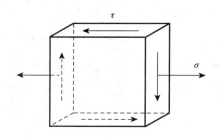

图 10.15　单向与纯剪切组合应力状态

由式（10.3）可知，该单元体的最大与最小正应力分别为

$$\left.\begin{aligned}\sigma_{max} \\ \sigma_{min}\end{aligned}\right\} = \frac{1}{2}\left(\sigma \pm \sqrt{\sigma^2 + 4\tau^2}\right)$$

可见，相应的主应力为

$$\left.\begin{aligned}\sigma_1 \\ \sigma_3\end{aligned}\right\} = \frac{1}{2}\left(\sigma \pm \sqrt{\sigma^2 + 4\tau^2}\right)$$

$$\sigma_2 = 0$$

根据第三强度理论，由式（10.17）得

$$\sigma_{r3} = \sqrt{\sigma^2 + 4\tau^2} \leqslant [\sigma] \tag{10.21}$$

根据第四强度理论，由式（10.18）得

$$\sigma_{r4} = \sqrt{\sigma^2 + 3\tau^2} \leqslant [\sigma] \tag{10.22}$$

例 10.5　如图 10.16（a）所示钢梁，$F_P = 210$ kN，材料的许用正应力$[\sigma] = 160$ MPa，许用切应力$[\tau] = 80$ MPa，截面为工字形，高度 $h = 250$ mm，宽度 $b = 113$ mm，腹板与翼缘的厚度分别为 $t = 10$ mm 与 $\delta = 13$ mm，截面的惯性矩 $I_z = 5.25 \times 10^{-5}$ m^4，试按第三强度理论校核梁的强度。

解　（1）确定危险截面和危险点。

梁的剪力与弯矩分别如图 10.16（b）与（c）所示，横截面 C^+ 为危险截面，其剪力与弯矩分别为

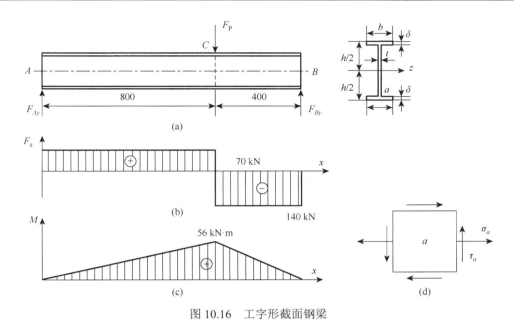

图 10.16　工字形截面钢梁

$$F_{\text{Smax}} = 140.4 \text{ kN}$$

$$M_{\text{max}} = 56.0 \text{ kN·m}$$

在该截面的上、下边缘处，弯曲正应力最大；在中性轴处，弯曲切应力最大；在腹板与翼缘的交界处，弯曲正应力与弯曲切应力均有相当大的数值。因此，应对这三处进行强度校核。

（2）最大弯曲正应力与最大弯曲切应力作用处的强度校核。

最大弯曲正应力为

$$
\begin{aligned}
\sigma_{\text{max}} &= \frac{M_{\text{max}} h}{2I_z} \\
&= \frac{5.60 \times 10^4 \times 0.25}{2 \times 5.25 \times 10^{-5}} = 1.333 \times 10^8 \text{ (Pa)} = 133.3 \text{ (MPa)} < [\sigma]
\end{aligned}
$$

最大弯曲切应力为

$$
\begin{aligned}
\tau_{\text{max}} &= \frac{F_{\text{Smax}}}{8I_z t}[bh^2 - (b-t)(h-2\delta)^2] \\
&= \frac{140.4 \times 10^3}{8 \times 5.25 \times 10^{-5} \times 0.01} \times [0.113 \times 0.25^2 - (0.113 - 0.01) \times (0.25 - 2 \times 0.013)^2] \text{ (Pa)} \\
&= 63.3 \text{ (MPa)} < [\tau]
\end{aligned}
$$

（3）腹板与翼缘交界处的强度校核。

在下腹板与翼缘的交接处 a，弯曲正应力为

$$
\sigma_a = \frac{M_{\text{max}}}{I_z}\left(\frac{h}{2} - \delta\right) = \frac{5.60 \times 10^4}{5.25 \times 10^{-5}} \times \left(\frac{0.25}{2} - 0.013\right) \text{ (Pa)} = 119.5 \text{ (MPa)}
$$

该点处的弯曲切应力为

$$
\begin{aligned}
\tau_a &= \frac{F_{\text{Smax}} b}{8I_z t}[h^2 - (h - 2\delta)^2] = \frac{F_{\text{Smax}} b\delta(h - \delta)}{2I_z t} \\
&= \frac{140 \times 10^3 \times 0.113 \times 0.013 \times (0.25 - 0.013)}{2 \times 5.25 \times 10^{-5} \times 0.01} = 46.4 \text{ (MPa)}
\end{aligned}
$$

a 点处的应力状态如图 10.16（d）所示，即处于单向与纯剪切组合应力状态，由第三强度理论得

$$\sigma_{r3} = \sqrt{\sigma_a^2 + 4\tau_a^2} = \sqrt{(1.195 \times 10^8)^2 + 4 \times (4.64 \times 10^7)^2} = 151.3\,(\text{MPa}) < [\sigma]$$

所以，该梁满足强度要求。

上述计算表明，在短而高的薄壁截面梁内 $\left(\text{例如本例}\dfrac{l}{h} = 4.8\right)$，与弯曲正应力相比，弯曲切应力也可能相当大。在这种情况下，除应对最大弯曲正应力的作用处进行强度校核外，对于最大弯曲切应力的作用处以及腹板与翼缘交接处，也应进行强度校核。

例 10.6　如图 10.17（a）所示等厚钢制薄壁圆筒，内径 $d = 1000$ mm，壁厚 $t = 15$ mm，筒内液体压强 $p = 3.6$ MPa，材料的许用正应力 $[\sigma] = 160$ MPa，试按第四强度理论对其进行强度校核。

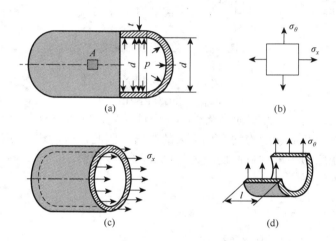

图 10.17　薄壁圆柱容器

解　如图 10.17（a）所示，在圆筒表面 A 点处用横、纵截面截取单元体。该单元体的横、纵截面上没有切应力，只有正应力 σ_x、σ_θ，如图 10.17（b）所示。

取图 10.17（c）所示左半段圆筒为研究对象，由于 $t \ll d$，圆筒横截面的面积近似为 $A = \pi dt$。由于该半段圆筒及其受力具有对称性，其横截面上各点的正应力 σ_x 均沿轴线方向且均匀分布，可按轴向拉伸应力公式计算，即

$$\sigma_x = \frac{F_N}{A} = \frac{p \cdot \dfrac{\pi d^2}{4}}{\pi dt} = \frac{pd}{4t} = \frac{3.6 \times 1000}{4 \times 15} = 60\,(\text{MPa})$$

取图 10.17（d）所示半圆柱面形状的部分圆筒为研究对象，由于该部分圆筒及其受力具有对称性，其纵截面上各点的正应力 σ_θ 均匀分布，合力为 $2lt\sigma_\theta$。其内表面的液体压强 p 可向作用面中心点简化为一个合力，即 pld。根据受力平衡，有 $2lt\sigma_\theta = pld$，即

$$\sigma_\theta = \frac{pld}{2lt} = \frac{pd}{2t} = \frac{3.6 \times 1000}{2 \times 15} = 120\,(\text{MPa})$$

单元体的内、外壁分别作用有液体压强 p 和大气压强，它们都远小于 σ_x、σ_θ，可以认为等于 0。于是，A 点处的应力状态可看作二向应力状态，主应力为

$$\sigma_1 = \sigma_\theta = 120 \text{ MPa}, \quad \sigma_2 = \sigma_x = 60 \text{ MPa}, \quad \sigma_3 = 0$$

由第四强度理论得

$$\begin{aligned}
\sigma_{r4} &= \sqrt{\frac{1}{2}[(\sigma_1 - \sigma_2)^2 + (\sigma_2 - \sigma_3)^2 + (\sigma_3 - \sigma_1)^2]} \\
&= \sqrt{\frac{1}{2}[(120 - 60)^2 + (60 - 0)^2 + (0 - 120)^2]} \\
&= 103.9 \text{ (MPa)} < [\sigma]
\end{aligned}$$

所以，该薄壁圆筒满足强度要求。

10.7　思考与讨论

10.7.1　应力概念的再认识

"应力"是材料力学中最基本的也是最重要的概念之一。从绪论开始，直至结束，始终围绕这个概念进行实验研究和理论推断。学生也由特殊到一般，由浅入深地认识、理解这个概念。在绪论中首先提出"应力就是内力的集度""微面积上平均内力的极限就是应力"。学生开始时觉得"应力"是那么抽象，难以捉摸，对它的认识是浅显的。到了"拉、压"部分，学习了截面上应力均匀分布，觉得比较具体了，但还停留在"轴力除以截面面积就是应力"的水平上。再通过扭转、弯曲学习，由应力在截面上非均匀分布，进一步提高了对"应力"的认识，但还没有深入到问题的本质。只有在此基础上，再通过"应力状态"的教学，实现了对"应力"认识的三个飞跃，才能使"应力"概念的建立得以完成。对"应力"认识的三个飞跃是：①受力构件内一点处不同截面上的应力情况是不相同的，并由此引申出"应力状态"概念。②构件受不同形式的外力是重要的外部条件，而内在本质则是构件内各点的应力状态。③主应力是受力构件内点的应力状态的特征量。

10.7.2　如何建立一点的应力状态并应用

1. 建立一点的应力状态

根据拉杆斜截面上的应力与横截面上的应力，归纳出同一截面上不同点的应力是不相同的。而构件在工作中的受力往往是较复杂的，要研究受力构件的机械性能，必须找出危险截面上的危险点，求出最大应力值，即要分析受力构件一点沿各个不同截面方位上的应力情况，即一点处的应力状态：受力构件内一点处不同截面上的应力全部情况。接下来就是如何表示一点的应力状态。要研究某点的应力状态，首先围绕该点取一微正六面体，即单元体，分析单元体上各个面上的应力分布情况。取单元体的原则是使其各个面上的应力已知或易得。以前面所学过的基本变形如拉

压、剪切、扭转和弯曲为例，研究各种基本变形下杆上一点的单元体的选取方法。

对于拉杆，取单元体方法：两个面垂直于轴线（沿横向方向），另四个面均平行于轴线（沿纵向方向），如图 10.18 所示。

对于扭转轴，危险点在截面的边缘处，围绕边缘处点取单元体。其单元体的选取方法和拉杆相同，如图 10.19 所示。

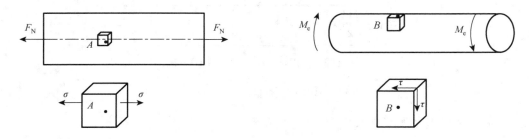

图 10.18　拉杆上单元体的选取方法　　　　　图 10.19　扭转轴上单元体的选取方法

对于平面弯曲变形的梁，可分别研究梁上几个典型的点的单元体的选取方法，并分析各个面上的应力。如图 10.20 所示梁受均布载荷作用，由弯曲变形研究方法知：梁中间截面上弯矩最大，为危险截面。现在研究危险截面上的应力分布情况，可选取 A、B、C、D 和 E 五个典型点处的应力状态。以上 A、B、C、D 和 E 五个点单元体的选取方法相同，各单元体各个面的应力分布不同，单元体图在这里不再画出。

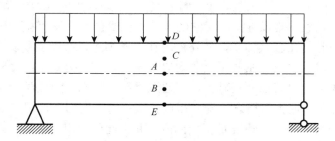

图 10.20　弯曲梁上单元体的选取方法

通过以上三种基本变形单元体的取法，掌握了单元体的选取方法，并且进一步理解了研究应力状态的必要性，为以后的任意截面上的应力分布研究打好基础。最后利用斜截面上的应力公式，得出应力圆，确定主应力、主平面以及最大切应力。

2. 应用

由强度理论建立的普遍的强度条件最终以主应力形式表现出。组合变形的强度条件是分析了危险点的应力状态，求出其主应力，按强度理论来建立的。可见，"应力状态"对它们的服务作用是显然的。"应力状态"的分析是建立强度条件的出发点和前提，而强度理论借助于"应力状态"理论使之更加科学和完备。所以"应力状态"在材料力学中有相当重要的作用。由于它的内容是实际问题的高度概括和升华，学生需要由表及里，由现象到本质，去探索材料力学的"庐山真面目"。

思维导图 10

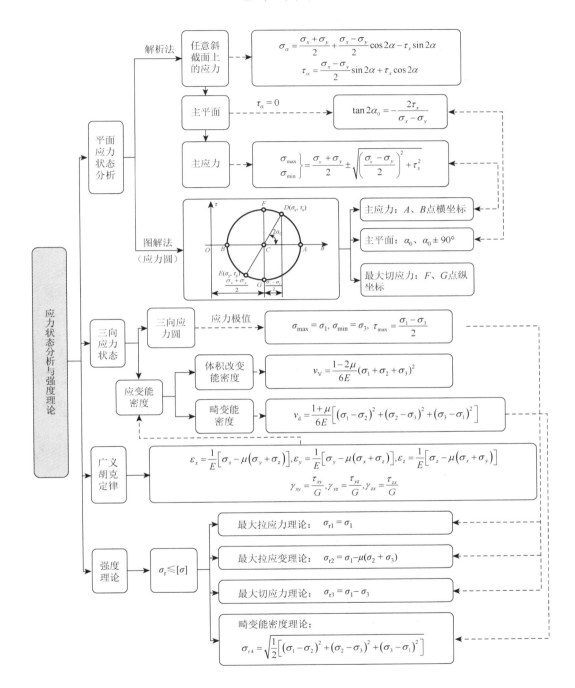

习　题　10

10-1　单元体应力状态如题 10-1 图所示，对应的应力圆有如图所示四种，正确的是（　　　）。

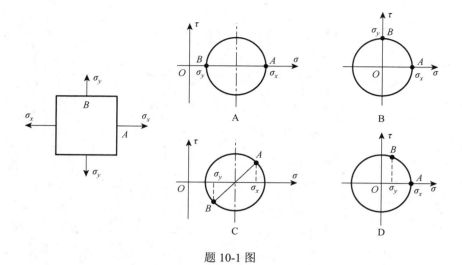

题 10-1 图

10-2　如题 10-2 图所示单元体，如切应力左向改变，则（　　）。

    A. 主应力大小和主平面方位都将变化　　　　　B. 主应力大小和主平面方位都不变化

    C. 主应力大小变化，主平面方位改变　　　　　D. 主应力大小不变化，主平面方位改变

10-3　按照第三强度理论，比较题 10-3 图中（a）、（b）两种应力状态的危险程度，应该是（　　）。

    A. 两者相同　　　　　B.（a）更危险　　　　　C.（b）更危险　　　　　D. 无法判断

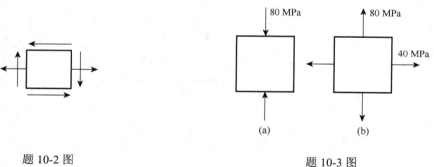

题 10-2 图　　　　　　　　　　　　　　　　　　题 10-3 图

10-4　在题 10-4 图所示四种应力状态中，关于应力圆具有相同圆心和相同半径者，正确的答案是（　　）。

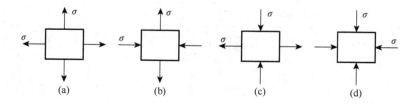

题 10-4 图

    A.（a）与（d）　　　　　　　　　　　　　　B.（b）与（c）

    C.（a）与（d）及（c）与（b）　　　　　　　D.（a）与（b）及（c）与（d）

10-5　试用单元体表示题 10-5 图所示各种构件中指定点的应力状态，并算出单元体上的应力值。

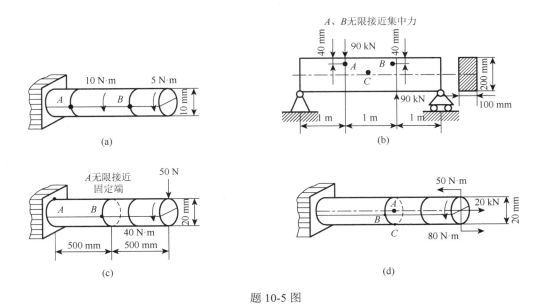

题 10-5 图

10-6　用解析法和图解法计算题 10-6 图所示各单元体斜截面上的应力（图中应力单位为 MPa）。

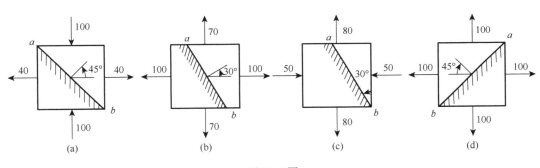

题 10-6 图

10-7　已知单元体的应力状态，如题 10-7 图所示，试用解析法或图解法求：（1）主应力的大小和方向；（2）在单元体上画出主平面的位置；（3）最大切应力（图中应力单位为 MPa）。

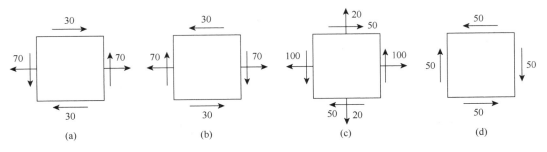

题 10-7 图

10-8 求出题 10-8 图所示单元体的主应力和最大切应力（图中应力单位为 MPa）。

10-9 已知构件中某点处于平面应力状态，已知两个斜截面上的应力大小和方向，如题 10-9 图所示，试用解析法和图解法确定该点的主应力（图中应力单位为 MPa）。

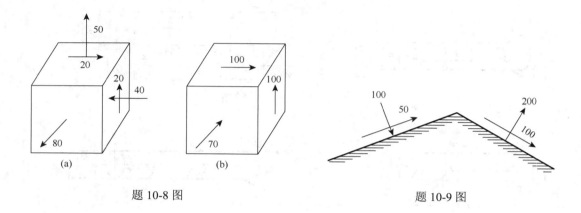

题 10-8 图 　　　　　　　　　　　题 10-9 图

10-10 如题 10-10 图所示粗纹木块，如果沿木纹方向切应力大于 5 MPa，就会沿木纹剪裂。设 $\sigma_y = 8$ MPa，要使木块不发生剪断，σ_x 的值应在什么范围内？

10-11 如题 10-11 图所示，直径为 d 的圆轴，两端受扭矩 T 的作用，由实验测出轴表面某点 K 与轴线成 15° 方向的正应变为 $\varepsilon_{15°}$，试求 T 的数值。设材料的弹性模量 E 和 μ 已知。

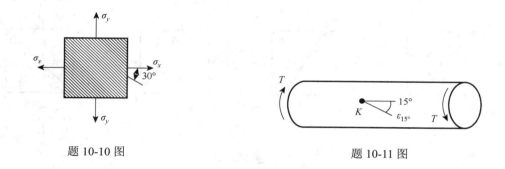

题 10-10 图 　　　　　　　　　　　题 10-11 图

10-12 在题 10-12 图所示矩形截面简支梁的中性层上某一点 K 处，沿与轴线成 30° 方向贴有应变片，并测出正应变 $\varepsilon_{30°} = -1.3 \times 10^{-5}$，试求梁的载荷 F_P。设梁的弹性模量 $E = 200$ GPa，$\mu = 0.3$。

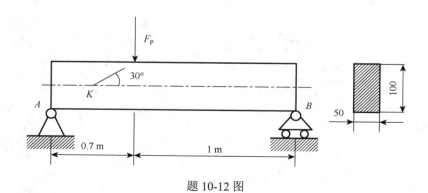

题 10-12 图

10-13　某构件中的三个点的应力状态如题 10-13 图所示（图中应力单位为 MPa）。试按第一、第三两种强度理论判断哪一点是危险点。

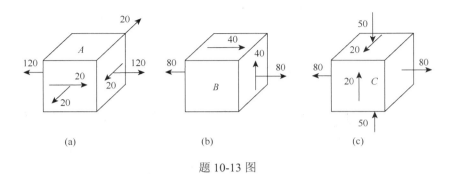

题 10-13 图

10-14　如题 10-14 图所示 25b 工字钢简支梁，载荷 $F_P = 200$ kN，$q = 10$ kN/m，尺寸 $a = 0.2$ m，$l = 2$ m，许用应力 $[\sigma] = 160$ MPa，许用切应力 $[\tau] = 100$ MPa。试对梁的最大正应力和最大切应力进行强度校核，并对翼缘与腹板交界处的应力状态按第四强度理论进行校核。

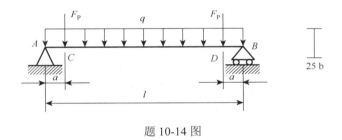

题 10-14 图

10-15　如题 10-15 图所示薄壁圆柱容器，平均直径 $D = 500$ mm，壁厚 $t = 10$ mm，受内压强 $p = 3$ MPa 和扭矩 $T = 100$ kN·m 的联合作用，材料的许用应力 $[\sigma] = 120$ MPa。试按第四强度理论对该容器进行强度校核。

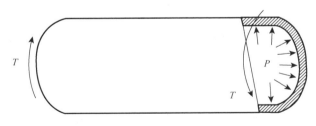

题 10-15 图

第11章 组合变形

11.1 组合变形的概念

在工程实际中，受力构件往往发生两种或两种以上的基本变形。如果其中一种变形是主要的，其他变形所引起的应力（或变形）很小，可以忽略，则构件可以按基本变形进行计算。如果几种变形所对应的应力（或变形）属于同一量级，则构件的变形称为**组合变形**。例如图 11.1（a）中，机床立柱在受轴向拉伸的同时还有弯曲变形；图 11.1（b）机械传动中的圆轴为弯曲和扭转变形的组合；而图 11.1（c）中的厂房立柱为轴向压缩与弯曲变形的组合。

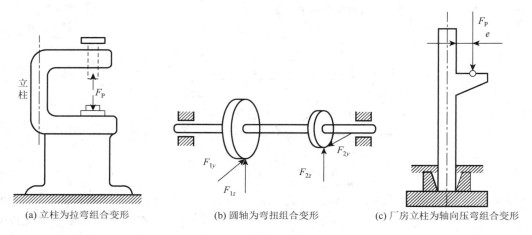

(a) 立柱为拉弯组合变形　　　　　(b) 圆轴为弯扭组合变形　　　　(c) 厂房立柱为轴向压弯组合变形

图 11.1　几种组合变形形式

对于组合变形下的构件，若在线弹性范围内，且满足小变形假设，即受力变形后仍可按原始尺寸和形状进行计算，那么构件上各个外力所引起的变形将相互独立、互不影响。这样，在处理组合变形问题时，就可以先将构件所受外力简化为符合各种基本变形作用条件下的外力系。分别计算构件每一种基本变形下的内力、应力或变形，然后再根据叠加原理，综合考虑在组合变形情况下构件的危险截面的位置以及危险点的应力状态，并可据此对构件进行强度计算。但需指出，若构件超出了线弹性范围或不满足小变形假设，则各基本变形将会互相影响，就不能应用叠加原理。对于这类问题的解决，可参阅相关资料。

11.2 斜 弯 曲

梁所受外力或外力偶均作用在梁的纵向对称平面内，变形后的挠曲线亦在其纵向对称平面内。但在工程实际中，也常常会遇到对称截面梁承受的横向外力不在其对称平面内，变形后的挠曲线与外力不在同一平面内，这种弯曲称为**斜弯曲**（oblique bending）。例如，屋顶檩条倾斜安置时，梁所承受的铅垂方向的外力并不在其纵向对称平面内，其受力简图如图 11.2 所示。再如，图 11.3（a）所示矩形截面悬臂梁，在水平和铅垂两纵向对称平面内分别受力 F_1 和 F_2 的作用，分别在水平纵向对称面（xOz 面）和铅垂纵向对称面（xOy 面）内发生对称弯曲，变形后的挠曲线不在 xOz 面和 xOy 面内。

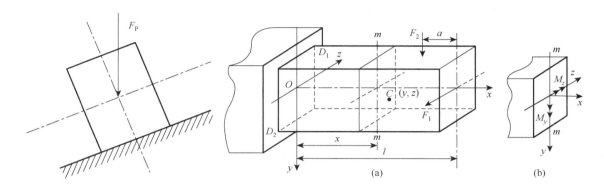

图 11.2 屋顶檩条受力图   图 11.3 悬臂梁斜弯曲受力图

下面以图 11.3（a）所示矩形截面悬臂梁为例，建立斜弯曲梁的强度条件。该梁上与左端点距离为 x 的横截面 $m\text{-}m$ 上，由 F_1 和 F_2 引起的弯矩值分别为

$$M_y = F_1(l-x), \quad M_z = F_2(l-a-x)$$

在截面 $m\text{-}m$ 上任一点 C（y, z）处，由 M_y 和 M_z 引起的正应力分别为

$$\sigma' = \frac{M_y z}{I_y}, \quad \sigma'' = -\frac{M_z y}{I_z}$$

由叠加原理，在 F_1 和 F_2 同时作用下 C 点处的正应力为

$$\sigma = \sigma' + \sigma'' = \frac{M_y z}{I_y} - \frac{M_z y}{I_z} \tag{11.1}$$

式中，I_y 和 I_z 分别为截面对 y 和 z 轴的惯性矩。

由上式可知，悬臂梁的固定端截面为危险截面，该截面的顶点 D_1、D_2 为危险点，分别有全梁的最大拉、压应力，其数值均为

$$\sigma_{\max} = \frac{M_{y,\max} z_{\max}}{I_y} + \frac{M_{z,\max} y_{\max}}{I_z} = \frac{M_{y,\max}}{W_y} + \frac{M_{z,\max}}{W_z} \tag{11.2}$$

式中，$W_y = \dfrac{I_y}{z_{\max}}$ 和 $W_z = \dfrac{I_z}{y_{\max}}$ 分别为截面对 y 轴和 z 轴的弯曲截面模量。

因为危险点 D_1、D_2 处均为单向应力状态，故可建立弯曲正应力强度条件，即

$$\sigma_{\max} = \frac{M_{y,\max}}{W_y} + \frac{M_{z,\max}}{W_z} \leqslant [\sigma] \tag{11.3}$$

对于工程中常用的矩形、工字形等截面梁，其横截面都有两个相互垂直的对称轴，且截面的周边具有棱角，故截面上的最大正应力必发生在截面的棱角处。于是，可根据梁的变形情况，直接确定截面上最大拉、压应力点的位置，而无须定其中性轴。但对于图 11.4 所示没有棱角

的横截面，要先确定出截面的中性轴位置，才能确定出危险点的位置。由于中性轴上各点处的正应力为零，设截面中性轴上任一点的坐标为 (y_0, z_0)，由式（11.1）得中性轴方程为

$$\frac{M_y}{I_y}z_0 - \frac{M_z}{I_z}y_0 = 0 \tag{11.4}$$

上式表明，中性轴是一条通过横截面形心的直线，其与 y 轴的夹角为 θ，且

$$\tan\theta = \frac{z_0}{y_0} = \frac{M_z}{M_y} \cdot \frac{I_y}{I_z} = \frac{I_y}{I_z}\tan\varphi \tag{11.5}$$

式中，角度 φ 是横截面上合弯矩 $M = \sqrt{M_y^2 + M_z^2}$ 的矢量与 y 轴间的夹角。

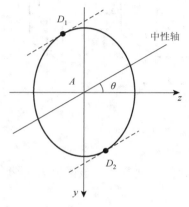

图 11.4　横截面的中性轴

在确定中性轴的位置后，如图 11.4 所示，作平行于中性轴的两直线，分别与截面周边相切于 D_1、D_2 两点，该两点分别有最大拉、压应力，将两点的坐标 (y, z) 代入式（11.1），即得横截面上的最大拉、压应力。由于危险点处于单向应力状态，于是，可按正应力强度条件 $\sigma_{max} \leqslant [\sigma]$ 进行强度计算。至于横截面上的切应力，对于一般截面梁，因其数值较小，可不必考虑。

在一般情况下，由于横截面的 $I_y \neq I_z$，由式（11.5）可知，中性轴与合弯矩 M 所在平面并不相互垂直，而截面形心的挠度垂直于中性轴，所以挠曲线将不在合弯矩所在平面内。对于圆形、正方形等 $I_y = I_z$ 的横截面，有 $\varphi = \theta$，因此可用合弯矩 M 除以弯曲截面模量 W 来计算截面上的最大正应力 σ_{max}。但是，梁各横截面上的合弯矩 M 所在平面的方位一般不相同，所以，虽然每一横截面形心的挠度都在该截面的合成弯矩所在平面内，但是梁的挠曲线一般是一条空间曲线。于是，在计算梁的位移时，梁的挠曲线方程应分别按两垂直平面内的弯曲来计算，并不能直接用合弯矩进行计算。

例 11.1　矩形截面梁受力如图 11.5（a）所示。已知 $F_1 = 1$ kN，$F_2 = 1.5$ kN，$l = 1$ m，$b = 50$ mm，$h = 75$ mm，试求：（1）梁中最大正应力及其作用点位置；（2）若截面改为圆形，$d = 65$ mm，求其最大正应力。

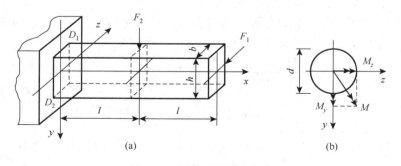

图 11.5　矩形截面梁斜弯曲

解　（1）求矩形截面梁的最大正应力及作用点位置。

取坐标轴如图 11.5（a）所示。梁在力 F_1 单独作用下发生绕 y 轴的平面弯曲，梁在力 F_2 单独作用下发生绕 z 轴的平面弯曲。梁的固定端截面上的弯矩最大，为

$$M_{y,\max} = 2F_1 l = 2 \times 1 \times 1 = 2.0 \, (\text{kN} \cdot \text{m})$$

$$M_{z,\max} = F_2 l = 1.5 \times 1 = 1.5 \, (\text{kN} \cdot \text{m})$$

矩形截面的弯曲截面模量为

$$W_y = \frac{1}{6} h b^2 = \frac{1}{6} \times 75 \times 10^{-3} \times (50 \times 10^{-3})^2 = 3.1250 \times 10^{-5} \, (\text{m}^3)$$

$$W_z = \frac{1}{6} b h^2 = \frac{1}{6} \times 50 \times 10^{-3} \times (75 \times 10^{-3})^2 = 4.6875 \times 10^{-5} \, (\text{m}^3)$$

固定端截面上的 D_1、D_2 两点为危险点，分别有最大拉、压应力，大小均为

$$\sigma_{\max} = \frac{M_{y,\max}}{W_y} + \frac{M_{z,\max}}{W_z} = \frac{2.0 \times 10^3}{3.1250 \times 10^{-5}} + \frac{1.5 \times 10^3}{4.6875 \times 10^{-5}} = 9.6 \times 10^7 \, (\text{Pa}) = 96 \, (\text{MPa})$$

（2）求圆形截面梁的最大正应力。

由于圆截面的 $I_y = I_z$，因此圆截面梁横截面上的最大正应力可用图 11.5（b）所示合弯矩 M 进行计算。梁的固定端截面上的合弯矩最大，为

$$M_{\max} = \sqrt{M_{y,\max}^2 + M_{z,\max}^2} = \sqrt{2.0^2 + 1.5^2} = 2.5 \, (\text{kN} \cdot \text{m})$$

固定端截面上与力偶矢 M 垂直的直径的两端点为危险点，最大正应力为

$$\sigma_{\max} = \frac{M_{\max}}{W} = \frac{M_{\max}}{\frac{1}{32} \pi d^3} = \frac{2.5 \times 10^3}{\frac{1}{32} \times \pi \times (65 \times 10^{-3})^3} = 9.27 \times 10^7 \, (\text{Pa}) = 92.7 \, (\text{MPa})$$

应当注意，对于圆截面梁，式（11.2）并不适用，因为与危险截面上的弯矩 $M_{y,\max}$ 和 $M_{z,\max}$ 相对应的两项最大正应力并不在截面的同一点处。

11.3 拉伸（压缩）与弯曲组合变形

等直杆受到轴向力和横向力共同作用时，或外力的合力作用线不通过轴线时，杆件都将产生**拉伸（或压缩）与弯曲的组合变形**（combined bending and axial local）。例如，图 11.6 所示一悬臂吊车的横梁 AB，其在受到压缩的同时还受到弯曲变形，即为**压弯组合变形**；图 11.7 所示悬臂梁，其在受到拉伸的同时还受到弯曲变形，即为**拉弯组合变形**。

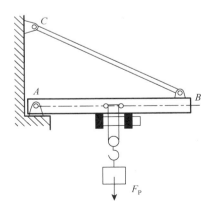

图 11.6　悬臂吊车 AB 梁压弯组合变形

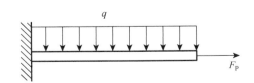

图 11.7　悬臂梁拉弯组合变形

对于弯曲刚度 EI 较大的杆，由于横向力引起的挠度与横截面的尺寸相比很小，因此，由轴向力在相应挠度上引起的弯矩可略去不计。于是，可分别计算由轴向力和横向力引起的杆横截面上的正应力，按叠加原理求其代数和，即得在拉伸（压缩）和弯曲组合变形下杆横截面上的正应力。

如图 11.8（a）所示矩形截面等直杆，其自由端形心受一与杆轴线夹角为 α 的集中力 F_P 作用，以此为例来说明拉（压）弯组合变形时的分析方法和强度计算问题。将力 F_P 分解为沿轴线和垂直于轴线方向的两个分力 F_x 和 F_y，其大小分别为

$$F_x = F_P \cos\alpha, \quad F_y = F_P \sin\alpha$$

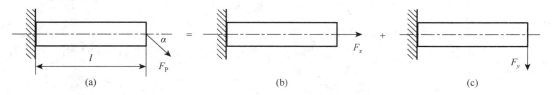

图 11.8　等直杆拉弯组合变形

按叠加原理，该杆在 F_P 作用下任一横截面上的正应力，等于其分别在 F_x 和 F_y 作用下同一截面上的正应力之和。如图 11.8（b）所示，杆单独受轴向力 $F_N = F_x$ 作用时发生轴向拉伸，横截面上的正应力均匀分布［图 11.9（a）］，杆上各点均为危险点，最大正应力为

$$\sigma_N = \frac{F_N}{A}$$

如图 11.8（c）所示，杆单独受横向力 F_y 作用时发生纵向对称面内的弯曲，横截面上的正应力沿截面高度线性分布［图 11.9（b）］，杆的固定端截面上弯矩最大，其值为 $M_z = F_y l$，该截面上、下边缘各点均为危险点，最大正应力为

$$\sigma_M = \frac{M_z}{W_z}$$

所以，在 F_P 作用下，杆的固定端截面是危险截面，该截面上的正应力沿截面高度呈线性分布，如图 11.9（c）所示，该截面的上边缘各点为危险点，最大正应力为

$$\sigma_{max} = \frac{F_N}{A} + \frac{M_z}{W_z}$$

(a) 轴向拉伸时正应力分布图　　(b) 横向弯曲时正应力分布图　　(c) 拉弯组合时正应力分布图

图 11.9　横截面上应力分布图

应当注意，图 11.9（c）是当 $\sigma_N < \sigma_M$ 时的情况，这时 σ_{max}、σ_{min} 分别为拉、压应力；而当 $\sigma_N > \sigma_M$ 时，σ_{max}、σ_{min} 均为拉应力。因此，杆在拉伸（压缩）与弯曲组合变形时，其横截面上的应力分布情况要根据实际受力状态来确定。

由于危险点处的应力状态为单向应力状态，所以可将截面上的 σ_{max} 与材料的许用应力相比较而建立其强度条件，即

$$\sigma_{max} = \frac{F_N}{A} + \frac{M_z}{W_z} \leqslant [\sigma] \qquad (11.6)$$

对许用拉、压应力不相等的脆性材料制成的杆件，且危险截面上同时存在最大拉、压应力时，则须使杆内的最大拉、压应力分别满足材料的拉、压强度条件，即

$$\sigma_{t,max} \leqslant [\sigma_t], \quad \sigma_{c,max} \leqslant [\sigma_c]$$

对于发生轴向压缩与对称弯曲组合变形的杆，其最大拉、压应力分别为

$$\sigma_{t,max} = -\frac{F_N}{A} + \frac{M_z}{W_z}, \quad \sigma_{c,max} = -\frac{F_N}{A} - \frac{M_z}{W_z}$$

例 11.2　图 11.10（a）所示起重架的最大起重量 $G = 40$ kN，结构自重不计。横梁 AB 跨长 $l = 3.5$ m，由两根 No.20a 号槽钢组成，其截面参数为 $A_0 = 28.83$ cm^2，$W_{z0} = 178$ cm^3，$I_{z0} = 1780$ cm^4。材料的许用应力 $[\sigma] = 120$ MPa，弹性模量 $E = 200$ GPa。试校核横梁 AB 的强度。

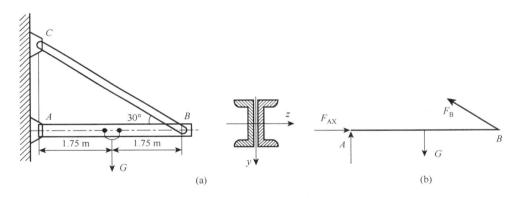

图 11.10　起重架

解　横梁 AB 的受力简图如图 11.10（b）所示，可知其为压弯组合变形。当载荷 G 作用于 AB 的中点时，横梁处于最危险状态，且危险截面为梁的中点截面，其内力分量为

$$F_N = \frac{\dfrac{G}{2}}{\tan 30°} = \frac{\dfrac{1}{2} \times 40}{\tan 30°} = 34.64 \ (kN)$$

$$M_z = \frac{Gl}{4} = \frac{40 \times 3.5}{4} = 35 \ (kN \cdot m)$$

危险截面的上边缘各点为危险点，有最大压应力，由式（11.6）得

$$\sigma_{max} = \frac{F_N}{A} + \frac{M_z}{W_z} = \frac{F_N}{2A_0} + \frac{M_z}{2W_{z0}}$$

$$= \frac{34.64 \times 10^3}{2 \times 28.83 \times 10^{-4}} + \frac{35 \times 10^3}{2 \times 178 \times 10^{-6}} = 1.04 \times 10^8 \ (Pa) = 104 \ (MPa) < [\sigma]$$

因此，横梁 AB 满足强度条件。

例 11.3　某矩形截面立柱如图 11.11（a）所示，长度 $l = 500$ mm，横截面尺寸为 $b = 60$ mm，$h = 180$ mm。其自由端受一偏心压力 $F = 200$ kN 的作用，作用点的坐标为 $y_F = 25$ mm，

$z_F = 35$ mm。已知材料的许用拉应力$[\sigma_t] = 30$ MPa，许用压应力$[\sigma_c] = 90$ MPa，试校核立柱的强度。

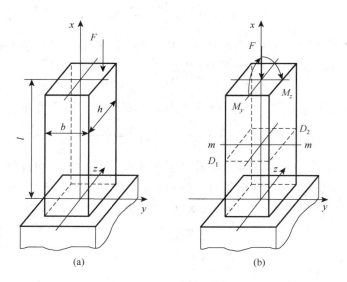

图 11.11　矩形截面立柱

解　将偏心压力 F 向自由端截面形心简化，得到一个轴向压力 F 和一个附加力偶 M。如图 11.11（b）所示，将附加力偶向截面的两个形心主惯性平面分解，在 xz 平面内的力偶矩为 $M_y = F \cdot z_F$，在 xy 平面内的力偶矩为 $M_z = F \cdot y_F$。力 F 和力偶矩 M_y、M_z 分别使立柱发生轴向压缩和在两个形心主惯性平面内的纯弯曲。所以，立柱发生轴向压缩与两向平面弯曲的组合变形，柱内各点都处于单向应力状态。

立柱任意横截面 m-m 上的内力分量为

轴力：$F_N = F = 200$ kN

弯矩：$M_y = F \cdot z_F = 7000$ N·m，$M_z = F \cdot y_F = 5000$ N·m

由叠加原理，立柱任一横截面 m-m 的顶点 D_1、D_2 为危险点，分别有最大拉应力 $\sigma_{t,\,max}$ 和最大压应力 $\sigma_{c,\,max}$，须分别满足材料的拉、压强度条件，即

$$\sigma_{t,max} = \frac{M_y}{W_y} + \frac{M_z}{W_z} - \frac{F_N}{A} \leqslant [\sigma_t] \tag{a}$$

$$\sigma_{c,max} = \frac{M_y}{W_y} + \frac{M_z}{W_z} + \frac{F_N}{A} \leqslant [\sigma_c] \tag{b}$$

上两式中，A 为横截面积，W_y、W_z 为弯曲截面模量。应当注意，若 D_1 点处的应力为压应力，则式（a）中的 $\sigma_{t,\,max}$ 为负值，从而式（a）自然满足，不会产生矛盾。

对于图 11.11（a）中的矩形截面，有

$$A = bh = 60 \times 10^{-3} \times 180 \times 10^{-3} = 0.0108 \,(\text{m}^2)$$

$$W_y = \frac{1}{6}bh^2 = \frac{1}{6} \times 60 \times 10^{-3} \times (180 \times 10^{-3})^2 = 3.24 \times 10^{-4} \,(\text{m}^3)$$

$$W_z = \frac{1}{6}hb^2 = \frac{1}{6} \times 180 \times 10^{-3} \times (60 \times 10^{-3})^2 = 1.08 \times 10^{-4} \ (\text{m}^3)$$

将相关数据代入式（a）和式（b），得

$$\sigma_{\text{t,max}} = \frac{7000}{3.24 \times 10^{-4}} + \frac{5000}{1.08 \times 10^{-4}} - \frac{200 \times 10^3}{0.0108} = 4.94 \times 10^7 \ (\text{Pa}) = 49.4 \ (\text{MPa}) > [\sigma_{\text{t}}]$$

$$\sigma_{\text{c,max}} = \frac{7000}{3.24 \times 10^{-4}} + \frac{5000}{1.08 \times 10^{-4}} + \frac{200 \times 10^3}{0.0108} = 8.64 \times 10^7 \ (\text{Pa}) = 86.4 \ (\text{MPa}) < [\sigma_{\text{c}}]$$

因此，该立柱的强度不满足要求。

由上述计算可见，立柱任一横截面的附加弯曲正应力已达轴向压缩正应力的 3.67 倍，因此，从强度的观点来看，应尽量减小载荷的偏心。

对于采用抗拉强度远低于抗压强度的脆性材料（如混凝土）制造的承压构件，在偏心压力作用下，可能导致截面上出现拉应力，从而易于产生拉伸断裂。对于确定的截面，只要偏心压力的作用点控制在充分靠近形心的一定区域之内，使得中性轴移出截面之外，就能使截面上处处受压，而没有拉应力。这个能使截面免于受拉的偏心压力作用点的集合是围绕形心的一个区域，称为**截面核心**。对于宽度为 b、长度为 h 的矩形截面，设偏心压力 F 作用在坐标点 (y, z) 处，由式（a）可知，截面上的最大拉应力 $\sigma_{\text{t, max}}$ 为

$$\sigma_{\text{t,max}} = \frac{M_y}{W_y} + \frac{M_z}{W_z} - \frac{F_{\text{N}}}{A} = \frac{F|z|}{\frac{1}{6}bh^2} + \frac{F|y|}{\frac{1}{6}hb^2} - \frac{F}{bh} = \frac{6F}{bh}\left(\frac{|z|}{h} + \frac{|y|}{b} - \frac{1}{6}\right)$$

令 $\sigma_{\text{t,max}} \leqslant 0$，得 $\dfrac{|z|}{h} + \dfrac{|y|}{b} - \dfrac{1}{6} \leqslant 0$，满足此不等式的点 (y, z) 所在区域即为矩形截面的截面核心，如图 11.12（a）中的阴影区所示。对于圆形截面，其截面核心如图 11.12（b）中的阴影区所示。

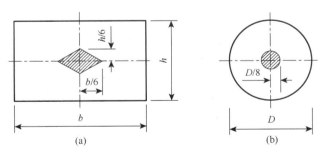

图 11.12 截面核心

11.4 弯曲与扭转组合变形

工程中的轴，除发生扭转变形，还会发生弯曲变形，当弯曲变形不能忽略时，可看成扭转与弯曲共同作用的**弯扭组合变形**（combined bending and torsion）。如图 11.13（a）所示圆截面杆，左端固定，右端自由。在自由端的横截面内作用着一个外力偶矩 M_e 以及一个通过形心的横向力 F_P。外力偶矩使圆杆产生扭转变形，而横向力使圆杆产生弯曲变形。考虑到由横向力引起的切应力影响很小，可以略去不计，于是圆杆的变形就是弯扭组合变形。

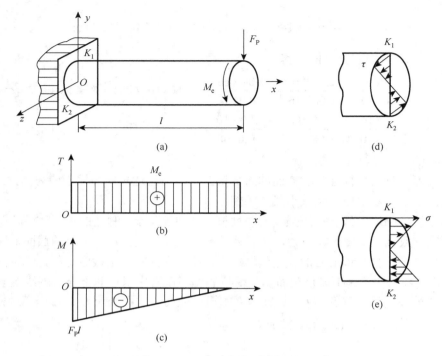

图 11.13　圆截面杆弯扭组合变形

下面对由塑性材料制成的圆杆，分别按第三、第四强度理论建立圆杆弯扭组合变形的强度条件。

（1）内力分析及危险截面的确定。

圆杆的扭矩图和弯矩图分别如图 11.13（b）和（c）所示，可见圆杆的危险截面为固定端截面，其扭矩和弯矩分别为 $T = M_e$ 和 $M = F_pl$。

（2）危险点的确定。

危险截面上的扭转切应力和弯曲正应力的分布分别如图 11.13（d）和（e）所示，该截面上、下缘的 K_1、K_2 两点同时有最大的扭转切应力和弯曲正应力，其值分别为

$$\tau = \frac{T}{W_p} = \frac{T}{2W}, \quad \sigma = \pm \frac{M}{W}$$

式中，W_p、W 分别为圆杆的扭转、弯曲截面模量。

（3）强度计算。

危险点 K_1、K_2 的应力状态分别如图 11.14（a）和（b）所示，均为单向与纯剪切组合应力状态。

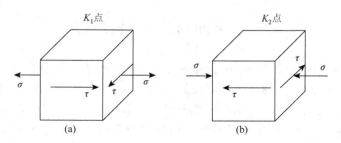

图 11.14　点的应力状态

按第三强度理论，由式（10.21）得强度条件为

$$\sigma_{r3} = \sqrt{\sigma^2 + 4\tau^2} = \frac{\sqrt{M^2 + T^2}}{W} \leqslant [\sigma] \tag{11.7}$$

按第四强度理论，由式（10.22）得强度条件为

$$\sigma_{r4} = \sqrt{\sigma^2 + 3\tau^2} = \frac{\sqrt{M^2 + 0.75T^2}}{W} \leqslant [\sigma] \tag{11.8}$$

求得危险截面的弯矩 M 和扭矩 T 后，即可利用式（11.7）和式（11.8）进行强度计算。上两式同样适用于空心圆杆，将式中的 W 改用空心圆截面的弯曲截面模量即可。

实际上，机械中的转轴一般处于匀速转动状态，其截面上的危险点应力周期性交替变化，这种应力称为交变应力。构件在交变应力下工作，其发生破坏时的最大应力往往远小于静载时的强度指标。所以，在机械设计中，对在交变应力下工作的构件另有相应的强度计算准则。但是，一般在转轴初步设计时仍按式（11.7）和式（11.8）进行强度计算。

例 11.4 如图 11.15（a）所示拐轴由水平薄壁圆管 AB 与刚性臂 BC 在 B 点处垂直连接而成，A 端为固定端约束。已知 $l = 800$ mm，$a = 300$ mm，圆管的平均直径 $D_0 = 40$ mm，壁厚 $t = 2$ mm；材料的许用应力 $[\sigma] = 100$ MPa。若在 C 端作用铅垂载荷 $F = 200$ N，试按第三强度理论校核圆管强度。

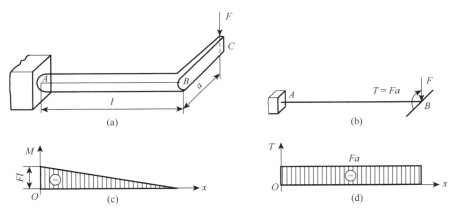

图 11.15 拐轴

解 圆管 AB 的受力简图如图 11.15（b）所示，可知其为弯扭组合变形。其弯矩 M 图、扭矩 T 图分别如图 11.15（c）和（d）所示，危险截面为固定端截面，其上的内力为

$$M = Fl = 200 \times 800 \times 10^{-3} = 160 \ (\text{N} \cdot \text{m})$$

$$T = Fa = 200 \times 300 \times 10^{-3} = 60 \ (\text{N} \cdot \text{m})$$

圆环截面的弯曲截面模量为

$$W = \frac{I}{\dfrac{D_0 + t}{2}} = \frac{\dfrac{1}{2}\pi D_0 t\left(\dfrac{D_0}{2}\right)^2}{\dfrac{D_0 + t}{2}} = \frac{\pi D_0^3 t}{4(D_0 + t)} = \frac{\pi \times (40 \times 10^{-3})^3 \times 2 \times 10^{-3}}{4 \times (40 \times 10^{-3} + 2 \times 10^{-3})} = 2.39 \times 10^{-6} \ (\text{m}^4)$$

按第三强度理论，由式（11.7）得

$$\sigma_{r3} = \frac{\sqrt{M^2 + T^2}}{W} = \frac{\sqrt{160^2 + 60^2}}{2.39 \times 10^{-6}} = 7.15 \times 10^7 \,(\text{Pa}) = 71.5 \,(\text{MPa}) < [\sigma]$$

因此，圆管 AB 满足强度条件。

例 11.5 某精密磨床砂轮轴如图 11.16 所示，已知电动机功率 $P = 3\,\text{kW}$，转速 $n = 1400\,\text{r/min}$，转子重力 $G_1 = 101\,\text{N}$，砂轮直径 $D = 25\,\text{cm}$，重力为 $G_2 = 275\,\text{N}$，磨削力 $F_y / F_z = 3$，轴的直径 $d = 50\,\text{cm}$，材料的许用应力 $[\sigma] = 60\,\text{MPa}$。当砂轮机满负荷工作时，试按第四强度理论校核轴的强度。

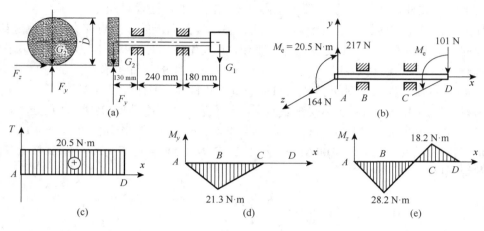

图 11.16　磨床砂轮轴

解 （1）受力分析。

先由已知条件求出砂轮轴所受所有外力，其所受的扭转力偶矩为

$$T = M_e = 9549 \frac{P}{n} = 9549 \times \frac{3}{1400} = 20.5 \,(\text{N} \cdot \text{m})$$

磨削力为

$$F_z = \frac{T}{\dfrac{D}{2}} = \frac{20.5}{\dfrac{25}{2} \times 10^{-2}} = 164 \,(\text{N})$$

$$F_y = 3F_z = 3 \times 164 = 492 \,(\text{N})$$

根据砂轮轴的受力状态，可作出其受力简图，如图 11.16（b）所示。

（2）内力分析。

轴的扭矩 T、弯矩 M_y、M_z 图分别如图 11.16（c）、（d）和（e）所示。由此可知，危险截面为截面 B，其扭矩和弯矩分别为

$$T = 20.5\,\text{N} \cdot \text{m}, \quad M_y = 21.3\,\text{N} \cdot \text{m}, \quad M_z = 28.2\,\text{N} \cdot \text{m}$$

因为圆截面的任一直径都是主形心轴，故可将弯矩 M_y、M_z 合成一个合弯矩，再按最大合弯矩进行应力或强度计算。最大合弯矩为

$$M = \sqrt{M_y^2 + M_z^2} = \sqrt{21.3^2 + 28.2^2} = 35.34 \,(\text{N} \cdot \text{m})$$

（3）强度校核。

截面 B 的弯曲截面模量为

$$W = \frac{1}{32}\pi d^3 = \frac{1}{32} \times \pi \times (50 \times 10^{-3})^3 = 1.227 \times 10^{-5} \ (\text{m}^3)$$

按第四强度理论，由式（11.8）得

$$\sigma_{r4} = \frac{\sqrt{M^2 + 0.75T^2}}{W} = \frac{\sqrt{35.4^2 + 0.75 \times 20.5^2}}{1.227 \times 10^{-5}} = 3.23 \times 10^6 \ (\text{Pa}) = 3.23 \ (\text{MPa}) < [\sigma]$$

可见，轴的强度是非常保守的。这是因为精密磨床的加工精度要求较高，轴的设计主要是根据轴的刚度来进行的。

11.5 思考与讨论

11.5.1 复杂载荷处理方法

在材料力学教材中，一般只介绍斜弯曲、拉（压）弯及弯扭几种组合变形，而且对每一种组合变形的判定只是通过教材中给定的外力特点来进行分析。如果构件受任意载荷发生的是更为复杂的组合变形，那么如何分析？

针对这一问题，本专题介绍一种分析组合变形的一般性方法：外力分析法。这种方法的特点是给出了组合变形是由哪几种基本变形组成的一般分析方法，而这正是解决组合变形问题的关键。根据作用在构件上的外力的方位，可以分为以下四种情况：

（1）外力与横截面平行作用且过截面形心，但与主轴不重合，如图 11.17（a）所示；

（2）外力与横截面平行作用，但力作用线不通过形心，如图 11.17（b）所示；

（3）外力过截面形心与横截面斜交，如图 11.17（c）所示；

（4）外力与横截面垂直，且在纵向对称面内，但与杆轴线不重合，如图 11.17（d）所示。

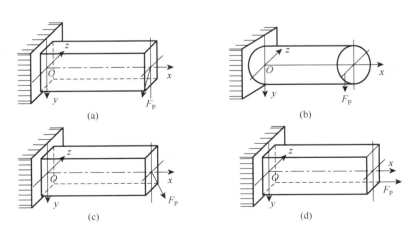

图 11.17 杆件受力图

针对不同的外力作用形式，采取不同的处理方法。

（1）对于上述第（1）种外力作用形式，将外力沿横截面形心主惯性轴分解，如图 11.18 所示。力分解以后得到 F_y 和 F_z，F_y 使构件产生在 xOy 平面内的弯曲变形，F_z 使构件产生在 xOz

平面内的弯曲变形，所以该组合变形是由发生在两个互相垂直的平面内的弯曲变形组合而成，也就是所谓的斜弯曲。

（2）对于上述第（3）种外力作用形式，将外力分解为 F_x、F_y 和 F_z，如图 11.19 所示，F_x 使构件产生拉伸变形，F_y 和 F_z 使构件产生在 xOy 平面内的弯曲变形，所以该组合变形是由拉伸与弯曲组成。

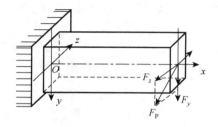

图 11.18　力的分解［第（1）种情况］

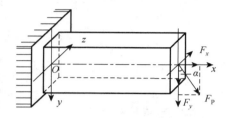

图 11.19　力的分解［第（3）种情况］

（3）外力向截面形心处简化。对于上述第（2）种和第（4）种外力作用形式可以采取此方法，分别如图 11.20 和图 11.21 所示。

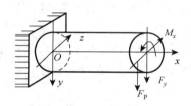

图 11.20　力向截面形心简化［第（2）种情况］

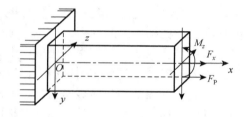

图 11.21　力向截面形心简化［第（4）种情况］

要注意的是，图 11.20 和图 11.21 中的外力 F_P 在向截面形心处简化时，要附加一个力偶，这个力偶是引起扭转变形还是弯曲变形呢？作用在与杆轴线相垂直的平面内的力偶引起扭转变形；作用在通过杆轴线的平面内的力偶引起弯曲变形。

图 11.20 中外力 F_P 在向截面形心处简化时，得到 F_y 和 M_x，F_y 使构件产生在 xOy 平面内的弯曲变形，M_x 使构件产生扭转变形，所以该组合变形是弯曲和扭转变形的组合。

图 11.21 中外力 F_P 在向截面形心处简化时，得到 F_x 和 M_z，F_x 使构件产生拉伸变形，M_z 使构件产生在 xOy 平面内的弯曲变形，所以该组合变形是拉伸和弯曲变形的组合。

11.5.2　组合变形分析步骤

组合变形构件的强度计算，是材料力学中具有广泛实用意义的问题。它的计算以力作用的叠加原理为基本前提，即构件在全部载荷作用下所产生的应力或变形，等于构件在每一个载荷单独作用下所产生的应力或变形的总和。

分析组合变形杆件强度问题的方法和步骤可归纳如下：

（1）将作用在杆件上的外力分解成几种使杆件只产生单一的基本变形的受力情况。

（2）作出杆件在各种基本变形情况下的内力图，确定危险截面及其上的内力值。

（3）通过分析危险截面上的应力分布规律，确定危险点及其应力状态。

（4）若危险点为单向应力状态，则可按基本变形的情况建立强度条件；若为复杂应力状态，则应由相应的强度理论进行强度计算。

思维导图 11

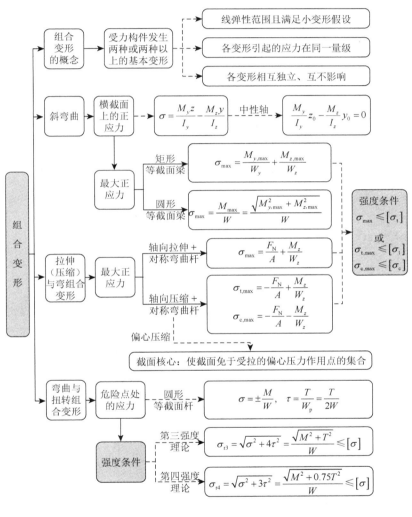

习　题　11

11-1　如题 11-1 图所示，正方形截面杆一端固定，另一端自由，中间部分开有切槽。杆自由端受有平行于杆轴线的纵向力 $F_P = 1\,\mathrm{kN}$，试求杆内横截面上的最大正应力，并指出其作用位置。

11-2　矩形截面的悬臂梁承受载荷如题 11-2 图所示，已知材料的许用应力 $[\sigma] = 12\,\mathrm{MPa}$，弹性模量 $E = 10\,\mathrm{GPa}$。当 $h/b = 2$ 时，试设计截面的尺寸 b、h。

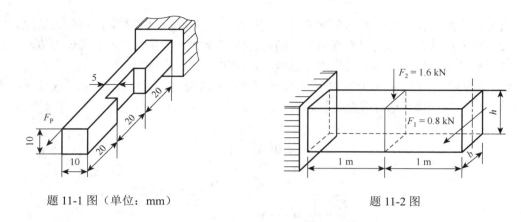

题 11-1 图（单位：mm）　　　　　　　　　　　题 11-2 图

11-3　如题 11-3 图所示矩形截面简支梁，受均布载荷 $q = 1.2$ kN/m 作用，且载荷作用面与梁的纵向对称平面的夹角为 $\alpha = 30°$。已知 $l = 3$ m，$h/b = 1.5$，许用应力$[\sigma] = 10$ MPa。试确定 h 和 b 的尺寸。

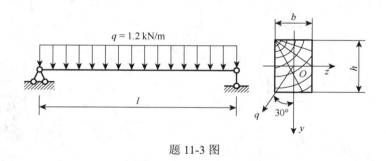

题 11-3 图

11-4　如题 11-4 图所示，已知一砖砌烟囱的高度 $h = 30$ m，底截面 $m\text{-}m$ 的外径 $d_1 = 3$ m，内径 $d_2 = 2$ m，自重 $P_1 = 2000$ kN，受 $q = 1$ kN/m 的风力作用。若将烟囱看成等截面杆，试求：（1）烟囱底截面上的最大压应力；（2）若烟囱的基础埋深 $h_0 = 4$ m，基础及填土自重为 $P_2 = 1000$ kN，土壤的许用压应力$[\sigma_c] = 0.3$ MPa，圆形基础的直径 D 应为多大？

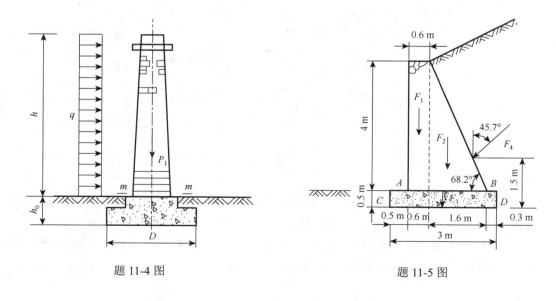

题 11-4 图　　　　　　　　　　　题 11-5 图

11-5 如题 11-5 图所示一浆砌块石挡土墙，墙高 4 m，已知墙背承受的土压力 $F_4 = 137$ kN，并且与铅垂线成夹角 $\alpha = 45.7°$，浆砌石的密度为 $\rho = 2.35 \times 103$ kg/m³，其他尺寸如图所示。试取 1 m 长的墙体作为研究对象，计算作用在截面 AB 上 A 点和 B 点处的正应力。又砌体的许用拉、压应力分别为 $[\sigma_t] = 0.14$ MPa、$[\sigma_c] = 3.5$ MPa，试校核强度。

11-6 如题 11-6 图所示钻床的立柱由铸铁制成，$F_P = 15$ kN，许用拉应力 $[\sigma_t] = 35$ MPa，试确定立柱所需的直径 d。

11-7 如题 11-7 图所示，一楼梯木斜梁的长度为 $l = 4$ m，截面为 $b \times h = 0.1$ m $\times 0.2$ m 的矩形，受均布载荷作用 $q = 2$ kN/m。试作梁的轴力图和弯矩图，并求横截面上的最大拉、压应力。

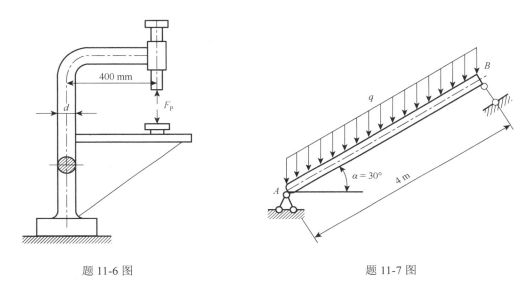

题 11-6 图　　　　　　　　　　　　　題 11-7 图

11-8 人字架承受载荷如题 11-8 图所示。试求 I-I 截面上的最大正应力及 A 点的正应力。

11-9 某水轮机主轴如题 11-9 图所示，水轮机组的输出功率 $P = 37500$ kW。转速 $n = 150$ r/min。已知轴向推力 $F_z = 4800$ kN。转轮重 $W_1 = 390$ kN；主轴的内径 $d = 340$ mm，外径 $D = 750$ mm，自重 $W = 285$ kN；主轴材料为 45 钢，其许用应力为 $[\sigma] = 80$ MPa，试按第四强度理论校核该主轴的强度。

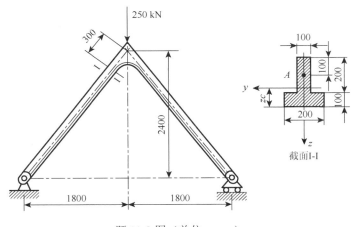

题 11-8 图（单位：mm）

11-10 矩形截面杆在自由端承受位于纵向对称面内的纵向载荷 $F = 60$ kN 作用，如题 11-10 图所示，（1）已知 $\alpha = 5°$，求图示横截面上 a、b、c 三点的正应力；（2）求使横截面上点 b 正应力为 0 时的角度 α 值（图中尺寸单位均为 mm）。

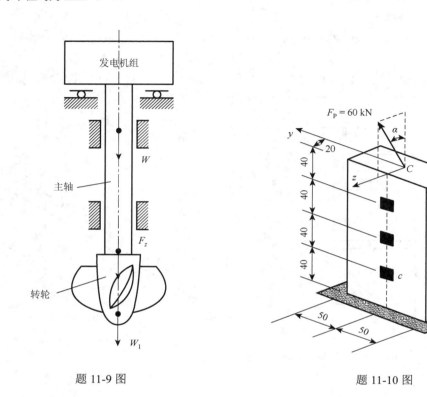

题 11-9 图　　　　　　　　　题 11-10 图

第12章 压杆稳定

12.1 压杆稳定的概念和工程实例

根据拉压杆的强度条件，轴向受压杆件在横截面上的最大正应力不超过材料的许用应力时，构件不会发生破坏。实践表明，这对于粗短的压杆是正确的，但对于细长的压杆，可能出现不能保持其原有的直线平衡状态而破坏。图 12.1（a）为两端铰支的细长压杆，在轴向压力 F_P 作用下，压杆保持直线平衡状态。如果在横向干扰力作用下使其轻微弯曲，如图 12.1（b）所示。实验表明，当轴向压力 F_P 较小时，撤除干扰力，压杆恢复到原来的直线平衡状态，如图 12.1（c）所示，这说明在该压力作用下，压杆原有的直线平衡状态是稳定的；当轴向压力 F_P 增大到某一界限值时，撤除干扰力，压杆保持弯曲平衡状态，如图 12.1（d）所示，这说明压杆原有的直线平衡状态是不稳定的；若继续增大压力 F_P，压杆会产生更大的弯曲变形。压杆保持原有直线平衡状态的能力称为压杆的稳定性。压杆由直线平衡状态转变到弯曲平衡状态的现象称为丧失稳定性，简称**失稳**（buckling）。其轴向压力的界限值，称为**临界力**（critical force），并用 F_{cr} 表示。

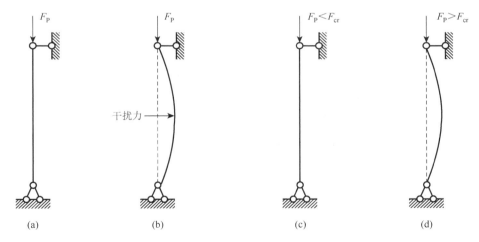

图 12.1   压杆的稳定平衡与不稳定平衡

工程结构中的压杆如果失稳，往往会引起严重的事故。例如，1907 年加拿大长达 548 m 的魁北克大桥，在施工时由于两根压杆失稳而引起倒塌，造成数十人死亡。2005 年，北京西西工程由于模板支架失稳导致整个工地坍塌的重大事故，造成 8 人死亡，21 人受伤。压杆的失稳破坏均是突发性的，必须防范在先。

稳定性问题不仅在压杆中存在，在其他一些薄壁构件中也存在。图 12.2 表示了几种构件失稳的情况。其中图 12.2（a）为一薄而高的悬臂梁因受力过大而发生侧向失稳，图 12.2（b）为一薄壁圆环因受外压力过大而失稳，图 12.2（c）为一薄拱受过大的均布压力而失稳。

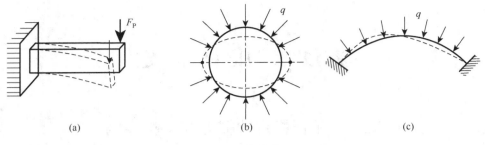

图 12.2　构件失稳

12.2　细长压杆的临界力

设等直细长压杆受到临界力 F_{cr} 作用，在偏离原轴线位置的微弯状态下平衡，应力仍在线弹性范围内，下面按杆端不同约束条件分别计算临界力。

12.2.1　两端铰支细长压杆的临界力

如图 12.3（b）所示，两端铰支的细长直杆在轴向压力 F_P 作用下处于微弯平衡状态，且杆内应力不超过材料的比例极限。建立 $w\text{-}x$ 坐标系，如图 12.3（c）所示，距离原点为 x 的任意截面上的挠度为 w，则其横截面上的弯矩 M 为

$$M = -F_P w$$

式中，负号表示弯矩 M 与挠度 w 的符号相反。

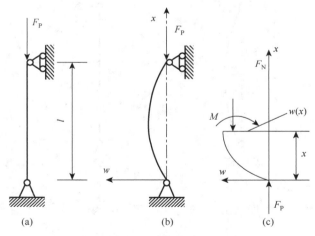

图 12.3　两端铰支压杆的失稳

在图 12.3（c）所示坐标系中，根据挠曲线近似微分方程 $\dfrac{\mathrm{d}^2 w}{\mathrm{d}x^2} = \dfrac{M}{EI}$，得到

$$\frac{\mathrm{d}^2 w}{\mathrm{d}x^2} = -\frac{F_P w}{EI}$$

令 $k^2 = \dfrac{F_P}{EI}$，得

$$\frac{\mathrm{d}^2 w}{\mathrm{d}x^2} + k^2 w = 0$$

此方程为一个二阶常系数微分方程，其通解为

$$w = A \sin kx + B \cos kx$$

式中，常数 A，B 与参数 k 均未知。

利用杆端的约束条件，$x = 0$，$w = 0$，得 $B = 0$，可知压杆的挠曲线为正弦函数

$$w = A \sin kx$$

利用杆另一端约束条件，$x = l$，$w = 0$，得

$$A \sin kl = 0$$

上式只在 $A = 0$ 或 $\sin kl = 0$ 时才成立。若 $A = 0$，即压杆没有发生弯曲变形，这与假设压杆处于微弯平衡状态矛盾。因此，只能 $\sin kl = 0$，则

$$kl = n\pi, \quad n = 1, 2, 3, \cdots$$

将上式代入 $k^2 = \dfrac{F_{\mathrm{P}}}{EI}$，得

$$F_{\mathrm{P}} = \frac{n^2 \pi^2 EI}{l^2}$$

上式表明，使杆件保持微弯平衡状态的压力在理论上是多值的，而这些压力中的最小值才是临界力，即 $n = 1$ 时，临界力表达式为

$$F_{\mathrm{cr}} = \frac{\pi^2 EI}{l^2} \tag{12.1}$$

此式最早由**欧拉**（L.Euler）导出，通常称为欧拉公式。

12.2.2　其他杆端约束下细长压杆的临界力

杆端在其他约束下的临界力，可以仿照上述两端铰支细长压杆的临界力方法求得。

1. 一端固定另一端自由的细长压杆

如图 12.4（a）所示，当轴向压力 F_{P} 达到临界力 F_{cr} 时，杆处于微弯平衡状态，自由端的挠度为 δ。如图 12.4（b）所示，距离原点为 x 的截面上的弯矩 M 为

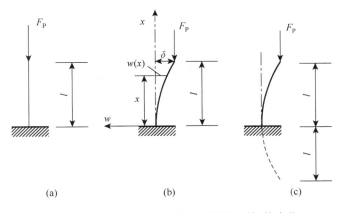

图 12.4　一端固定另一端自由的细长压杆的失稳

$$M = -F_P(\delta + w)$$

将其代入挠曲线近似微分方程，得

$$\frac{d^2w}{dx^2} = \frac{-F_P(\delta + w)}{EI}$$

令 $k^2 = \dfrac{F_P}{EI}$，得

$$\frac{d^2w}{dx^2} + k^2w = -k^2\delta$$

这是一个二阶常系数微分方程，其通解为

$$w = A\sin kx + B\cos kx - \delta$$

求导得

$$w' = A\cos kx - B\sin kx$$

利用杆一端的边界条件：$x = 0$，$w = 0$，$w' = 0$，得

$$A = 0, \quad B = \delta$$

即

$$w = \delta(\cos kx - 1)$$

由杆另一端的边界条件：$x = l$，$w = -\delta$，得

$$\cos kl = 0$$

则

$$kl = (2n+1)\frac{\pi}{2}, \quad n = 0,1,2,\cdots$$

将上式代入 $k^2 = \dfrac{F_P}{EI}$，得

$$F_P = \frac{(2n+1)^2\pi^2 EI}{4l^2}$$

取 $n = 0$，临界力为

$$F_{cr} = \frac{\pi^2 EI}{(2l)^2} \tag{12.2}$$

2. 一端铰支另一端固定的细长压杆

如图 12.5（a）所示，当轴向压力 F_P 达到临界力 F_{cr} 时，杆处于微弯平衡状态。设铰支端 B 的约束反力为 F_R，距离原点为 x 的任意截面上的挠度为 w，由图 12.5（b）可知，其横截面上的弯矩 M 为

$$M = -F_P w + F_R(l - x)$$

将其代入挠曲线近似微分方程，得

$$EI\frac{d^2w}{dx^2} + F_P w = F_R(l - x)$$

令 $k^2 = \dfrac{F_P}{EI}$，其通解为

$$w = A\sin kx + B\cos kx + \frac{F_R}{EIk^2}(l - x)$$

压杆的位移边界条件为

$$x = 0, w = 0; \quad x = 0, w' = 0; \quad x = l, w = 0$$

由此可得

$$B + \frac{F_R l}{EIk^2} = 0$$

$$A - \frac{F_R}{EIk^2} = 0$$

$$A \sin kl + B \cos kl = 0$$

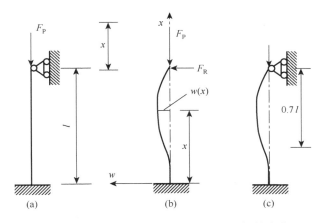

图 12.5 一端铰支另一端固定的细长压杆的失稳

以上为关于 A、B 与 F_R 的线性齐次方程组。该方程组有两组可能的解：一组为 A、B 与 F_R 均为零的零值解；另一组为 A、B 与 F_R 不同时为零时的非零解。显然，零值解与压杆微弯的研究前提不符。而 A、B 与 F_R 存在非零解的条件，是上述线性齐次方程组的系数行列式为零，即

$$\begin{vmatrix} 0 & 1 & \dfrac{l}{EIk^2} \\ k & 0 & -\dfrac{1}{EIk^2} \\ \sin kl & \cos kl & 0 \end{vmatrix} = 0$$

由此得

$$\tan kl = kl$$

如图 12.6 所示，正切曲线 $y_1 = \tan kl$ 与直线 $y_2 = kl$ 相交于 O、a、b 等点，a 点的横坐标为

$$kl = 4.493 \quad \text{或} \quad \sqrt{\frac{F}{EI}} l = 4.493$$

实际上，此为方程的最小非零正根。由此得一端铰支另一端固定的细长压杆的临界力表达式为

$$F_{cr} = \frac{4.493^2 EI}{l^2} \approx \frac{\pi^2 EI}{(0.7l)^2} \tag{12.3}$$

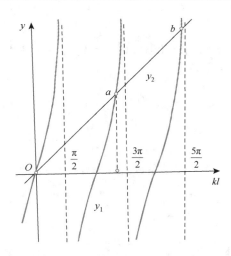

图 12.6　正切曲线与直线的交点

3. 两端固定的细长压杆

比较式（12.1）、式（12.2）与式（12.3）可知，一端固定另一端自由的细长压杆和一端固定另一端铰支的细长压杆的临界力与两端铰支情况下临界力只相差一个杆的长度因数，式（12.1）中为 1，式（12.2）中为 2，式（12.3）中为 0.7。

由此可得出一种求解临界力较为简单的方法——相当长度法。两端铰支细长压杆失稳时挠曲线形状为半个正弦波，两端没有约束力偶作用，即弯矩为零。如果在其他杆端约束下细长压杆失稳时挠曲线的某一形状也为正弦半波，两端的弯矩为零，那么这一段就相当于一个两端铰支压杆，它的临界力就可以用欧拉公式（12.1）计算。

如表 12.1 所示，归纳了常见杆端约束下的长度因数。

表 12.1　压杆的长度因数

约束情况	两端铰支	一端固定另一端自由	一端固定另一端铰支	两端固定
失稳挠曲线形状	$\mu l = l$	$\mu l = 2l$	$\mu l = 0.7l$	$\mu l = 0.5l$
长度因数	1	2	0.7	0.5

按此方法，对于两端固定约束的细长压杆，其在临界力作用下的微弯曲线，距两端分别为 $l/4$ 的两点为拐点，此两处弯矩均为零，两拐点间段长为 $l/2$，形如正弦半波，因此，压杆的临界力与长为 $0.5l$ 两端铰支细长压杆的临界力数值相等。其临界力表达式为

$$F_{\text{cr}} = \frac{\pi^2 EI}{(0.5l)^2} \qquad\qquad (12.4)$$

12.2.3　欧拉公式的普遍形式

综合以上结果，可以得到细长压杆在不同杆端约束下的临界力，即

$$F_{\text{cr}} = \frac{\pi^2 EI}{(\mu l)^2} \qquad\qquad (12.5)$$

式中，μl 称为**相当长度**（equivalent length），表示折算成两端铰支压杆的长度；μ 称为**长度因数**（factor of length），反映杆端约束情况对临界力的影响，具体取值见表 12.1。

上述各种 μ 值都是对理想约束而言的，实际工程中的约束往往是比较复杂的，例如，压杆两端若与其他构件连接在一起，则杆端的约束是弹性的，μ 值一般在 0.5 与 1 之间。

例 12.1　如图 12.7 所示，已知压杆 AC 的抗弯刚度为 EI，C 端为铰链支座约束，A 端为固定支座约束，且压杆 AC 在 B 支承处不能转动。求压杆 AC 的临界力。

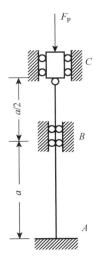

解　BC 段可以看成一端固定另一端铰支的细长压杆，则其相当长度为

$$(\mu l)_{BC} = 1 \times 0.5a = 0.5a$$

根据欧拉公式，可得 BC 段的临界力

$$F_{\text{cr}}^{BC} = \frac{\pi^2 EI}{(0.5a)^2}$$

AB 段可以看成两端固定的细长压杆，则其相当长度为

$$(\mu l)_{AB} = 0.7 \times a = 0.7a$$

根据欧拉公式，可得 AB 段的临界力

$$F_{\text{cr}}^{AB} = \frac{\pi^2 EI}{(0.7a)^2}$$

图 12.7　例 12.1 图

由于

$$F_{\text{cr}}^{AB} < F_{\text{cr}}^{BC}$$

故整个 AC 杆的临界力为

$$F_{\text{cr}} = \frac{\pi^2 EI}{(0.7a)^2}$$

12.3　压杆的临界应力

在临界力作用下，压杆在直线平衡状态时横截面上的平均应力称为临界应力，用 σ_{cr} 表示。压杆在线弹性范围内失稳时，临界应力为

$$\sigma_{\text{cr}} = \frac{F_{\text{cr}}}{A} = \frac{\pi^2 E}{(\mu l)^2} \cdot \frac{I}{A} \qquad\qquad (12.6)$$

式中，A 为截面面积；I 为截面最小的主形心惯性矩。

由截面的惯性半径 $i = \sqrt{\dfrac{I}{A}}$，上式可写为

$$\sigma_{\mathrm{cr}} = \frac{\pi^2 E}{\left(\dfrac{\mu l}{i}\right)^2}$$

引入柔度 λ，令

$$\lambda = \frac{\mu l}{i} \tag{12.7}$$

则式（12.6）可表示为

$$\sigma_{\mathrm{cr}} = \frac{\pi^2 E}{\lambda^2} \tag{12.8}$$

该式是欧拉公式（12.5）的另一种表达形式，柔度 λ 又称为压杆的长细比，它综合反映了压杆长度、约束条件、截面尺寸和形状对临界力的影响。

由于欧拉公式是在材料线弹性范围内推导出的，只有当临界应力小于比例极限 σ_{p} 时，式（12.5）和式（12.8）才适用，即

$$\sigma_{\mathrm{cr}} = \frac{\pi^2 E}{\lambda^2} \leqslant \sigma_{\mathrm{p}}, \quad \lambda \geqslant \sqrt{\frac{\pi^2 E}{\sigma_{\mathrm{p}}}}$$

令

$$\lambda_{\mathrm{p}} = \sqrt{\frac{\pi^2 E}{\sigma_{\mathrm{p}}}} \tag{12.9}$$

则欧拉公式的适用范围为

$$\lambda \geqslant \lambda_{\mathrm{p}} \tag{12.10}$$

满足此式的压杆称为大柔度杆。

对于不同的材料，因弹性模量 E 和比例极限 σ_{p} 各不相同，λ_{p} 的数值亦不相同。例如，对 A3 钢，$E = 210\,\mathrm{GPa}$，$\sigma_{\mathrm{p}} = 200\,\mathrm{MPa}$，用式（12.9）可算得 $\lambda_{\mathrm{p}} = 102$。

若 λ 小于 λ_{p}，将压杆称为中小柔度杆，其临界应力已超过比例极限，属于弹塑性稳定问题。在工程中，一般采用经验公式进行计算。这些公式是在大量试验与分析的基础上建立的，常用的有直线公式和抛物线公式。

对于由合金钢、铝合金、灰口铸铁与松木等制作的中小柔度压杆，可采用直线型经验公式计算临界应力，该公式的一般表达式为

$$\sigma_{\mathrm{cr}} = a - b\lambda \tag{12.11}$$

式中，a、b 为与材料性能有关的常数。常用材料及相关值见表 12.2。

表 12.2　常用材料的 a、b 和 λ_{p}、λ_{s} 值

材料	a/MPa	b/MPa	λ_{p}	λ_{s}
A3 钢 $\sigma_{\mathrm{s}} = 235\,\mathrm{MPa}$	304	1.12	102	60
铸铁	332.2	1.454	70	
木材	28.7	0.190	80	

在使用上述直线型公式时，柔度 λ 存在一个最低界限值 λ_{s}，其值与材料的压缩极限应力 σ_{s} 有关。由式（12.11）并令 $\sigma_{\mathrm{cr}} = \sigma_{\mathrm{s}}$，得

$$\lambda_s = \frac{a - \sigma_s}{b}$$

例如，A3 钢，$\sigma_s = 235\,\text{MPa}$，$a = 304\,\text{MPa}$，$b = 1.12\,\text{MPa}$，代入上式算得 $\lambda_s = 61.6$。若 $\lambda \leqslant \lambda_s$，压杆属于小柔度杆或粗短杆，按强度问题处理。

综上所述，临界应力随柔度 λ 变化的曲线如图 12.8 所示，称为**临界应力总图**（critical stress diagram）。

对于由结构钢与低合金钢等材料制作的中小柔度压杆，可采用抛物线型经验公式计算临界应力，该公式的一般表达式为

$$\sigma_{cr} = a_1 - b_1\lambda^2, \quad 0 < \lambda < \lambda_p \tag{12.12}$$

式中，a_1 与 b_1 为与材料有关的常数。

根据欧拉公式与上述抛物线型经验公式，得结构钢与低合金钢等压杆的临界应力总图，如图 12.9 所示。

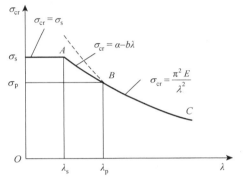

图 12.8　压杆临界应力总图

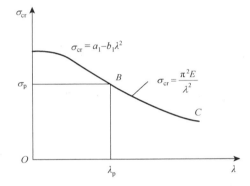

图 12.9　结构钢与低合金钢等压杆的临界应力总图

从临界应力总图可以看出，压杆的柔度越大，临界应力越低。当压杆的工作应力低于图中曲线时，其平衡状态是稳定的，工作应力高于图中曲线时则是不稳定的；当工作应力恰好位于曲线上时则处于临界状态。由于曲线是分段的，因此计算临界应力应根据压杆的柔度范围选择正确的公式。

例 12.2　由 A3 钢制成的矩形截面杆，受力及两端约束情况如图 12.10 所示（图 12.10（a）为正视图；图 12.10（b）为俯视图），A、B 两处为销钉连接。若已知 $l = 2300\,\text{mm}$，$b = 40\,\text{mm}$，$h = 60\,\text{mm}$，材料的弹性模量 $E = 210\,\text{GPa}$。试求此杆的临界力。

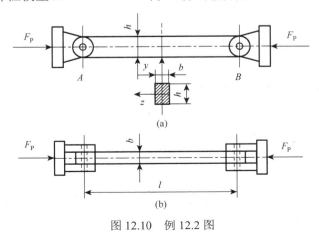

图 12.10　例 12.2 图

解 （1）失稳分析。

给定的压杆在 A、B 两处为销钉连接，这种约束与球铰约束不同。在正视图平面内失稳时，A、B 两处可以自由转动，相当于两端铰支，$\mu=1$；而在俯视图平面内失稳时，A、B 两处不能转动，这时可近似视为两端固定，$\mu=0.5$。又因为是矩形截面，压杆在正视图平面内失稳时，截面将绕 z 轴转动；而在俯视图平面内失稳时，截面将绕 y 轴转动。

根据以上分析，为了计算临界力，应首先计算压杆在两个平面内的柔度，以确定它将在哪一平面内失稳。

（2）计算柔度。

在图 12.10（a）所示正视图平面内，由 $I_z=\dfrac{bh^3}{12}$，$A=bh$，得惯性半径

$$i_z=\sqrt{\frac{I_z}{A}}=\frac{h}{2\sqrt{3}}$$

由式（12.7）得

$$\lambda_z=\frac{\mu l}{i_z}=\frac{1\times 2300\times 10^{-3}\times 2\sqrt{3}}{60\times 10^{-3}}=132.6$$

在图 12.10（b）所示俯视图平面内，由 $I_y=\dfrac{hb^3}{12}$，$A=bh$，得惯性半径

$$i_z=\sqrt{\frac{I_y}{A}}=\frac{b}{2\sqrt{3}}$$

由式（12.7）得

$$\lambda_y=\frac{\mu l}{i_y}=\frac{0.5\times 2300\times 10^{-3}\times 2\sqrt{3}}{40\times 10^{-3}}=99.59$$

（3）计算临界力。

由于 $\lambda_z>\lambda_y$，压杆将在正视图平面内失稳。而在正视图平面内，$\lambda\geqslant\lambda_p$，故临界力为

$$F_{cr}=\sigma_{cr}A=\frac{\pi^2 E}{\lambda_z^2}\cdot bh=\frac{\pi^2\times 210\times 10^9\times 40\times 10^{-3}\times 60\times 10^{-3}}{132.6^2}=282.9\times 10^3(\text{N})=282.9(\text{kN})$$

12.4　压杆的稳定计算

实际压杆难免存在各种缺陷，如压杆的微小初始弯曲变形、材料不均匀和制造误差、压力的微小偏心等都会显著降低临界力，从而严重影响压杆的稳定性。因此，实际压杆应规定较高的稳定安全因数 n_{st}，压杆的稳定条件为

$$n=\frac{F_{cr}}{F_P}\geqslant n_{st} \tag{12.13}$$

式中，F_P 为压杆的工作压力；F_{cr} 为压杆的临界力；n 为工作安全因数；n_{st} 为稳定安全因数。表 12.3 列出了几种钢制压杆的 n_{st} 值。

表 12.3　钢制压杆的 n_{st} 值

压杆 类型	金属结构 中的压杆	机床 丝杠	低速发动机 挺杆	高速发动机 挺杆	矿山和冶金设备中的 压杆
n_{st}	1.8~3	2.5~3	2~5	4~6	4~8

例 12.3　千斤顶如图 12.11 所示，丝杠长度 $l = 375$ mm，内径 $d = 40$ mm，材料是 A3 钢，最大起重量 $F_P = 80$ kN，规定稳定安全系数 $[n_{st}] = 3$。试校核丝杠的稳定性。

解　（1）计算丝杠的柔度。

丝杠可简化为下端固定上端自由的压杆，如图 12.11（b）所示，故长度系数 $\mu = 2$。截面的惯性半径 $i = \sqrt{\dfrac{I}{A}} = \dfrac{d}{4} = 10$ mm，由式（12.7），得丝杠的柔度

$$\lambda = \frac{\mu l}{i} = \frac{2 \times 375 \times 10^{-3}}{10 \times 10^{-3}} = 75$$

（2）计算临界力并校核稳定性。

查表 12.2 得 A3 钢 $\lambda_p = 102$，$\lambda_s = 60$，$a = 304$ MPa，$b = 1.12$ MPa，而 $\lambda_s < \lambda < \lambda_p$，可采用直线经验公式计算其临界力，故丝杠的临界力为

$$F_{cr} = \sigma_{cr} A = (a - b\lambda) \cdot \frac{\pi}{4} d^2 = (304 - 1.12 \times 75) \times \frac{\pi}{4} \times 40^2 = 276(\text{kN})$$

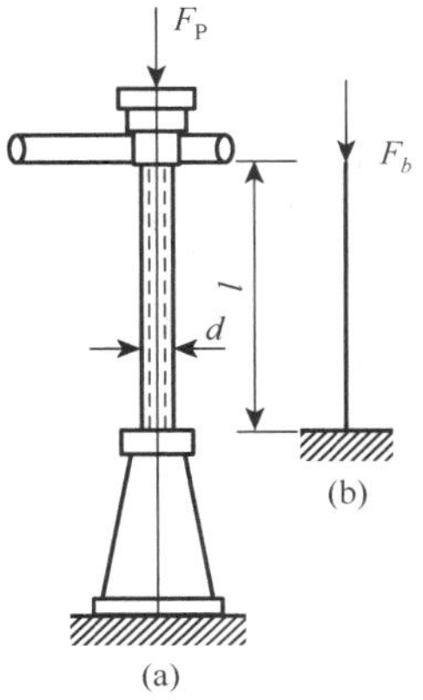

由式（12.13），丝杠的工作安全因数为

$$n = \frac{F_{cr}}{F_P} = \frac{276}{80} = 3.45 > n_{st} = 3$$

所以此千斤顶丝杠是稳定的。

图 12.11　例 12.3 图

例 12.4　如图 12.12（a）所示结构中，均布载荷集度 $q = 20$ kN/m。梁 AB 的截面为矩形，$b = 90$ mm，$h = 130$ mm。柱 BC 的截面为圆形，直径 $d = 80$ mm。梁和柱的材料为 A3 钢，许用正应力 $[\sigma] = 160$ MPa，规定的稳定安全因数为 $n_{st} = 3$。试校核结构的安全性。

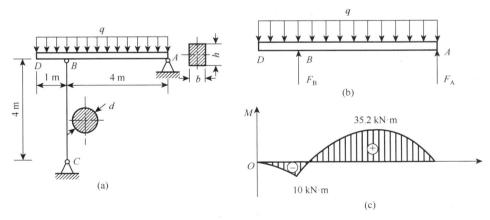

图 12.12　例 12.4 图

解　（1）校核梁的弯曲强度。

梁 AB 的受力图如图 12.12（b）所示，由平衡方程 $\sum M_A = 0$，可得

$$F_B = 62.5 \text{ kN}$$

作梁的弯矩图如图 12.12（c）所示，最大弯矩为

$$M_{\max} = 35.2 \text{ kN·m}$$

梁的最大弯曲正应力为

$$\sigma_{\max} = \frac{M_{\max}}{W_z} = \frac{M_{\max}}{\dfrac{bh^2}{6}} = \frac{35.2 \times 10^3}{\dfrac{90 \times 130^2 \times 10^{-9}}{6}} = 138.9 \times 10^6 (\text{Pa}) = 138.9 (\text{MPa}) < [\sigma]$$

所以梁的弯曲强度足够。

（2）柱的稳定性校核。

柱 BC 所受的压力 $F_B = 62.5$ kN，两端为铰支，长度系数 $\mu = 1$，惯性半径 $i = \dfrac{d}{4} = 20$mm，

代入式（12.7），得

$$\lambda = \frac{\mu l}{i} = \frac{1 \times 4}{20 \times 10^{-3}} = 200$$

对于 A3 钢，$\lambda_p = 102$，故 $\lambda > \lambda_p$，柱 BC 为细长杆。可用欧拉公式计算柱的临界力为

$$F_{cr} = \frac{\pi^2 \times 210 \times 10^9}{4^2} \times \frac{\pi \times 80^4 \times 10^{-12}}{64} = 260.5 (\text{kN})$$

柱的工作安全因数为

$$n = \frac{F_{cr}}{F_P} = \frac{260.5}{62.5} = 4.2 > n_{st}$$

柱的稳定性足够，所以结构安全。

12.5　提高压杆承载能力的措施

影响压杆临界力大小的因素主要是压杆的柔度和材料的性能，其中柔度又与压杆的长度、约束条件和截面的形状有关，因此，可从以下几个方面考虑如何提高压杆的稳定性。

12.5.1　选择合理的截面形状

对于圆形截面的压杆，由于柔度与截面的惯性半径成反比，因此在不增加截面积的条件下，采用惯性半径尽可能大的空心截面形状有助于提高压杆的承载能力。如图 12.13 所示的两种截面，若内外径之比 $\dfrac{d}{D} = 0.8$，在截面积相等和其他条件相同的情况下，圆管的临界力是实心圆杆的 4.5 倍，因而稳定性大为提高。

对于非圆截面的压杆，在面积相同的情况下，还应考虑到不同约束和失稳的方向。如果压杆在各方向的约束相同，例如对于两端球形铰支或固支的压杆，可以选择截面对形心主惯性矩相等的截面，如图 12.14（a）所示的正方形薄壁箱形截面。如果压杆在截面两个形心主轴方向的约束不同，则设计时使压杆在上述两方向内的柔度相等，即

$$\frac{\mu_z}{\sqrt{I_z}} = \frac{\mu_y}{\sqrt{I_y}}$$

如图 12.14（b）、（c）所示，经过适当设计的工字形截面，以及由槽钢与角钢等组成的组合截面（中间通常采用缀板或缀条连接），均能满足上述要求。

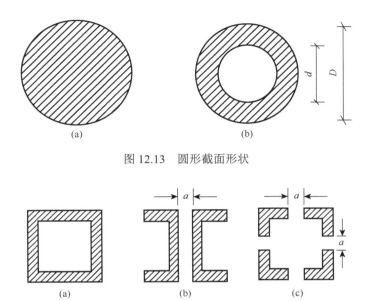

图 12.13   圆形截面形状

图 12.14   常见非圆截面形状

12.5.2   改变压杆的约束条件

增加或加强压杆的约束，可以降低相当长度，使压杆不易发生弯曲变形，从而提高压杆的临界力。例如两端铰支细长压杆，其 $\mu = 1$。若在这个压杆的中点增加一个中间支座或把两端改为固定端，则相当长度 $\mu l = l/2$，临界力变为原来的 4 倍。

12.5.3   合理选择材料

对于大柔度杆，临界力由欧拉公式计算，故临界力的大小与材料的弹性模量 E 成正比。但各种钢材的 E 基本相同，所以对大柔度杆选用优质钢材与低碳钢并无多大差别。

对于中小柔度杆，由临界应力总图可以看到，若材料的屈服极限 σ_s 和比例极限 σ_p 越高，则临界应力越大。所以，选用优质钢有利于提高临界应力的数值。

12.6   思考与讨论

12.6.1   魁北克大桥的垮塌

19 世纪末 20 世纪初，世界上掀起建造大型金属桁架桥的潮流，其中有 24 座较大金属桁架结构桥梁发生整体破坏，尽管陆续发生的桥梁恶性事故与压杆失稳有关，可能由于这些桥梁都是在使用过一段时间后发生了坍塌，所以并没有引起太多的关注。也许冥冥之中注定要再来一次警示，使人们从根本上将压杆失稳列入设计校核之中。1907 年，加拿大圣劳伦斯河上正在施工的魁北克大桥，在众目睽睽下发生了整体的坍塌，事故导致 75 人死亡，19000 吨钢材坠入河中，如图 12.15 所示。

图 12.15　魁北克大桥的坍塌

事后，加拿大政府调查发现，魁北克大桥的强度、刚度都满足设计要求，那是什么原因导致桥梁的垮塌呢？

经过调查分析，发现产生破坏的直接原因是，大桥南侧悬臂桁架根部的下弦杆在未达到最大载荷的情况下被率先压弯，从而丧失稳定性引起连锁反应。由此可见，研究压杆的稳定性问题非常重要。

经过查阅大量的关于压杆稳定问题的相关资料，发现早在 1757 年，瑞士科学家欧拉就已经分析了压杆稳定问题，并得到了压杆的临界力公式，即

$$F_{\mathrm{cr}} = \frac{C\pi^2}{4l^2}$$

不过，欧拉导出该公式，只是对压杆失稳的初步认识。欧拉不仅不理解 C 的力学意义，也没有讨论压杆的约束情形。尽管如此，欧拉开启了人们对压杆失稳的认识，得到了临界力与杆长平方成反比的结论，这为压杆失稳研究奠定了基础。

1917 年，考虑稳定性后，新的魁北克大桥终于竣工通车使用至今。

由此可见，开展理论研究对解决工程实际问题是至关重要的。

12.6.2　柴油机连杆的失稳

柴油机因功率范围大、效率高、能耗低，在各种类型民用船舶和中小型舰艇推进装置中确立了其主导地位。柴油机是船舶的心脏，而柴油机连杆则是承受强烈冲击力和动态应力最高的动力学负荷部件。由于连杆为一细长杆件，当受压缩和横向惯性力作用时，若连杆杆身刚度不足，则会产生弯曲变形，而丧失稳定性，如图 12.16 所示。若连杆在垂直于摆动平面内发生失稳，则危害更大，造成轴承不均匀磨损，甚至烧瓦，使发动机无法正常工作。

因此，提高连杆的稳定性非常重要。由于连杆的长度和两端约束需要与气缸配合，一般不能改变，所以合理设计连杆杆身的截面形状十分必要。它应能在保证强度的前提下尽量减轻连杆的重量，此外，还要有利于该截面形状向大端、小端的过渡，因此柴油机连杆杆身常采用工字形截面，其长轴位于连杆摆动平面，这种截面对材料利用得最为合理。

图 12.16　柴油机连杆的失稳

例如，某舰艇用柴油机连杆已知的参数数据为：材料为 Cr 合金钢，弹性模量 $E = 200$ GPa，材料的屈服强度 $\sigma_s = 800$ MPa，连杆长 221.5 mm，截面高度 $H = 48.8$ mm，宽度 $B = 32$ mm，翼缘和腹板厚度均为 $h \approx t = 6$ mm。试分析以下问题。

（1）若气缸内最大爆发压力为 132 kN，此时连杆的强度和稳定性是否满足要求？

（2）分析连杆在摆动平面及垂直于摆动平面内的临界力，并判断连杆在哪个面内失稳。

（3）除稳定性外，在设计柴油机连杆时还要考虑哪些力学问题。

思维导图 12

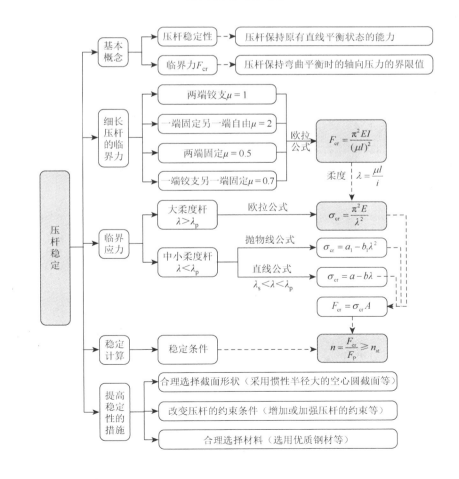

习　题　12

12-1　下列结构中不会产生失稳现象的是（　　）。

　　A. 扭转的薄壁圆筒　　　　　　　　　B. 受压的拱结构

　　C. 受拉的钢丝　　　　　　　　　　　D. 受压的弹簧

12-2　下列因素中，对压杆失稳影响不大的是（　　）。

　　A. 杆件截面的形状　　　　　　　　　B. 杆件材料的型号

　　C. 杆件的长度　　　　　　　　　　　D. 杆件约束的类型

12-3　下列结论中正确的是（　　）。

　　①若压杆中的实际应力不大于该压杆的临界应力，则杆件不会失稳；

　　②受压杆件的破坏均由失稳引起；

　　③压杆临界应力的大小可以反映压杆稳定性的好坏；

　　④若压杆中的实际应力大于 $\sigma_{cr} = \dfrac{\pi^2 E}{\lambda^2}$，则压杆必定破坏。

　　A. ① + ②　　　　　　　　　　　　　B. ② + ④

　　C. ① + ③　　　　　　　　　　　　　D. ② + ③

12-4　若两根细长压杆的惯性半径 i 相等，当（　　）相同时，它们的柔度相等。

　　①杆长；

　　②约束类型；

　　③弹性模量；

　　④外部载荷。

　　A. ① + ②　　　　　　　　　　　　　B. ① + ② + ③

　　C. ① + ② + ④　　　　　　　　　　　D. ① + ② + ③ + ④

12-5　压杆临界力的大小（　　）。

　　A. 与压杆所承受的轴向压力大小有关　　B. 与压杆的柔度大小有关

　　C. 与压杆所承受的轴向压力大小无关　　D. 与压杆的柔度大小无关

12-6　细长压杆承受轴向压力 F 的作用，其临界力与（　　）无关。

　　A. 杆的材质　　　　　　　　　　　　B. 杆的长度

　　C. 杆承受的压力的大小　　　　　　　D. 杆的横截面形状和尺寸

12-7　如题 12-7 图所示材料相同、截面相同的细长压杆，稳定性最好的压杆是（　　），稳定性最差的压杆是（　　）。

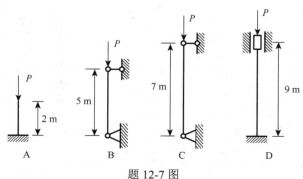

题 12-7 图

12-8　正方形截面受压杆，若截面的边长由 a 增大到 $2a$ 后（其他条件不变），则杆的横截面上的临界力是原来临界力的（　　　）。

　　A. 2 倍　　　　　　　　B. 4 倍　　　　　　　　C. 8 倍　　　　　　　　D. 16 倍

12-9　在材料相同的条件下，随着柔度的增大（　　　）。

　　A. 细长杆的临界应力是减小的，中长杆不是

　　B. 中长杆的临界应力是减小的，细长杆不是

　　C. 细长杆和中长杆的临界应力均是减小的

　　D. 细长杆和中长杆的临界应力均不是减小的

12-10　压杆的柔度与临界应力和压杆的稳定性之间的关系，下列说法正确的是（　　　）。

　　A. 压杆的柔度越大，临界应力越大，压杆的稳定性越差

　　B. 压杆的柔度越小，临界应力越小，压杆的稳定性越好

　　C. 压杆的柔度越小，临界应力越大，压杆的稳定性越好

　　D. 三者之间无直接的关系

12-11　判定一根压杆属于细长杆、中长杆还是短粗杆时，需全面考虑压杆的（　　　）。

　　A. 材料、约束状态、长度、横截面形状和尺寸

　　B. 载荷、约束状态、长度、横截面形状和尺寸

　　C. 载荷、材料、长度、横截面形状和尺寸

　　D. 载荷、材料、约束状态、横截面形状和尺寸

12-12　如果对于一根中柔度杆件进行稳定性校核时采用了大柔度公式，即欧拉临界应力公式 $\sigma_{cr} = \dfrac{\pi^2 E}{\lambda^2}$，那么这种校核的结果是（　　　）。

　　A. 可能偏安全，也可能偏危险　　　　B. 偏安全的

　　C. 与中柔度杆公式的结果相同　　　　D. 偏危险的

12-13　如题 12-13 图所示的细长压杆均为圆杆，其直径 d 均相同，材料是 Q235 钢，$E = 210\ \text{GPa}$。其中，（a）为两端铰支；（b）为一端固定另一端铰支；（c）两端固定。试判别哪一种情形的临界力最大，哪种其次，哪种最小？若圆杆直径 $d = 16\ \text{cm}$，试求最大的临界力 F_{cr}。

12-14　三根圆截面压杆，直径均为 $d = 160\ \text{mm}$，材料为 A3 钢，$E = 200\ \text{GPa}$，$\sigma_s = 240\ \text{MPa}$。两端均为铰支，长度分别为 l_1、l_2 和 l_3，且 $l_1 = 2l_2 = 4l_3 = 5\ \text{m}$。试求各杆的临界力 F_{cr}。

12-15　如题 12-15 图所示蒸汽机的活塞杆 AB，所受的压力 $F_P = 120\ \text{kN}$，$l = 180\ \text{cm}$，横截面为圆形，直径 $d = 7.5\ \text{cm}$。材料为 A5 钢，$E = 210\ \text{GPa}$，$\sigma_p = 240\ \text{MPa}$，规定稳定安全因数 $n_{st} = 8$，试校核活塞杆的稳定性。

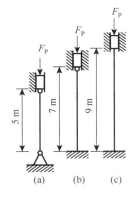

题 12-13 图

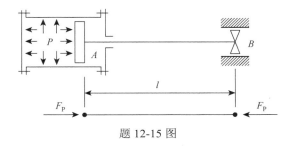

题 12-15 图

12-16 设千斤顶的最大承载压力为 $F = 150\,\text{kN}$，螺杆内径 $d = 52\,\text{mm}$，$l = 50\,\text{cm}$。材料为 A3 钢，$E = 200\,\text{GPa}$。规定稳定安全因数为 $n_{\text{st}} = 3$。试校核其稳定性。

12-17 如题 12-17 图所示结构 AB 为圆截面直杆，直径 $d = 80\,\text{mm}$，A 端固定，B 端与 BC 直杆球铰连接。BC 杆为正方形截面，边长 $a = 70\,\text{mm}$，C 端也是球铰。两杆材料相同，弹性模量 $E = 200\,\text{GPa}$，比例极限 $\sigma_{\text{p}} = 200\,\text{GPa}$，长度 $l = 3\,\text{m}$，求该结构的临界力。

12-18 如题 12-18 图所示，托架中杆 AB 的直径 $d = 4\,\text{cm}$，长度 $l = 80\,\text{cm}$，两端可视为铰支，材料是 Q235 钢。

（1）试按杆 AB 的稳定条件求托架的临界力 F_{cr}；

（2）若已知实际载荷 $F = 70\,\text{kN}$，规定的稳定安全因数 $n_{\text{st}} = 2$，问此托架是否安全？

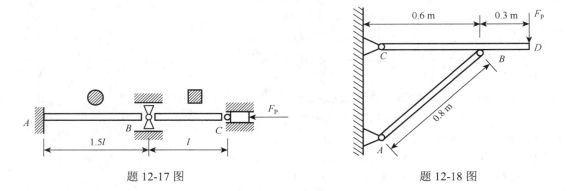

题 12-17 图   题 12-18 图

12-19 如题 12-19 图所示，立柱由两根 10 号槽钢组成，立柱上端为球铰，下端固定，柱长 $l = 6\,\text{m}$，试问两槽钢距离 a 值取多少立柱的临界力最大？其值是多少？已知材料的弹性模量 $E = 200\,\text{GPa}$，比例极限 $\sigma_{\text{p}} = 200\,\text{GPa}$。

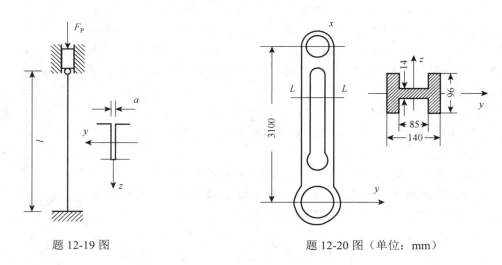

题 12-19 图   题 12-20 图（单位：mm）

12-20 蒸汽机车的连杆如题 12-20 图所示，截面为工字形，材料为 A3 钢。连杆所受最大轴向压力为 465 kN。连杆在摆动平面（xy 平面）内发生弯曲时，两端可认为是铰支；而在与摆动平面垂直的 xz 平面内发生弯曲时，两端可认为是固定支座。试确定其工作安全因数。

12-21 一木柱两端铰支，其截面为 120 mm × 200 mm 的矩形，长度为 4 m。木材的弹性模量 $E = 10\,\text{GPa}$，比例极限 $\sigma_{\text{p}} = 20\,\text{MPa}$。试求木柱的临界应力。计算临界应力的公式有

（1）欧拉公式；

（2）直线公式 $\sigma_{cr} = 28.7 - 0.19\lambda$。

12-22　某厂自制的简易起重机如题 12-22 图所示，其压杆 BD 为 20 号的槽钢，材料为 A3 钢。起重机的最大起重量是 $F_P = 40$ kN。若规定的稳定安全因数为 $n_{st} = 5$，试校核 BD 杆的稳定性。

12-23　下端固定、上端铰支、长 $l = 4$ m 的压杆，由两根 10 号槽钢焊接而成，如题 12-23 图所示。已知杆的材料为 3 号钢，许用应力 $[\sigma] = 160$ MPa，试求压杆的许用载荷。

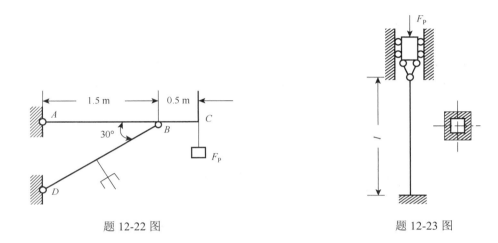

题 12-22 图　　　　　　　　　　　　　　题 12-23 图

12-24　如题 12-24 图所示结构中，AC 与 CD 杆用 3 号钢制成，C、D 两处均为球铰。已知 $d = 20$ mm，$b = 100$ mm，$h = 180$ mm；$E = 200$ GPa，$\sigma_s = 235$ MPa，$\sigma_b = 400$ MPa；强度安全系数 $n = 2.0$，规定的稳定安全因数 $n_{st} = 3.0$。试确定该结构的许用载荷。

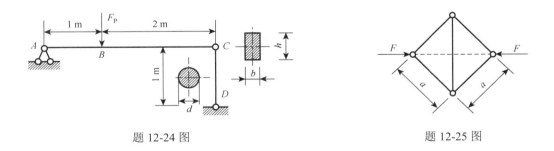

题 12-24 图　　　　　　　　　　　　　　题 12-25 图

12-25　如题 12-25 图所示正方形桁架，5 根相同直径的圆截面杆，已知杆直径 $d = 50$ mm，杆长 $a = 1$ m，材料为 Q235 钢，弹性模量 $E = 200$ GPa。试求桁架的临界力。若将载荷 F 方向反向，桁架的临界力又为何值？

12-26　如题 12-26 图所示的铰接杆系 ABC 由两根相同材料的细长杆所组成。若由于杆件在平面 ABC 内失稳而引起毁坏，试确定载荷 F 为最大时的 θ 角（假定 $0 < \theta < \dfrac{\pi}{2}$）。

12-27　如题 12-27 图所示的结构，已知 $F = 12$ kN，AB 横梁用 14 号工字钢制成，许用应力 $[\sigma] = 160$ MPa，CD 杆由圆环形截面 Q235 钢制成，外径 $D = 36$ mm，内径 $d = 26$ mm，$E = 200$ GPa，稳定安全因数 $n_{st} = 2.5$。试检查结构能否安全工作。

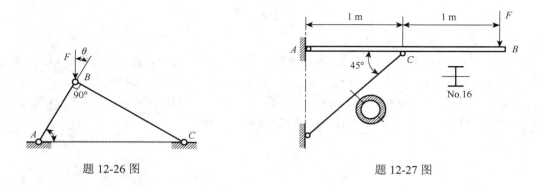

题 12-26 图　　　　　　　　　　　　　　　题 12-27 图

12-28　如题 12-28 图所示结构中的梁 AB 及立柱 CD 分别为 16 号工字钢和连成一体的两根 63 mm×63 mm× 5 mm 角钢制成，均布载荷集度 $q = 48$ kN/m。梁和支柱的材料均为 Q235 钢，$[\sigma] = 170$ MPa，$E = 210$ GPa，稳定安全因数 $n_{st} = 2.5$。试检查梁和支柱是否安全。

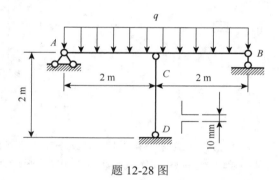

题 12-28 图

第13章 能量法

13.1 外力功、应变能与余能

若可变形固体只在弹性范围内变形，可称为弹性体。弹性体在受外力作用而变形时，外力和内力均将做功。如果忽略变形过程中的能量损失，那么外力功 W 将全部转化为弹性体的应变能 V_ε。利用功和能的概念求解弹性体的位移、变形和内力的方法，统称为**能量法**。

13.1.1 外力功

弹性体在外力作用下，作用点随外力产生位移，该位移点沿外力作用方位的位移分量，称为该外力的相应位移，用 δ 表示。此过程中，外力沿其作用线方向做功，称为**外力功**（external work），用 W 表示。

在线弹性范围内，外力 f 与相应位移 δ 成正比，引入比例常数 k，则

$$f = k\delta$$

如图 13.1 所示，当外力 f 与位移 δ 分别由零逐渐增加至最大值 F 与 $\varDelta$ 时，外力功为

$$W = \int_0^\varDelta f\mathrm{d}\delta = \frac{k\varDelta^2}{2} = \frac{F\varDelta}{2} \tag{13.1}$$

该式积分等于 $f\text{-}\delta$ 曲线与横坐标轴间的面积。式中，F 为广义力，即集中力或集中力偶；$\varDelta$ 为该广义力相应的广义位移，与集中力相应的位移为线位移，与集中力偶相应的位移为角位移。

同理，当杆件和结构上作用一组广义力 $F_1, F_2, \cdots, F_n$ 时，与之相应位移为 $\varDelta_1, \varDelta_2, \cdots, \varDelta_n$，则在线弹性范围内的外力功为

$$W = \sum_{i=1}^n \frac{F_i\varDelta_i}{2} \tag{13.2}$$

这个关系称为**克拉珀龙原理**。例如图 13.2 所示结构在集中力 F_1, F_2 作用下，产生相应位移 $\varDelta_1$, $\varDelta_2$，外力功为 $W = \dfrac{F_1\varDelta_1}{2} + \dfrac{F_2\varDelta_2}{2}$。

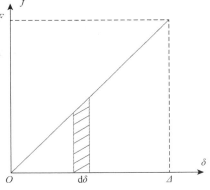

图 13.1 弹性体 $f\text{-}\varDelta$ 关系图

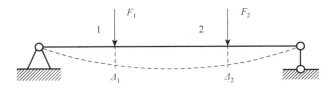

图 13.2 载荷图

13.1.2 应变能

弹性体在受外力作用变形过程中，外力功将以能量的形式储存在弹性体内部，通常称为**应变能**（strain energy），用 V_ε 表示。根据能量守恒定律，若在线弹性范围内且不计能量损失，弹性体内的应变能在数值上应等于外力功 W，即

$$V_\varepsilon = W = \frac{F\varDelta}{2} \tag{13.3}$$

上式称为**功能原理**。

对于轴向拉（压）杆，广义力为轴向拉力，大小为横截面上的轴力 F_N，相应位移为杆的轴向变形 $\Delta l = \dfrac{F_N l}{EA}$，根据式（13.3）可得其应变能为

$$V_\varepsilon = \frac{F_N{}^2 l}{2EA} \tag{13.4}$$

取如图 13.3 所示长为 $\mathrm{d}x$ 的微段拉（压）杆，其应变能为

$$\mathrm{d}V_\varepsilon = \frac{F_N^2(x)\mathrm{d}x}{2EA} \tag{13.5}$$

对于扭转变形的圆轴，广义力为外力偶矩，大小为横截面上的扭矩 T，相应位移为轴两端的相对扭转角 $\varphi = \dfrac{Tl}{GI_P}$，根据式（13.3）可得圆轴的扭转应变能为

$$V_\varepsilon = \frac{T^2 l}{2GI_P} \tag{13.6}$$

如图 13.4 所示，受扭微段轴在长为 $\mathrm{d}x$ 的微段内的应变能为

$$\mathrm{d}V_\varepsilon = \frac{T^2(x)\mathrm{d}x}{2GI_P} \tag{13.7}$$

对纯弯曲梁，广义力为外力偶矩，大小为横截面上的弯矩 M，相应位移为梁两端的相对转角 $\theta = \dfrac{Ml}{EI}$，根据式（13.3）可得梁在纯弯曲时的应变能为

$$V_\varepsilon = \frac{M^2 l}{2EI} \tag{13.8}$$

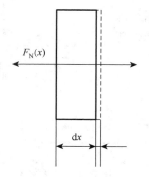　　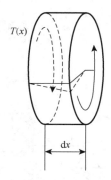

图 13.3　拉压杆微段受力图　　　　图 13.4　受扭轴微段受力图

对于横力弯曲梁，梁的横截面上除弯矩外还有剪力。对于细长梁，剪切应变能比弯曲应变能小得多，可忽略不计。如图 13.5 所示，梁在长为 dx 的微段内的应变能为

$$dV_\varepsilon = \frac{M^2(x)}{2EI}dx \qquad (13.9)$$

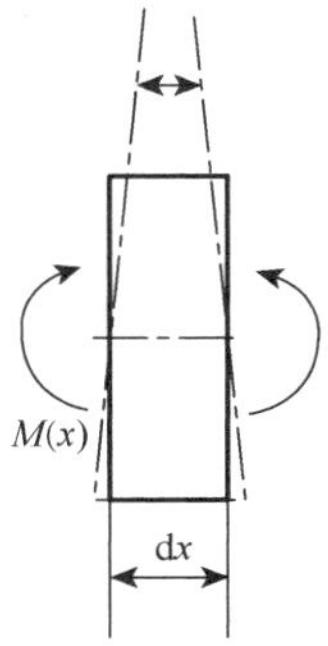

在组合变形情况下，圆截面杆微段受力如图 13.6 所示，分别作用轴力 $F_N(x)$、扭矩 $T(x)$ 和弯矩 $M(x)$，对微段而言，在小变形的条件下，两个端面的相对轴向位移为 $d\delta$，相对扭转角为 $d\varphi$，相对转角为 $d\theta$，它们相互独立。因此，在忽略剪力影响的情况下，可得到微段杆的应变能为

$$dV_\varepsilon = \frac{F_N^2(x)dx}{2EA} + \frac{T^2(x)dx}{2GI_P} + \frac{M^2(x)dx}{2EI}$$

而整个杆的应变能则为

$$V_\varepsilon = \int_l \frac{F_N^2(x)}{2EA}dx + \int_l \frac{T^2(x)}{2GI_P}dx + \int_l \frac{M^2(x)}{2EI}dx \qquad (13.10)$$

图 13.5 纯弯曲梁微段受力图

上式只适用于圆截面杆。对于非圆截面杆件，则应将弯矩沿截面主形心轴 y 与 z 分解为 $M_y(x)$ 与 $M_z(x)$ 两个分量，于是得

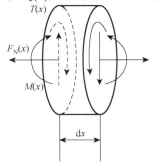

$$V_\varepsilon = \int_l \frac{F_N^2(x)}{2EA}dx + \int_l \frac{T^2(x)}{2GI_t}dx + \int_l \frac{M_y^2(x)}{2EI_y}dx + \int_l \frac{M_z^2(x)}{2EI_z}dx \qquad (13.11)$$

由式（13.10）和式（13.11）可以看出，应变能恒为正值，是内力的二次函数，不能使用叠加法计算应变能。

例 13.1 图 13.7 所示简支梁 AB，承受力偶矩为 M_e 的集中力偶作用，试计算梁的应变能与横截面 A 的转角。设弯曲刚度 EI 为常数。

解 （1）计算梁的应变能。

由平衡方程 $\sum M_A = 0, \sum M_B = 0$，梁的支反力为

$$F_{Ay} = F_{By} = \frac{M_e}{l}$$

图 13.6 圆截面杆微段受力图

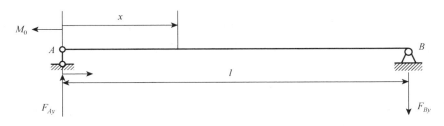

图 13.7 简支梁

任取 x 截面，梁的弯矩方程为

$$M(x) = F_{Ay}x - M_e = M_e\left(\frac{x}{l} - 1\right)$$

该梁为横力弯曲梁，将 $M(x) = F_{Ay}x - M_e = M_e\left(\frac{x}{l} - 1\right)$ 代入式（13.9）并积分，得梁的应变能为

$$V_\varepsilon = \frac{1}{2EI}\int_0^l M_e^2\left(\frac{x}{l}-1\right)^2 dx = \frac{M_e^2 l}{6EI}$$

（2）计算截面 A 的转角。

设截面 A 的转角为 θ_A，且与外力偶 M_e 同向，则由弹性体的功能原理可知

$$F_A \Delta_A + F_B \Delta_B + \frac{M_e \theta_A}{2} = \frac{M_e^2 l}{6EI}$$

由于 $\Delta_A = \Delta_B = 0$，得

$$\theta_A = \frac{M_e l}{3EI} \quad （逆时针）$$

所得 θ_A 为正，说明将转角 θ_A 与力偶矩 M_e 假设为同向是正确的。因为应变能恒为正值，当梁上仅作用一个广义力时，该外力所做之功也恒为正，即外力与相应位移同向。

例 13.2　轴线为半圆形的平面曲杆如图 13.8（a）所示，作用于 A 端的集中力 F 垂直于曲杆所在的平面，求整个曲杆的应变能。

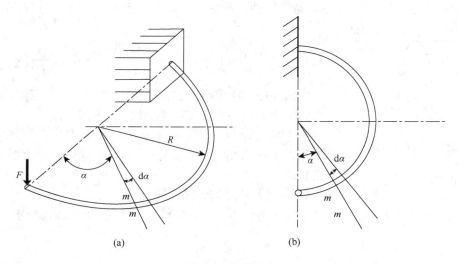

图 13.8　平面曲杆

解　通过截面法求曲杆内力。设任意横截面 $m\text{-}m$ 的位置由圆心角 α 来确定。根据曲杆的图 13.8（b）所示俯视图可得，截面 $m\text{-}m$ 上的弯矩和扭矩分别为

$$M(\alpha) = FR\sin\alpha$$
$$T(\alpha) = FR(1-\cos\alpha)$$

对于横截面尺寸远小于半径的曲杆，可用 $Rd\alpha$ 代替 dx，并将 $M(\alpha)=FR\sin\alpha$ 及 $T(\alpha)=FR(1-\cos\alpha)$ 代入式（13.10）可得

$$\begin{aligned}
V_\varepsilon &= \int_0^\pi \frac{T^2(\alpha)R}{2GI_p}d\alpha + \int_0^\pi \frac{M^2(\alpha)R}{2EI}d\alpha \\
&= \int_0^\pi \frac{F^2 R^3(1-\cos\alpha)^2}{2GI_p}d\alpha + \int_0^\pi \frac{F^2 R^3 \sin^2\alpha}{2EI}d\alpha \\
&= \frac{3\pi F^2 R^3}{4GI_p} + \frac{\pi F^2 R^3}{4EI}
\end{aligned}$$

13.1.3 应变能密度

弹性体在单位体积内储存的应变能称为**应变能密度**，用 v_ε 表示。若弹性体内各点的受力和变形是均匀的，则应变能的分布也是均匀的。

如在等截面拉（压）杆中取单向应力状态下的单元体，在线弹性范围内，由 $\sigma = \dfrac{F_N}{A}$，$\varepsilon = \dfrac{F_N}{EA}$，其应变能密度为

$$v_\varepsilon = \frac{V_\varepsilon}{V} = \frac{\dfrac{F_N^2 l}{2EA}}{Al} = \frac{1}{2}\frac{F_N}{A}\frac{F_N}{EA} = \frac{1}{2}\sigma\varepsilon \tag{13.12}$$

从图 13.9 可以看出，应变能密度等于 σ-ε 曲线与 ε 轴围成的面积。

同理，对纯剪切应力状态下的单元体，其应变能密度为

$$v_\varepsilon = \frac{1}{2}\tau\gamma \tag{13.13}$$

整个弹性体的应变能可以由应变能密度对体积积分求出，即

$$V_\varepsilon = \int_V v_\varepsilon \mathrm{d}V \tag{13.14}$$

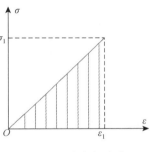

图 13.9 应变能密度

13.1.4 余能

余能是弹性体的另一个能量参数。对于弹性体，当外力 f 与位移 δ 分别由零逐渐增加至最大值 F 与 $\varDelta$ 时，对外力 f 进行积分，可得到余功

$$W_c = \int_0^F \delta \mathrm{d}f \tag{13.15}$$

该式积分等于 f-δ 曲线与纵坐标轴间的面积，如图 13.10 所示。仿照外力功与应变能的关系，可将与余功相应的能量称为**余能**，并用 V_c 表示。余功 W_c 和余能 V_c 在数值上相等，即

$$V_c = W_c = \int_0^F \delta \mathrm{d}f \tag{13.16}$$

图 13.10 余功

从图 13.10 可以看出，对于线弹性体，由于载荷与位移间的线性关系，余能在数值上等于应变能，但两者在概念和计算方法上不同，余能仅与应变能具有相同的量纲，并无具体的物理意义。

13.2 卡 氏 定 理

卡斯蒂利亚诺（A.Castigliano）根据应变能和余能表达式导出了计算弹性体的力和位移的两个定理，称为卡氏定理。

13.2.1 卡氏第一定理

对于如图 13.11 所示弹性杆件，承受广义力 F_1, F_2, $\cdots$, F_k, $\cdots$, F_n 作用，其相应位移依次为 $\varDelta_1$, $\varDelta_2$, $\cdots$, $\varDelta_k$, $\cdots$, $\varDelta_n$。按照式（13.1）及克拉珀龙原理，杆件的应变能为

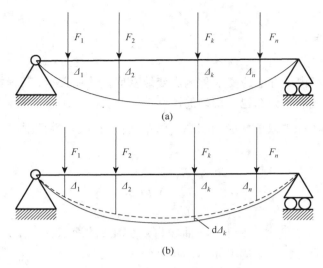

图 13.11　受载弹性体

$$V_{\varepsilon} = W = \sum_{i=1}^{n} \int_0^{\varDelta} f_i \mathrm{d}\delta_i = \sum_{i=1}^{n} \frac{F_i \varDelta_i}{2} \tag{13.17}$$

假设与第 k 个载荷相应的位移有一微小增量 $\mathrm{d}\varDelta_k$，则杆件内应变能的变化 $\mathrm{d}V_{\varepsilon}$ 为

$$\mathrm{d}V_{\varepsilon} = \frac{\partial V_{\varepsilon}}{\partial \varDelta_k} \mathrm{d}\varDelta_k \tag{13.18}$$

式中，$\dfrac{\partial V_{\varepsilon}}{\partial \varDelta_k}$ 代表应变能对于位移 $\varDelta_k$ 的变化率。因仅有与第 k 个载荷相应的位移有一微小增量，其余载荷的相应位移均保持不变，因此，对于位移微小增量 $\mathrm{d}\varDelta_k$，仅 F_k 做了外力功，则外力功的变化为

$$\mathrm{d}W = F_k \mathrm{d}\varDelta_k \tag{13.19}$$

由于外力功在数值上等于应变能，故有

$$\mathrm{d}W_{\varepsilon} = \mathrm{d}V \tag{13.20}$$

将式（13.18）和式（13.19）代入式（13.20），并消除两边的共同项 $\mathrm{d}\varDelta_k$，得

$$F_k = \frac{\partial V_{\varepsilon}}{\partial \varDelta_k} \tag{13.21}$$

上式表明：弹性杆件的应变能对于杆件上某一位移的偏导数，等于与该位移对应的广义力 F_k，称为**卡氏第一定理**。值得注意的是，卡氏第一定理适用于一切受力状态下线性或非线性的弹性杆件。式中，F_k 代表作用在杆件上的广义力，$\varDelta_k$ 则为与之相应的广义位移。

13.2.2　卡氏第二定理

对于如图 13.11（a）所示弹性杆件，承受广义力 F_1，F_2，$\cdots$，F_k，$\cdots$，F_n 作用，其相应的位移依次为 $\varDelta_1$，$\varDelta_2$，$\cdots$，$\varDelta_k$，$\cdots$，$\varDelta_n$。按照式（13.16）及余功和余能之间的关系，弹性体的余能为

$$V_{\mathrm{c}} = W_{\mathrm{c}} = \sum_{i=1}^{n} \int_0^{F_i} \delta_i \mathrm{d}f_i \tag{13.22}$$

假设与第 k 个载荷有一微小增量 $\mathrm{d}F_k$，其他载荷均保持不变，则外力的总余功的变化量为

$$\mathrm{d}W_{c}=\varDelta_{k}\mathrm{d}F_{k} \tag{13.23}$$

由于 F_k 改变了 $\mathrm{d}F_k$，则杆内余能的变化量为

$$\mathrm{d}V_{c}=\frac{\partial V_{c}}{\partial F_{k}}\mathrm{d}F_{k} \tag{13.24}$$

由于外力余功在数值上等于杆件的余能，故有

$$\mathrm{d}W_{c}=\mathrm{d}V_{c} \tag{13.25}$$

将式（13.23）和式（13.24）代入式（13.25），并消除两边的共同项 $\mathrm{d}F_k$，得

$$\varDelta_{k}=\frac{\partial V_{c}}{\partial F_{k}} \tag{13.26}$$

上式表明，弹性杆件的余能对于某一载荷 F_k 的偏导数，等于该载荷的相应位移 $\varDelta_k$，称为**余能定理**。余能定理适用于一切受力状态下的线性或非线性弹性杆件。

对于线弹性杆件，由于载荷与位移间的线性关系，余能 V_c 在数值上等于应变能 V_ε。因此，可用应变能 V_ε 代替式（13.26）中的余能 V_c，从而得到

$$\varDelta_{k}=\frac{\partial V_{\varepsilon}}{\partial F_{k}} \tag{13.27}$$

上式表明，线弹性杆件的应变能对于某一载荷 F_k 的偏导数，等于该载荷的相应位移 $\varDelta_k$，称为**卡氏第二定理**，简称卡氏定理。显然，卡氏第二定理是余能定理在线弹性情况下的特例。

将式（13.10）代入式（13.27），得

$$\varDelta_{k}=\int_{l}\frac{F_{N}(x)}{EA}\frac{\partial F_{N}(x)}{\partial F_{k}}\mathrm{d}x+\int_{l}\frac{T(x)}{GI_{P}}\frac{\partial T(x)}{\partial F_{k}}\mathrm{d}x+\int_{l}\frac{M(x)}{EI}\frac{\partial M(x)}{\partial F_{k}}\mathrm{d}x \tag{13.28}$$

将上述公式分别用于拉（压）杆、轴、对称弯曲梁，得

$$\varDelta_{k}=\int_{l}\frac{F_{N}(x)}{EA}\frac{\partial F_{N}(x)}{\partial F_{k}}\mathrm{d}x \tag{13.29}$$

$$\varDelta_{k}=\int_{l}\frac{T(x)}{GI_{P}}\frac{\partial T(x)}{\partial F_{k}}\mathrm{d}x \tag{13.30}$$

$$\varDelta_{k}=\int_{l}\frac{M(x)}{EI}\frac{\partial M(x)}{\partial F_{k}}\mathrm{d}x \tag{13.31}$$

例 13.3　已知图 13.12 所示简支梁的抗弯刚度 EI、集中力偶 M_e、集中力 F，试求集中力作用点 C 的挠度 ω_C 和左端截面 A 的转角 θ_A。

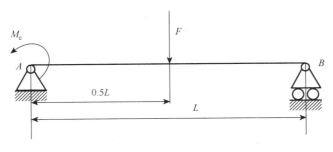

图 13.12　简支梁

由平衡方程 $\sum M_{A}=0$，$\sum M_{B}=0$，梁的支反力为

$$F_{Ay} = \frac{F}{2} + \frac{M_e}{l}, \quad F_{By} = \frac{F}{2} - \frac{M_e}{l}$$

任取 x 截面，梁的弯矩方程为

$$M(x) = \begin{cases} F_{Ay}x - M_e = \dfrac{F}{2}x + M_e\left(\dfrac{x}{L} - 1\right), & 0 \leqslant x < \dfrac{L}{2} \\ F_{Ay}x - M_e - F\left(x - \dfrac{L}{2}\right) = \left(\dfrac{F}{2} - \dfrac{M_e}{L}\right)(L - x), & \dfrac{L}{2} \leqslant x \leqslant L \end{cases}$$

根据卡氏第二定理，左端截面 A 的转角 θ_A 为

$$\theta_A = \int_l \frac{M(x)}{EI} \frac{\partial M(x)}{\partial M_e} \qquad\qquad ①$$

集中力作用点 C 的挠度 ω_C 为

$$\omega_C = \int_l \frac{M(x)}{EI} \frac{\partial M(x)}{\partial F} \qquad\qquad ②$$

分别计算 $M(x)$ 对 M_e 和 F 的偏导为

$$\frac{\partial M(x)}{\partial M_e} = \left(\frac{x}{L} - 1\right) \qquad\qquad ③$$

$$\frac{\partial M(x)}{\partial F} = \begin{cases} \dfrac{x}{2}, & 0 \leqslant x < \dfrac{L}{2} \\ \dfrac{L - x}{2}, & \dfrac{L}{2} \leqslant x \leqslant L \end{cases} \qquad\qquad ④$$

将式③代入式①，得

$$\begin{aligned} \theta_A &= \frac{1}{EI}\int_0^{L/2}\left[\frac{F}{2}x + M_e\left(\frac{x}{L} - 1\right)\right]\left(\frac{x}{L} - 1\right)\mathrm{d}x + \frac{1}{EI}\int_{L/2}^L\left(\frac{F}{2} - \frac{M_e}{L}\right)(L - x)\left(\frac{x}{L} - 1\right)\mathrm{d}x \\ &= \frac{1}{EI}\left(-\frac{FL^2}{24} + \frac{7M_eL}{24}\right) + \frac{1}{EI}\left(-\frac{FL^2}{48} + \frac{M_eL}{24}\right) \\ &= \frac{1}{EI}\left(-\frac{FL^2}{16} + \frac{M_eL}{3}\right) \end{aligned}$$

将式④代入式②，得

$$\begin{aligned} \omega_C &= \frac{1}{EI}\int_0^{L/2}\left[\frac{F}{2}x + M_e\left(\frac{x}{L} - 1\right)\right]\frac{x}{2}\mathrm{d}x + \frac{1}{EI}\int_{L/2}^L\left(\frac{F}{2} - \frac{M_e}{L}\right)(L - x)\frac{L - x}{2}\mathrm{d}x \\ &= \frac{1}{EI}\left(\frac{FL^3}{96} - \frac{M_eL^2}{24}\right) + \frac{1}{EI}\left(\frac{FL^3}{96} - \frac{M_eL^2}{48}\right) \\ &= \frac{1}{EI}\left(\frac{FL^3}{48} - \frac{M_eL^2}{16}\right) \end{aligned}$$

这里结果的符号，如果为正号，则表示位移的方向分别与该点作用的载荷方向相同。

用卡氏第二定理求结构某处的位移时，该处需要有与所求位移相应的载荷。例如，在上述例题中，需要求 ω_C 及 θ_A，而在集中力作用点 C 和截面 A 上，恰好有与 ω_C 及 θ_A 相对应的载荷 F 和 M_e。如需计算某处的位移，但该处并无与位移相应的载荷，则需采取附加力法。下面通过例题说明这一方法。

例 13.4 如图 13.13（a）所示圆弧形小曲率曲梁 AB，承受力偶矩为 M_e 的力偶作用。设

各截面的弯曲刚度均为 EI ，试用卡氏定理计算截面 B 的水平位移。

分析：曲梁受力后，其横截面上一般存在三个内力分量，即轴力、剪力与弯矩。但是，对于小曲率杆，影响其变形的主要内力是弯矩，因此，仍可利用式（13.31）计算其位移。由于在截面 B 处无水平方向的载荷作用，为此，采用附加力法，在该截面施加一大小为 0 水平载荷 F ［图 13.13（b）］。

解 选极坐标 φ 代表横截面的位置，通过截面法可求得曲梁的弯矩方程为

$$M(\varphi) = FR(1 - \cos\varphi) - M_e \qquad ①$$

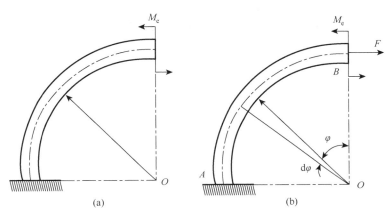

图 13.13 圆弧形小曲率梁

根据卡氏第二定理

$$\Delta_B = \int_l \frac{M(\varphi)}{EI} \frac{\partial M(\varphi)}{\partial F} \qquad ②$$

计算 $M(\varphi)$ 对附加力 F 的偏导

$$\frac{\partial M(\varphi)}{\partial F} = R(1 - \cos\varphi) \qquad ③$$

将式③代入式②，并用 $R\mathrm{d}\varphi$ 代替 $\mathrm{d}x$ ，令 $F = 0$ ，于是得 $M(\varphi) = -M_e$ ，作用时截面 B 的水平位移为

$$\Delta_B = \frac{1}{EI}\left[\int_0^{\pi/2}(-M_e)R(1 - \cos\varphi)R\mathrm{d}\varphi\right] = -\frac{(2 + \pi)M_e R^2}{2EI}$$

所得 Δ_B 为负，说明截面 B 的水平位移与附加力 F 的方向相反，即水平向左。

13.3 虚功原理及单位载荷法

13.3.1 虚功原理

在理论力学中介绍了质点和质点系的虚位移原理。质点或质点系处于平衡状态的充分和必要条件是：作用在其上的力对于虚位移所做的总功为零。

对于任意一个弹性体，如杆件，也可看成是质点系，作用在杆件上的力可分为外力和内力，外力指的是载荷和支座反力，内力则指的是杆件截面上各部分的相互作用力。因此，对于一个处于平衡状态下的杆件，其外力和内力对任意给定的虚位移所做的总虚功也必然等于零，即

$$W_e + W_i = 0 \tag{13.32}$$

式中，W_e 和 W_i 分别代表外力和内力对虚位移所做的虚功。式（13.32）为弹性体（杆件）**虚功原理**的表达式。

　　下面以简支梁为例，说明虚功原理的表达式。图 13.14 所示简支梁上的外力为载荷 $F_1, F_2, \cdots, F_k, \cdots, F_n$ 和支座反力 F_A、F_B。当给梁任意一个虚位移时，所有载荷作用点均有与其相应的虚位移 $\overline{\Delta_1}, \overline{\Delta_2}, \cdots, \overline{\Delta_k}, \cdots, \overline{\Delta_n}$。两支座 A、B 由于约束限制不可能有虚位移，因此，梁上所有外力（包括载荷和支座反力）对于虚位移所做的虚功为

$$W_e = \sum_{i=1}^{n} F_i \overline{\Delta_i} + F_A \cdot 0 + F_B \cdot 0 = \sum_{i=1}^{n} F_i \overline{\Delta_i} \tag{13.33}$$

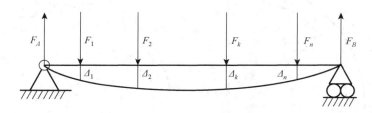

图 13.14　简支梁

　　为计算梁的内力对虚位移所做的虚功，先从梁中取出如图 13.15（a）所示长为 dx 的任一微段。作用在微段梁左、右两横截面上的内力分别为剪力 F_S，$F_S + dF_S$ 和弯矩 M、$M + dM$。对于微段梁而言，截面上的剪力、弯矩都应看成是外力，微段梁的虚位移可分为刚性虚位移和变形虚位移两部分。其中刚性虚位移是指随着简支梁整体在微段处的虚位移，由于微段梁在上述外力作用下处于平衡状态，根据质点虚位移原理，所有外力对于微段梁的刚性虚位移所做的总虚功必等于零；而微段梁的变形虚位移则如图 13.15（b）、（c）所示，为微段梁由简支梁的虚位移而产生的变形，由于变形虚位移是个微小的量，弯矩和剪力就只对与其相应的虚位移做虚功。因此，微段梁的总虚功为

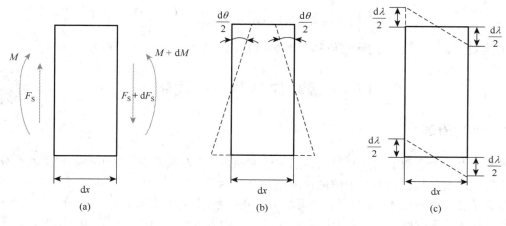

图 13.15　简支梁微段

$$M\left(\frac{\mathrm{d}\theta}{2}\right) + (M + \mathrm{d}M)\left(\frac{\mathrm{d}\theta}{2}\right) + F_S\left(\frac{\mathrm{d}\lambda}{2}\right) + (F_S + \mathrm{d}F_S)\left(\frac{\mathrm{d}\lambda}{2}\right)$$

略去高阶无穷小项 $\mathrm{d}M\left(\dfrac{\mathrm{d}\theta}{2}\right)$ 和 $\mathrm{d}F_S\left(\dfrac{\mathrm{d}\lambda}{2}\right)$，得微段梁的总虚功为

$$M\mathrm{d}\theta + F_S\mathrm{d}\lambda \tag{13.34}$$

如前所述，作用在微段梁两横截面上的弯矩 M 和剪力 F_S，对于该微段梁的总虚功而言为外力，所以，$M\mathrm{d}\theta + F_S\mathrm{d}\lambda$ 为微段梁的总虚功中的外力虚功，而微段梁的总虚功中的内力所做虚功为 $\mathrm{d}W_i$，则对该微段梁应用虚功原理求得，即由式（13.32）可得

$$M\mathrm{d}\theta + F_S\mathrm{d}\lambda + \mathrm{d}W_i = 0$$
$$\mathrm{d}W_i = -(M\mathrm{d}\theta + F_S\mathrm{d}\lambda) \tag{13.35}$$

于是，简支梁的内力虚功为

$$W_i = \int_l \mathrm{d}W_i = \int_l -(M\mathrm{d}\theta + F_S\mathrm{d}\lambda) \tag{13.36}$$

将外力虚功式（13.33）、内力虚功式（13.36）代入虚功原理，即式（13.32），得

$$W_e + W_i = \sum_{i=1}^n F_i \overline{\Delta_i} - \int_l (M\mathrm{d}\theta + F_S\mathrm{d}\lambda) = 0$$

即

$$\sum_{i=1}^n F_i \overline{\Delta_i} = \int_l (M\mathrm{d}\theta + F_S\mathrm{d}\lambda) \tag{13.37}$$

若所研究的对象为发生组合变形的杆件，其任意横截面上的内力有弯矩 M、剪力 F_S、轴力 F_N 和扭矩 T，作用在杆上的广义载荷为 F_i $(i = 1, 2, \cdots, n)$，则式（13.37）可写为

$$\sum_{i=1}^n F_i \overline{\Delta_i} = \int_l (M\mathrm{d}\theta + F_S\mathrm{d}\lambda + F_N\mathrm{d}\delta + T\mathrm{d}\varphi) \tag{13.38}$$

式中，左端的 $\overline{\Delta_i}$ 为与力 F_i 相应的虚位移；右端的 $\mathrm{d}\theta$、$\mathrm{d}\lambda$、$\mathrm{d}\delta$、$\mathrm{d}\varphi$ 分别为微段上与弯矩 M、剪力 F_S、轴力 F_N 和扭矩 T 对应的变形虚位移，虚位移 $\overline{\Delta_i}$、$\mathrm{d}\theta$、$\mathrm{d}\lambda$、$\mathrm{d}\delta$、$\mathrm{d}\varphi$ 的正负号规定为：依次与 F_i、M、F_S、F_N、T 指向或转向一致为正，反之为负。

由于在推导杆件的虚功原理时并未涉及杆件变形性质的问题，因此，虚功原理表达式既不限定用于线性问题，也不限定用于弹性问题。

13.3.2　单位载荷法

通过应变能求杆件变形的方法有许多种，**单位载荷法**（unit-load method）（也称莫尔定理）（Mohr's theorem）是其中一种比较简便且应用较广泛的方法。

根据虚功原理，可以将所有符合杆件的约束条件且满足杆件中各微段间变形相容条件的微小位移视为构件的虚位移。因此，可将作用在构件的实际载荷引起的位移及各微段两端横截面的变形位移当成虚位移。若想求解在特定载荷作用下，杆件某一截面的广义位移 Δ，可通过在该处施加一个相应的单位力，并将其看成构件上的真实载荷，由单位力所引起的杆件任意横截面上的内力记为 $\overline{F_N}$、$\overline{M}$、$\overline{F_S}$、$\overline{T}$。于是，该杆件的虚功原理（13.38）可写为

$$1 \times \Delta = \int_l (\overline{M}\mathrm{d}\theta + \overline{F_S}\mathrm{d}\lambda + \overline{F_N}\mathrm{d}\delta + \overline{T}\mathrm{d}\varphi) \tag{13.39}$$

式中，由实际载荷在待求截面的位移 Δ 是被当成虚位移看待的，$1 \times \Delta$ 表示单位力所做的虚功；$\mathrm{d}\delta$、$\mathrm{d}\theta$、$\mathrm{d}\lambda$、$\mathrm{d}\varphi$ 则为由实际载荷引起的分别与 $\overline{F_{\mathrm{N}}}$、$\overline{M}$、$\overline{F_{\mathrm{S}}}$、$\overline{T}$ 相对应的变形位移，而在式（13.39）中，则被视为变形虚位移。式（13.39）为用单位载荷法计算杆件位移的一般表达式。

对于线弹性范围内的杆件，由实际载荷引起轴力 F_{N}、扭矩 T、弯矩 M 在 $\mathrm{d}x$ 微段对应的变形分别为 $\mathrm{d}\delta = \dfrac{F_{\mathrm{N}}}{EA}\mathrm{d}x$、$\mathrm{d}\varphi = \dfrac{T}{GI_{\mathrm{P}}}\mathrm{d}x$、$\mathrm{d}\theta = \dfrac{M}{EI}\mathrm{d}x$，若忽略剪力 F_{S} 做的虚功，可将式（13.39）写为

$$\Delta = \int_l \frac{\overline{F}_{\mathrm{N}}(x)F_{\mathrm{N}}(x)}{EA}\mathrm{d}x + \int_l \frac{\overline{T}(x)T(x)}{GI_{\mathrm{P}}}\mathrm{d}x + \int_l \frac{\overline{M}(x)M(x)}{EI}\mathrm{d}x \qquad （13.40）$$

式中，$\overline{F}_{\mathrm{N}}(x)$、$\overline{T}(x)$ 与 $\overline{M}(x)$ 分别为单位载荷引起的轴力、扭矩与弯矩；而 $F_{\mathrm{N}}(x)$、$T(x)$ 与 $M(x)$ 则分别为实际载荷引起的轴力、扭矩与弯矩。由于此方法通过添加单位力或者单位力偶来获得构件某位置的变形，所以也称为**单位载荷法**。

应当注意的是，如果按单位载荷法求得的位移 Δ 为正，则表示所求位移与所施加的单位载荷同向；反之，则表示所求位移与所施加的单位载荷反向。

例 13.5 如图 13.16 所示，等截面钢架承受均布载荷 q 作用。杆件截面的抗弯刚度与抗扭刚度分别为 EI 与 GI_{P}，试用单位载荷法计算横截面 A 的铅垂位移 Δ_A。

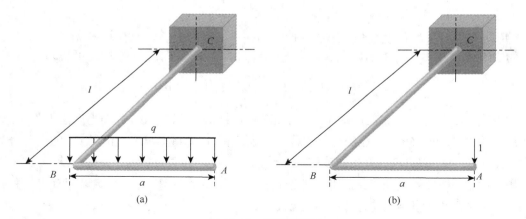

图 13.16 等截面钢架

解 （1）原外力情况下系统内力分析如图 13.16（a）所示。

原外力作用下各段梁上的扭矩及弯矩方程分别为

$$T_{BC} = \frac{1}{2}qa^2$$

$$M_{BC} = qax_1$$

$$M_{AB} = \frac{1}{2}qx_2^{\,2}$$

式中，x_1 为 BC 段截面到 B 点的距离；x_2 为 AB 段截面到 A 点的距离。

（2）所求位移处施加单位载荷情况下系统内力分析如图 13.16（b）所示。

在 A 点加一向下单位载荷 $\overline{F} = 1$，得到单位载荷作用下各段梁上的扭矩及弯矩方程

$$\overline{T}_{BC} = a$$
$$\overline{M}_{BC} = x_1$$
$$\overline{M}_{AB} = x_2$$

式中，x_1，x_2 与步骤（1）中含义一致。

（3）应用单位载荷法求截面 A 的铅垂位移为

$$\Delta_A = \int_0^l \frac{\overline{T}_{BC} T_{BC}}{GI_p} dx_1 + \int_0^l \frac{\overline{M}_{BC} M_{BC}}{EI} dx_1 + \int_0^a \frac{\overline{M}_{AB} M_{AB}}{EI} dx_2$$

$$= \int_0^l \frac{qa^3}{2GI_p} dx_1 + \int_0^l \frac{qax_1^2}{EI} dx_1 + \int_0^a \frac{qx_2^3}{2EI} dx_2$$

$$= \frac{qa^3 l}{2GI_p} + \frac{qal^3}{3EI} + \frac{qa^4}{8EI} (\text{向下})$$

例 13.6　如图 13.17 所示活塞环，截面的抗弯刚度为 EI，若不考虑轴力和剪力影响，试计算外力 F 作用下开口 AB 的张开量。

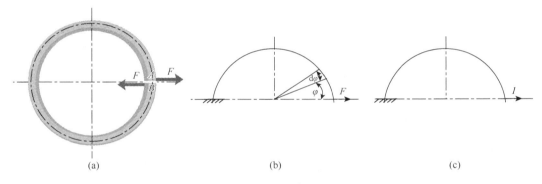

图 13.17　活塞环

分析：（1）由于活塞环截面特征长度远小于圆环的轴线半径，则可将其看成直梁直接进行计算，但需要根据截面位置的角度 φ 来进行积分。由于结构、载荷、变形的对称性，为了计算开口处的张开量，可以取圆环的上半部分进行分析，并将变形的结果乘以 2 即可，绘制出受力简图如图 13.17（b）所示，单位载荷作用时的受力简图如图 13.17（c）所示。

解　（1）原外力情况下系统内力分析如图 13.17（b）所示。

$$M(\varphi) = FR \sin \varphi$$

（2）所求位移处施加单位载荷情况下系统内力分析如图 13.17（c）所示。

$$\overline{M}(\varphi) = R \sin \varphi$$

（3）于是通过代入单位载荷法求得开口 AB 的张开量为

$$\Delta_{AB} = 2 \int_0^\pi \frac{\overline{M}(\varphi) M(\varphi)}{EI} R d\varphi = 2 \int_0^\pi \frac{FR^2 \sin^2 \varphi}{EI} R d\varphi = \frac{\pi F_p R^3}{EI}$$

单位载荷法不仅适用于静定杆件，也适用于其他超静定杆，单位载荷法的应用则为建立补充方程提供了更一般更有效的手段。现以图 13.18（a）所示等截面超静定梁为例，说明单位载荷法在超静定问题中的应用。

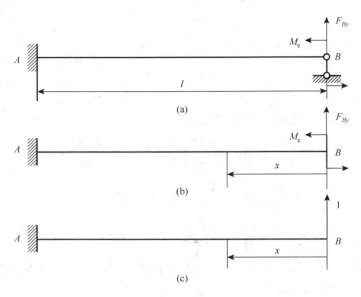

图 13.18　超静定梁

该梁为一次超静定梁。首先，将铰链支座 B 当成多余约束予以解除，并用相应支座反力 F_{By} 代替解除掉的铰链支座 B，则得到原超静定梁的相当系统，如图 13.18（b）所示，相应的变形协调条件是截面 B 的挠度为零，即

$$w_B = 0 \qquad\qquad ①$$

为计算截面 B 的挠度，在多余约束解除后的悬臂梁上施加单位力，如图 13.18（c）所示。解除多余约束后的静定杆或结构，称为原超静定杆或结构的基本静定系统。

在载荷 M_e 与多余支座反力 F_{By} 作用下，基本静定系统的弯矩方程为

$$M(x) = M_e + F_{By}x$$

在单位力作用下，如图 13.18（c）所示，基本静定系统的弯矩方程则为

$$\bar{M}(x) = 1 \cdot x = x$$

根据单位载荷法，得相当系统截面 B 的挠度为

$$w_B = \int_0^l \frac{\bar{M}(x)M(x)}{EI}\mathrm{d}x = \int_0^l \frac{(M_e + F_{By}x)}{EI}x\mathrm{d}x = \frac{M_e l^2}{2EI} + \frac{F_{By}l^3}{3EI} \qquad ②$$

将式②代入式①，得补充方程为

$$\frac{M_e l^2}{2EI} + \frac{F_{By}l^3}{3EI} = 0$$

求得

$$F_{By} = -\frac{3M_e}{2l}$$

多余支座反力 F_{By} 结果为负，说明其实际方向与图 13.18（a）中所假设的方向相反，即应为铅垂向下。

当多余未知力确定后，则可通过相当系统计算原超静定梁的内力、应力与位移等。

例 13.7　图 13.19（a）所示等截面刚架，A 端铰支，C 端固定，在杆 AB 上承受集度为 q 的均布载荷作用，试计算支座反力。

分析：该刚架存在四个约束反力（F_{Ay}，F_{Cy}，F_{Cx} 与 M_C），而有效平衡方程仅三个，即 $\sum F_x = 0$，$\sum F_y = 0$，$\sum M_C = 0$，故为一次超静定。

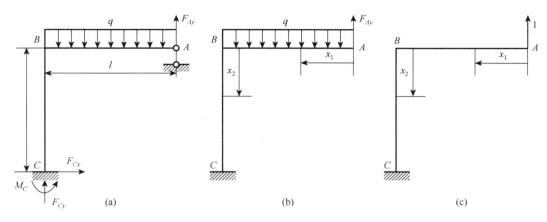

图 13.19　刚架

解　将铰链支座 A 当成多余约束予以解除，用铅垂支座反力 F_{Ay} 代替，则原超静定刚架的相当系统如图 13.19（b）所示，而相应的变形协调条件是截面 A 的铅垂位移为零，即

$$w_A = 0 \qquad \text{①}$$

为了计算截面 A 的铅垂位移，在基本系统上施加单位力，如图 13.19（c）所示。在均布载荷 q 与支座反力 F_{Ay} 作用下，如图 13.19（b）所示，基本系统 AB 与 BC 段的弯矩方程分别为

$$M_{AB}(x_1) = F_{Ay}x_1 - \frac{qx_1^2}{2}$$

$$M_{BC}(x_2) = F_{Ay}l - \frac{ql^2}{2}$$

在单位力作用下，基本系统 AB 与 BC 段的弯矩方程分别为

$$\bar{M}_{AB}(x_1) = 1 \cdot x_1 = x_1$$

$$\bar{M}_{BC}(x_2) = 1 \cdot l = l$$

根据单位载荷法，得相当系统截面 A 的铅垂位移为

$$
\begin{aligned}
w_A &= \int_0^l \frac{\bar{M}_{AB}(x_1)M_{AB}(x_1)}{EI}\mathrm{d}x_1 + \int_0^l \frac{\bar{M}_{BC}(x_2)M_{BC}(x_2)}{EI}\mathrm{d}x_2 \\
&= \frac{1}{EI}\int_0^l \left(F_{Ay}x_1 - \frac{qx_1^2}{2}\right)x_1\mathrm{d}x_1 + \frac{1}{EI}\int_0^l \left(F_{Ay}l - \frac{ql^2}{2}\right)l\mathrm{d}x_2 = \frac{4F_{Ay}l^3}{3EI} - \frac{5ql^4}{8EI}
\end{aligned}
\qquad \text{②}
$$

将式②代入式①，得补充方程为

$$\frac{4F_{Ay}l^3}{3EI} - \frac{5ql^4}{8EI} = 0$$

由此得

$$F_{Ay} = \frac{15ql}{32}$$

当多余支座反力 F_{Ay} 确定后，由平衡方程得其他支座反力为

$$F_{Cx} = 0, \quad F_{Cy} = \frac{17ql}{32}, \quad M_C = \frac{ql^2}{32}$$

13.4　思考与讨论

13.4.1　应变能与加载次序无关

对于材料力学所研究的线弹性体，在外载荷的作用下会产生变形，在变形过程中，外载荷所做的功将转变为储存于固体内部的能量（即应变能），推导建立了四种常见的基本变形及组合变形的应变能的计算公式。但直接以弯曲变形的构件为例，推导后续的各种定理，对于基础相对薄弱的读者实在是难以为之。若能找到一个突破点，将一个复杂的问题深入浅出地简化，就会使教师的教和学生的学变得豁然明朗。

在 13.2 节中讲述的卡氏定理中提到"当杆件和结构上作用一组广义力 $F_1, F_2, \cdots, F_n$ 时，在弹性体上相应位移 $\Delta_1, \Delta_2, \cdots, \Delta_n$ 上所做之总功恒为 $W = \sum\limits_{i=1}^{n} \frac{F_i \Delta_i}{2}$ 。"那么作用一组广义力的加载次序是否会对广义力做功也就是结构应变能存在影响呢？

拉伸或压缩变形是最直观也是学生最容易理解和掌握的一种基本变形，首先从拉伸变形入手，证实应变能与加载次序无关，然后以此为突破点，自然而然地道出问题症结之所在。

图 13.20（a）所示一等截面直杆，抗拉刚度为 EA，在载荷 F_1 和 F_2 的共同作用下发生拉伸变形，根据叠加原理，该直杆在载荷 F_1 和 F_2 的共同作用下所产生的内力、应力及变形就等于载荷 F_1 和 F_2 单独作用下所产生的内力、应力及变形的叠加，分别如图 13.20（b）、（c）所示，则有

$$\Delta l = \Delta l_1 + \Delta l_2 = \frac{F_1 l}{EA} + \frac{F_2 l}{EA}$$

现在模拟不同的加载次序，首先模拟第一种加载次序：

（1）加载 F_1，该直杆伸长 Δl_1，如图 13.20（b）所示，外力所做的功 W_1 为

$$W_1 = \frac{1}{2} F_1 \Delta l_1$$

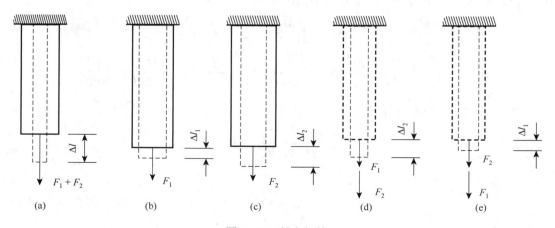

图 13.20　轴向拉伸

（2）在不卸载 F_1 的情况下，继续加载 F_2，直杆继续伸长 Δl_2，如图 13.20（d）所示，则外力所做的功等于载荷 F_1 和 F_2 分别在 Δl_2 位移上所做的功之和，即

$$W_2 = F_1 \Delta l_2 + \frac{1}{2} F_2 \Delta l_2$$

这里，必须弄清这样一个问题：Δl_2 是载荷 F_2 作用所产生的位移，因此，对于载荷 F_1 来说，Δl_2 相当于刚体位移，与载荷 F_1 只有对应关系，不互为因果关系；对于载荷 F_2 来说，Δl_2 与其既为对应关系，也互为因果关系。

载荷施加完毕后，到达最终状态时外力所做的总功 W 为

$$W = W_1 + W_2 = \frac{1}{2} F_1 \Delta l_1 + F_1 \Delta l_2 + \frac{1}{2} F_2 \Delta l_2 = \frac{1}{2} F_1 \Delta l_1 + F_1 \frac{F_2 l}{EA} + \frac{1}{2} F_2 \Delta l_2 \qquad （13.41）$$

接着模拟第二种加载次序：

（1）加载 F_2，该直杆伸长 Δl_2，如图 13.20（c）所示，外力所做的功 W_2 为

$$W_2 = \frac{1}{2} F_2 \Delta l_2$$

（2）在不卸载 F_2 的情况下，继续加载 F_1，直杆继续伸长 Δl_1，如图 13.20（e）所示，则外力所做的功等于载荷 F_1 和 F_2 分别在 Δl_1 位移上所做的功之和，即

$$W_1' = \frac{1}{2} F_1 \Delta l_1 + F_2 \Delta l_1$$

总功 W 为

$$W = W_2 + W_1' = \frac{1}{2} F_2 \Delta l_2 + F_2 \Delta l_1 + \frac{1}{2} F_1 \Delta l_1 = \frac{1}{2} F_2 \Delta l_2 + F_2 \frac{F_1 l}{EA} + \frac{1}{2} F_1 \Delta l_1 \qquad （13.42）$$

显然，式（13.41）和式（13.42）是完全等价的，也就是说，两种加载方式下外力所做的总功相等，根据能量守恒，到达最终状态时的应变能必然相等，据此应变能只取决于力和位移的最终值，与加载次序无关的结论得证。

编者根据自身的教学实践和学生的反馈意见发现："应变能与加载次序无关"这条结论是十分关键而且重要的。它是解决问题的一根引线，就好比顺藤摸瓜，有了这根藤，事情就迎刃而解。

13.4.2 互等定理的论证

有了应变能与加载次序无关这样一条结论，我们继续深入研究，从 13.4.1 节中的式（13.41）和式（13.42）还能发现什么问题？

这次我们从应变能的角度来看 13.4.1 节中的问题。设图 13.20（a）、（b）、（c）所示状态下的应变能分别为 V_ε、$V_{\varepsilon 1}$、$V_{\varepsilon 2}$，则有

$$V_\varepsilon = \frac{(F_1 + F_2)^2 l}{2EA} = \frac{F_1^2 l}{2EA} + \frac{F_2^2 l}{2EA} + \frac{F_1 F_2 l}{EA} = W = \frac{1}{2}(F_1 + F_2)\Delta l \qquad （13.43）$$

$$V_{\varepsilon 1} = \frac{F_1^2 l}{2EA} = W_1 = \frac{1}{2} F_1 \Delta l_1 \qquad （13.44）$$

$$V_{\varepsilon 2} = \frac{F_2^2 l}{2EA} = W_2 = \frac{1}{2} F_2 \Delta l_2 \qquad （13.45）$$

将式（13.44）、式（13.45）代入式（13.43），得

$$V_\varepsilon = V_{\varepsilon 1} + V_{\varepsilon 2} + F_1 \Delta l_2 = V_{\varepsilon 1} + V_{\varepsilon 2} + F_2 \Delta l_1$$

由上式可以得到以下推论：

（1）$V_\varepsilon \neq V_{\varepsilon 1} + V_{\varepsilon 2}$，这是一目了然的。因此，叠加原理在应变能中的应用与以往有所不同，应变能的叠加是基本变形的叠加，而内力、应力、变形等效应的叠加是载荷的叠加。换句话说，引起同一基本变形的一组载荷在杆内所产生的应变能，并不等于各个载荷单独作用时产生的应变能之和。这一点对于读者应用叠加原理求解应变能大有裨益。

（2）$F_1 \Delta l_2 = F_2 \Delta l_1$，这是功的互等定理（reciprocal theorem of work）。如果我们把图 13.20（b）所示状态设为第一状态，图 13.20（c）所示状态设为第二状态，那么，第一状态的外力在第二状态位移上所做的功等于第二状态的外力在第一状态位移上所做的功。当 $F_1 = F_2$ 时，$\Delta l_2 = \Delta l_1$，这就是位移互等，浅显易懂，继而推广应用到其他基本变形中。

思维导图 13

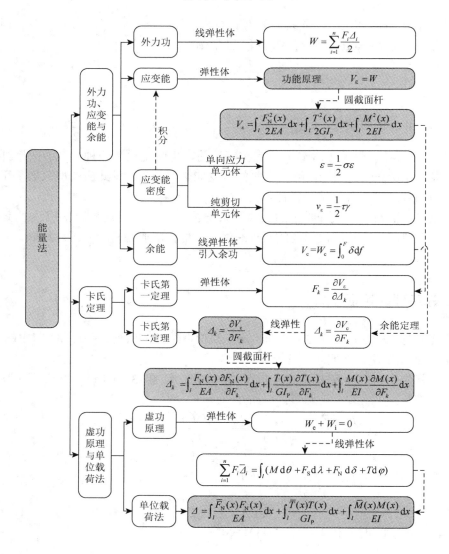

习 题 13

13-1 如题 13-1 图所示四种结构，各杆 EA 相同。在集中力 F 作用下结构的应变能分别用 $V_{\varepsilon1}$、$V_{\varepsilon2}$、$V_{\varepsilon3}$、$V_{\varepsilon4}$ 表示。下列结论中（ ）是正确的？

A. $V_{\varepsilon1}>V_{\varepsilon2}>V_{\varepsilon3}>V_{\varepsilon4}$

B. $V_{\varepsilon1}<V_{\varepsilon2}<V_{\varepsilon3}<V_{\varepsilon4}$

C. $V_{\varepsilon1}>V_{\varepsilon2}$，$V_{\varepsilon3}>V_{\varepsilon4}$，$V_{\varepsilon2}<V_{\varepsilon3}$

D. $V_{\varepsilon1}<V_{\varepsilon2}$，$V_{\varepsilon3}<V_{\varepsilon4}$，$V_{\varepsilon2}<V_{\varepsilon3}$

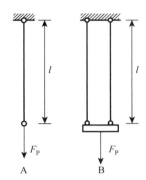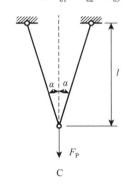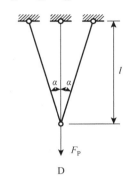

题 13-1 图

13-2 如题 13-2 图所示悬臂梁，加载次序有下述三种方式：第一种为 F_P、M 同时按比例加载；第二种为先加 F_P，后加 M；第三种为先加 M，后加 F_P。在线弹性范围内，它们的应变能应为（ ）。

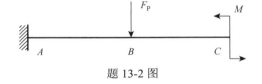

题 13-2 图

A. 第一种大

B. 第二种大

C. 第三种大

D. 一样大

13-3 一圆轴在如题 13-3 图所示两种受扭情况下，下面（ ）是正确的。

A. 应变能相同，自由端扭转角不同

B. 应变能不同，自由端扭转角相同

C. 应变能和自由端扭转角都相同

D. 应变能和自由端扭转角都不相同

13-4 如题 13-4 图所示各杆均由同一种材料制成，材料为线弹性，弹性模量为 E，各杆的长度相同。试求各杆的应变能。

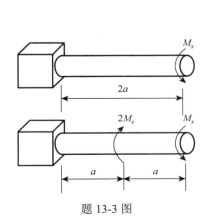

题 13-3 图

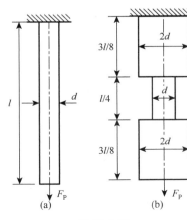

题 13-4 图

13-5　阶梯形轴在其两端承受扭转外力偶矩,如题 13-5 图所示。轴材料为线弹性,$d_2 = 2d_1 = 2d$ 剪切模量为 G。试求圆轴内的应变能。

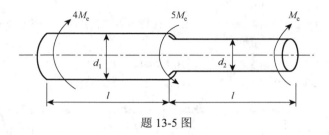

题 13-5 图

13-6　如题 13-6 图所示,三脚架承受载荷 F_P,AB、AC 两杆的横截面积均为 A。若已知 A 点的水平位移 $\varDelta_{Ax}$（向左）和铅垂位移 $\varDelta_{Ay}$（向下）,试按下列情况分别计算三脚架的应变能 V_ε,将 V_ε 表达为 $\varDelta_{Ax}$, $\varDelta_{Ay}$ 的函数。

（1）若三脚架由线弹性材料制成,EA 为已知;

（2）若三脚架由非线弹性材料制成,其应力-应变关系为 $\sigma = B\sqrt{\varepsilon}$［题 13-6 图（b）］,$B$ 为常数,且拉伸和压缩相同。

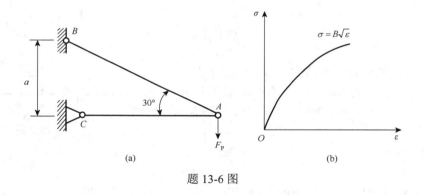

题 13-6 图

13-7　平均半径为 R 的细圆环,截面为直径为 d 的圆形,材料为线弹性,弹性模量为 E,剪切模量为 G。两个力 F_P 垂直于圆环轴线所在的平面（见题 13-7 图）。试求两个力 F_P 作用点的相对位移。

13-8　如题 13-8 图所示,圆弧形小曲率圆截面杆,在杆端 A 承受铅垂载荷 F_P 作用。设曲杆的轴线半径为 R,杆件截面的弯曲刚度与扭转刚度分别为 EI 与 GI_P,试用单位载荷法计算截面 A 的铅垂位移。

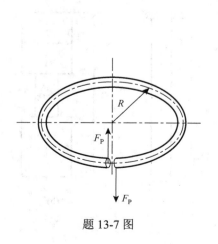

题 13-7 图

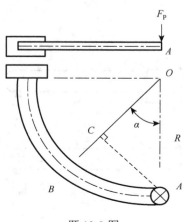

题 13-8 图

13-9 如题 13-9 图所示，曲拐的自由端 C 上作用集中力 F_P。曲拐两段材料相同，且均为同一直径的圆截面杆，杆件截面的弯曲刚度与扭转刚度分别为 EI 与 GI_p，试求 C 点的垂直位移。

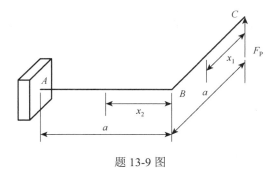

题 13-9 图

13-10 等截面曲杆 BC 的轴线为四分之三的圆周，如题 13-10 图所示。若 AB 可视为刚性杆，杆 BC 截面的弯曲刚度为 EI，在 F_P 作用下，试求截面 B 的水平位移及垂直位移。

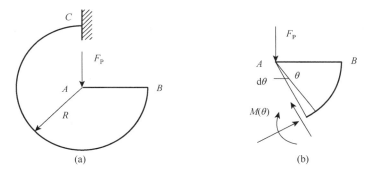

题 13-10 图

13-11 如题 13-11 所示结构，承受载荷 F_P 作用。梁 BC 个截面的弯曲刚度均为 EI，杆 DG 各截面的拉、压刚度均为 EA，试用单位载荷法计算点 C 的铅垂位移 Δ_C 与转角 θ_C。

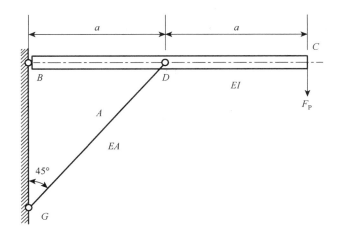

题 13-11 图

13-12　如题 13-12 图所示刚架，承受载荷 F_P 作用。设各截面的弯曲刚度均为 EI，使用单位载荷法计算横截面 C 的转角。

13-13　如题 13-13 图所示矩形截面悬臂梁，端点承受铅垂载荷 F_P 作用。材料在单向拉伸与压缩时的应力应变关系为 $\sigma = c\sqrt{\varepsilon}$，式中的 c 为材料常数。截面的宽与高分别为 b 与 h，试用单位载荷法计算自由端的挠度。设平面假设与单向受力假设仍成立。

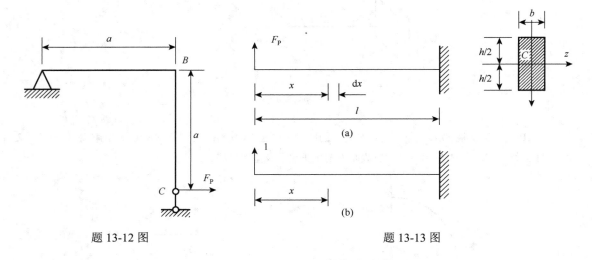

题 13-12 图　　　　　　　　　　　　　　　　题 13-13 图

13-14　如题 13-14 图所示具有初始挠度的梁 AB，抗弯刚度为 EI，长为 l。当梁上作用图示三角形分布载荷时，梁便呈直线形状。求梁的初始挠度曲线。

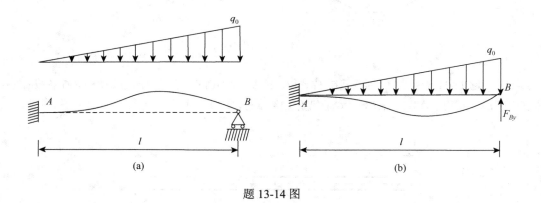

题 13-14 图

第 14 章　动载荷和疲劳

14.1　概　　述

前面各章节所讨论都是构件在静载荷作用下应力及位移的计算。在实际工程问题中，常会遇到动载荷问题。当载荷随时间显著变化时，或加载时构件有明显的加速度，此类载荷称为**动载荷**（dynamic load）。例如，高速旋转的加速提升、锻压气锤的锤杆、受到运动物体撞击的飞轮结构等，这些载荷重物的吊索都属于运载荷。

动载荷可分为构件具有较大加速度、受交变载荷和冲击载荷三种情况。交变载荷是随时间做周期性变化的载荷；冲击载荷是物体的运动在瞬时内发生急剧变化所引起的载荷。构件在静载荷与动载荷作用下的力学表现或行为不同，分析方法也不完全相同，但前者是后者的基础。

构件中由动载荷引起的应力称为动应力。若在工作时构件内的应力随时间做周期性的变化，则称为**交变应力**（alternating stress）。塑性材料的构件长期在交变应力作用下，虽然最大工作应力远低于材料的屈服极限，且无明显的塑性变形，但是往往发生突然断裂。这种破坏现象称为**疲劳破坏**（fatigue failure），简称疲劳。

14.2　构件做等加速直线运动或等速转动时的动应力计算

构件做等加速直线运动或等速转动时，构件内各质点存在加速度，将产生惯性力。根据达朗贝尔原理，对做加速度运动的质点系，若在各质点处加上与该点加速度方向相反的惯性力，则它与质点系原主动力和约束力一起构成一个假想的平衡力系，使动载荷问题从形式上转化为静力平衡问题，从而可以采用求解静载荷问题的方法进行动应力和动位移的计算，称为**动静法**（method of dynamic static）。下面应用动静法，分别研究构件在等加速直线运动和等速转动时的动载荷问题。

14.2.1　构件做等加速直线运动时的动应力分析

如图 14.1（a）所示一钢索以等加速度 a 向上提升吊起重物。重物 M 的重力为 F_P，钢索的横截面积为 A，钢索的重量与 F_P 相比甚小，可略去不计。现分析钢索横截面上的动应力 σ_d。

钢索除受重力 F_P 作用外，还受惯性力作用。根据动静法，将惯性力 $\dfrac{F_P}{g}a$ 加在重物上，这样，可按静载荷问题求动载荷作用下钢索横截面上的轴力 $F_{N,d}$。如图 14.1（b）所示，由平衡方程

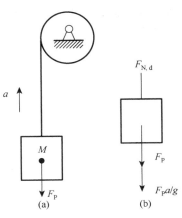

图 14.1　等加速直线运动的重物

$$\sum F_y = 0, \quad F_{N,d} - F_P - \frac{F_P}{g}a = 0$$

得

$$F_{N,d} = F_P\left(1 + \frac{a}{g}\right)$$

从而可求得钢索横截面上的动应力为

$$\sigma_d = \frac{F_{N,d}}{A} = \frac{F_P}{A}\left(1 + \frac{a}{g}\right)$$

当加速度 $a = 0$，即钢索受静载荷作用时，轴力为

$$F_{N,st} = F_P$$

相应的静应力为

$$\sigma_{st} = \frac{F_{N,st}}{A} = \frac{F_P}{A}$$

上述各式中下标 d 和下标 st 分别表示动载荷作用和静载荷作用。比较动载荷和静载荷，动应力和静应力，可以看到动载荷作用时轴力和应力与静载荷作用时相比，被放大了 $\left(1 + \dfrac{a}{g}\right)$ 倍，将之记为 K_d，称为**动荷因数**（dynamic load factor）。

对做等加速直线运动的构件，有

$$K_d = \frac{F_{N,d}}{F_{N,st}} = 1 + \frac{a}{g} \tag{14.1}$$

构件的动应力可以通过将相应的静应力乘以动荷因数得到，即

$$\sigma_d = K_d \sigma_{st} \tag{14.2}$$

可见，对于上述动载荷问题，归结为计算动荷因数 K_d。

14.2.2　等速转动构件内的动应力分析

如图 14.2 所示一薄壁均质圆环，静止时，圆环无应力作用。当圆环以等角速度 ω 在水平面内转动时，环上各点产生向心加速度。根据动静法，在静止圆环上加上离心惯性力，使之转化为平衡问题。如圆环的平均直径为 D，壁厚为 t（$t \ll D$），横截面积为 A，单位体积的重量为 γ，现分析圆环做等速转动时横截面上的正应力。

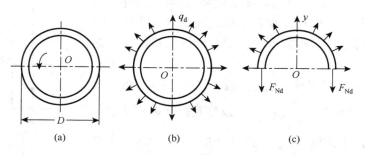

图 14.2　薄壁均质圆环等速转动

因圆环等速转动，故环内各点只有向心加速度。当圆环的壁很薄时，可认为环内各点的向心加速度大小近似相等，都等于圆环截面中线处的加速度，其数值为 $a_n = \dfrac{D\omega^2}{2}$，因此沿圆环中线均匀分布的惯性力集度为

$$q_d = \frac{1 \cdot A \cdot \gamma}{g} a_n = \frac{A\gamma D}{2g}\omega^2$$

上述分布惯性力构成圆环上的平衡力系。用截面法可求得圆环横截面上的内力 $F_{N,d}$。由上半部分平衡方程 $\sum F_y = 0$，得

$$2F_{N,d} - \int_0^\pi q_d \sin\varphi \frac{D}{2}\mathrm{d}\varphi = 0$$

求得

$$F_{N,d} = \frac{q_d D}{2} = \frac{A\gamma D^2 \omega^2}{4g}$$

于是圆环横截面上的正应力为

$$\sigma_d = \frac{F_{N,d}}{A} = \frac{\gamma D^2}{4g}\omega^2 \tag{14.3}$$

根据强度条件，为了保证圆环安全，必须使

$$\sigma_d = \frac{\gamma D^2}{4g}\omega^2 \leqslant [\sigma] \tag{14.4}$$

由此可见，圆环转速的提高应有一定限制，所允许的角速度 ω 取决于许用应力和材料的单位体积重量，而与圆环的横截面积无关。

应该指出，并非所有的动载荷问题都能由动荷因数来表达，例如上述等速转动的构件，由于不存在与动载荷相应的静载荷，所以不存在如式（14.1）那样的动荷因数。

14.3　构件受冲击载荷作用时的动应力计算

当运动着的物体作用到静止的构件上时，在相互接触的极短时间内，速度急剧下降，这种现象称为冲击。冲击中的运动物体称为冲击物，静止的构件称为被冲击物，冲击物和被冲击物之间的相互作用力称为冲击载荷。工程中的落锤打桩、汽锤锻造等都是冲击现象，其中落锤、汽锤是冲击物，而桩、锻件就是被冲击物。

在冲击问题中，由于冲击物的速度在极短时间内发生很大变化，加速度难以确定，无法计算惯性力，因此，动静法不再适合。此时，在冲击物与被冲击物的接触区域内，应力非常复杂，难以精确计算。对于这类问题，通常采用能量法近似计算冲击应力。为了简化分析，作如下假设：

（1）不计冲击物的变形，且冲击物与被冲击物接触后无回弹；

（2）忽略被冲击物的质量，且被冲击物的材料仍服从胡克定律；

（3）在冲击过程中，不计声、热等能量损失。

根据上述假设，将被冲击物简化为弹簧，如图 14.3 所示。

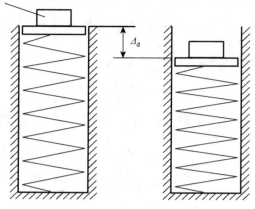

图 14.3　重物弹簧模型

　　冲击开始时刻，系统的能量为冲击物的动能 E_k 和势能 E_p。冲击物一旦与弹簧接触就互相附着共同运动。当冲击物的速度变为零时，被冲击物受到的冲击载荷和相应位移均达到最大值，这一时刻记为冲击的末了时刻。将此最大冲击载荷和相应的位移分别记为 F_d 和 Δ_d，并将冲击末了时刻的位置取作势能零点。由机械能守恒定律，系统原有的动能 E_k 和势能 E_p 全部转换成被冲击物的应变能 $V_{\varepsilon d}$，即

$$E_k + E_p = V_{\varepsilon d} \tag{14.5}$$

其中，势能大小为

$$E_p = F_P \Delta_d$$

而被冲击物增加的应变能，则可通过冲击载荷 F_d 对相应位移 Δ_d 所做的功来计算。在线弹性范围内，弹簧的力与变形服从胡克定律，$F_d = k\Delta_d$，弹簧的应变能为

$$V_{\varepsilon d} = \frac{1}{2} F_d \Delta_d = \frac{1}{2} K_d^2 \Delta_d$$

若重物 F_P 以静载荷方式作用于弹簧上，弹簧在力作用点沿力作用方向的静位移为 Δ_{st}，静应力为 σ_{st}，则 F_P 与 Δ_{st} 的关系为

$$F_P = k\Delta_{st}$$

式中，k 为弹簧的刚度系数。

　　引入冲击动荷因数 K_d，令 $K_d = \dfrac{F_d}{F_P}$，得动位移

$$\Delta_d = K_d \Delta_{st} \tag{14.6}$$

将势能、弹簧的应变能和式（14.6）代入式（14.5），有

$$K_d^2 - 2K_d - \frac{2E_k}{F_P \Delta_{st}} = 0$$

解得

$$K_d = 1 + \sqrt{1 + \frac{2E_k}{F_P \Delta_{st}}} \tag{14.7}$$

求得冲击动荷因数后，弹簧横截面上的冲击应力可表示为

$$\sigma_{\mathrm{d}} = \frac{F_{\mathrm{d}}}{A} = K_{\mathrm{d}} \frac{F_{\mathrm{P}}}{A} = K_{\mathrm{d}} \sigma_{\mathrm{st}} \tag{14.8}$$

由此可见，冲击载荷、冲击位移和冲击应力均等于将冲击物的重量 F_{P} 作为静载荷作用时，相应的量乘以同一个冲击动荷因数 K_{d}。所以，冲击问题计算的关键在于确定相应的冲击动荷因数。

从式（14.7）看出 $K_{\mathrm{d}} \geqslant 2$，即当 $E_{\mathrm{k}} = 0$ 时，$K_{\mathrm{d}} = 2$，这表明即使冲击物初始速度为零，但只要是突然加于构件上的载荷，构件内的动应力就为静载时的两倍。

如果冲击物 F_{P} 从高 h 处自由落下冲击被冲击物，如图 14.4 所示，则冲击开始时，冲击物的动能为

$$E_{\mathrm{k}} = \frac{1}{2} \frac{F_{\mathrm{P}}}{g} v^2 = \frac{1}{2} \frac{F_{\mathrm{P}}}{g} \times 2gh = F_{\mathrm{P}} h$$

将上式代入式（14.7），有

$$K_{\mathrm{d}} = 1 + \sqrt{1 + \frac{2h}{\varDelta_{\mathrm{st}}}} \tag{14.9}$$

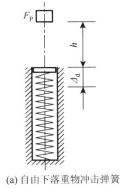 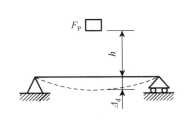 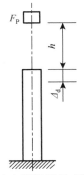

(a) 自由下落重物冲击弹簧　　　　(b) 自由下落重物冲击构件　　　　(c) 自由下落重物冲击弹性杆

图 14.4　自由下落重物冲击被冲击物

对水平放置系统，如图 14.5 所示，冲击物的势能 $E_{\mathrm{P}} = 0$，动能 $E_{\mathrm{k}} = \dfrac{1}{2} \dfrac{F_{\mathrm{P}}}{g} v^2$，于是由式（14.5）得

$$\frac{1}{2} \frac{F_{\mathrm{P}}}{g} v^2 = \frac{1}{2} K_{\mathrm{d}}^2 \varDelta_{\mathrm{st}} F_{\mathrm{P}}$$

解得

$$K_{\mathrm{d}} = \sqrt{\frac{v^2}{g \varDelta_{\mathrm{st}}}} \tag{14.10}$$

图 14.5　水平冲击

在实际冲击过程中，不可避免地会有声、热等能量损耗，因此，被冲击物内所增加的应变能 V_{ed} 将小于冲击物所减小的能量，表明由机械能守恒定律所计算出的冲击动荷因数 K_d 是偏大的，因而这种近似计算方法是偏于安全的。

例 14.1 如图 14.6 所示 16 号工字钢梁，右端置于一弹簧系数 $k = 0.16$ kN/mm 的弹簧上。重量 $F_P = 2$ kN 的物体自高 $h = 350$ mm 处自由落下，冲击在梁跨中 C 点。梁材料的 $[\sigma] = 160$ MPa，$E = 210$ GPa，试校核梁的强度。

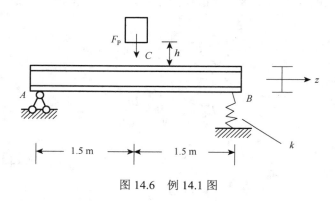

图 14.6 例 14.1 图

解 （1）计算静位移 Δ_{st}。

将 F_P 作为静载荷作用在 C 点。由型钢表查得 16 号工字梁截面的 $I_z = 1430$ cm^4 和 $W_z = 141$ cm^3。梁本身的变形为

$$\Delta_{Cst} = \frac{F_P l^3}{48EI_z} = \frac{2 \times 10^3 \, \text{N} \times 3^3 \, \text{m}^3}{48 \times 2.1 \times 10^{11} \, \text{N/m}^2 \times 1130 \times 10^{-8} \, \text{m}^4}$$

$$= 0.474 \times 10^{-3} \, \text{m} = 0.474 \, \text{mm}$$

由于梁的右端支座是弹簧，在支座反力 $F_{RB} = 0.5F_P$ 的作用下，其缩短量为

$$\Delta_{Bst} = \frac{0.5F_P}{k} = \frac{0.5 \times 2 \, \text{kN}}{0.16 \, \text{kN/mm}} = 6.25 \, \text{mm}$$

故 C 点沿冲击方向的总静位移为

$$\Delta_{st} = \Delta_{Cst} + \frac{1}{2}\Delta_{Bst} = 0.474 \, \text{mm} + \frac{1}{2} \times 6.25 \, \text{mm} = 3.6 \, \text{mm}$$

（2）计算动荷因数 K_d。

再由式（14.4），求得动荷因数为

$$K_d = 1 + \sqrt{1 + \frac{2h}{\Delta_{st}}} = 1 + \sqrt{1 + \frac{2 \times 350 \, \text{mm}}{3.6 \, \text{mm}}} = 14.98$$

（3）校核梁的强度。

梁的危险截面为跨中 C 截面，危险点为该截面上、下边缘处各点。C 截面的弯矩为

$$M_{max} = \frac{F_P l}{4} = \frac{2 \times 10^3 \, \text{N} \cdot \text{m} \times 3\text{m}}{4} = 1.5 \, \text{kN} \cdot \text{m}$$

危险点处的最大静应力为

$$\sigma_{st,max} = \frac{M_{max}}{W_z} = \frac{1.5 \times 10^3 \, \text{N} \cdot \text{m}}{141 \times 10^{-6} \, \text{m}^3} = 10.64 \times 10^6 \, \text{Pa} = 10.64 \, \text{MPa}$$

所以，梁的最大冲击应力为

$$\sigma_{\text{d,max}} = K_{\text{d}} \times \sigma_{\text{st, max}} = 14.98 \times 10.64 = 159.4 \text{(MPa)}$$

因为 $\sigma_{\text{d,max}} < [\sigma]$，所以梁是安全的。

例 14.2 如图 14.7 所示，重为 F_{P} 的物体以速度 v 沿水平方向冲击图示梁上的 A 点。已知梁的弯曲刚度为 EI，弯曲截面模量为 W，求梁的最大冲击应力。

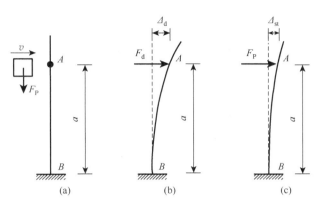

图 14.7 例 14.2 图

解 （1）计算静位移 Δ_{st}。

将物体的重量 F_{P} 作为静载荷作用在 A 点。对于图 14.7（c）所示的情况

$$\Delta_{\text{st}} = \frac{F_{\text{P}} a^3}{3EI}$$

（2）计算动荷因数 K_{d}。

由式（14.10），可得

$$K_{\text{d}} = \sqrt{\frac{3EIv^2}{F_{\text{P}} g a^3}}$$

（3）计算最大冲击应力 σ_{max}。

梁的危险截面为根部 B 截面，危险点为该截面上、下边缘处各点。B 截面的弯矩为

$$M_{\text{max}} = F_{\text{P}} a$$

危险点处的最大静应力为

$$\sigma_{\text{st,max}} = \frac{M_{\text{max}}}{W} = \frac{F_{\text{P}} a}{W}$$

所以，梁的最大冲击应力为

$$\sigma_{\text{d,max}} = K_{\text{d}} \times \sigma_{\text{st,max}} = \frac{a}{W} \sqrt{\frac{3F_{\text{P}} EIv^2}{g a^3}}$$

14.4 交变应力下材料的疲劳

14.4.1 交变应力及特征描述

工程中，有些构件所受的载荷是随时间做周期性变化，即受交变载荷作用，那么相应地，

所产生的应力也随时间交替变化。如图 14.8（a）所示的梁，受电动机的重量 W 与电动机转动时引起的干扰力 $F_H\sin\omega t$ 作用，干扰力 $F_H\sin\omega t$ 就是随时间做周期性变化的。因而梁跨中截面下边缘危险点处的拉应力将随时间做周期性变化，如图 14.8（b）所示。

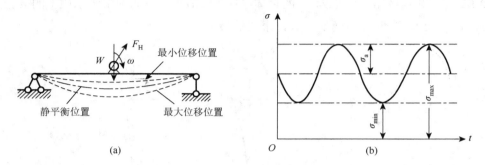

图 14.8　梁受交变应力

此外，还有些构件，虽然所受的载荷并没有变化，但由于构件本身在转动，因而构件内各点处的应力也随时间做周期性变化。如图 14.9（a）所示的火车轮轴，承受车厢传来的载荷 F，F 并不随时间变化。轴的弯矩图如图 14.9（b）所示。但由于轴在转动，横截面上除圆心以外的各点处的正应力都随时间做周期性变化。如以截面边缘上的某点 i 而言，当 i 点转至位置 1 时，如图 14.9（c）所示，正处于中性轴上，$\sigma = 0$；当 i 点转至位置 2 时，$\sigma = \sigma_{max}$；当 i 点转至位置 3 时，又在中性轴上，$\sigma = 0$；当 i 点转至位置 4 时，$\sigma = \sigma_{min}$。可见，轴每转一周，i 点处的正应力经过了一个应力循环，如图 14.9（d）所示。

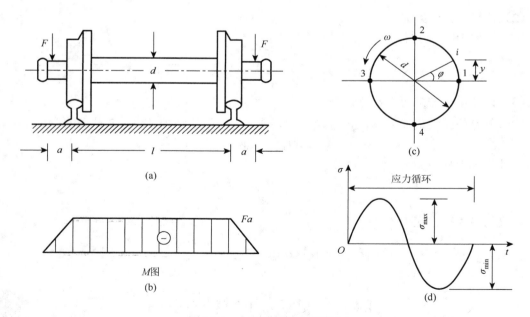

图 14.9　火车轮轴受交变应力

在上述两种情况下，构件内都将产生随时间做周期性变化的应力，称为**交变应力**（alternating stress）。应力每重复变化一次，称为一个应力循环。重复的次数称为循环次数。

由图 14.8（b）和图 14.9（d）所示的应力循环图可见，构件中某一点的交变应力在其最大值 σ_{max} 和最小值 σ_{min} 之间做周期性变化。应力循环中最小应力与最大应力之比，称为交变应力的**循环特征**（cycle characteristics），并用 r 表示，即

$$r = \frac{\sigma_{min}}{\sigma_{max}} \qquad (14.11)$$

而最大应力和最小应力的差值表示交变应力的变化程度，称为交变应力的**应力幅**（stress amplitude），即

$$\sigma_a = \frac{\sigma_{max} - \sigma_{min}}{2} \qquad (14.12)$$

交变应力的特征可用上述四个参量 σ_{max}、σ_{min}、r 和 σ_a 来表示。

在交变应力中，当 $r = -1$ 时，称为**对称循环**（symmetric cycle）交变应力，此时，应力幅 $\sigma_a = \sigma_{max}$，如图 14.9（d）所示；当 $r = 0$ 时，即 $\sigma_{min} = 0$，称为**脉冲循环**（pulse cycle）交变应力，此时，$\sigma_a = \sigma_{max}/2$，如图 14.10（a）所示；当 $r = 1$ 时，即有 $\sigma_{max} = \sigma_{min}$，$\sigma_a = 0$，这实际上是静应力作用，因此，静应力可看成是交变应力的一种特例，如图 14.10（b）所示。通常将除对称循环（$r = -1$）以外的交变应力统称为非对称循环交变应力。

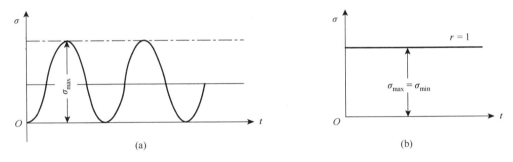

图 14.10　脉冲循环与静载荷应力图

14.4.2　疲劳破坏

大量试验结果及工程构件的破坏现象表明，构件在交变应力作用下的破坏形式与静载荷作用下全然不同。在交变应力作用下，即使应力低于材料的屈服极限（或强度极限），但经过长期重复作用之后，构件往往也会突然断裂。对于由塑性很好的材料制成的构件，也往往在没有明显塑性变形的情况下突然发生脆性断裂。这种破坏称为疲劳破坏，简称疲劳。

所谓疲劳破坏可作如下解释：由于构件不可避免地存在着材料不均匀、有夹杂物等缺陷，构件受载后，这些部位会产生应力集中；在交变应力长期反复作用下，这些部位将产生细微的裂纹。在这些细微裂纹的尖端，不仅应力情况复杂，而且有严重的应力集中。反复作用的交变应力又导致细微裂纹扩展成宏观裂纹。在裂纹扩展的过程中，裂纹两边的材料时而分离，时而压紧，或时而反复地相互错动，起到了类似"研磨"的作用，从而使这个区域十分光滑。随着裂纹的不断扩展，构件的有效截面逐渐减小。当截面削弱到一定程度时，在一个偶然的振动或冲击下，构件就会沿此截面突然断裂。可见，构件的疲劳破坏实质上是由于材料的缺陷而引起细微裂纹，进而扩展成宏观裂纹，裂纹不断扩展，最后发生脆性断裂的过程。

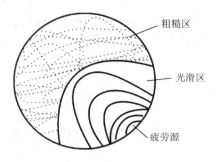

图 14.11　疲劳破坏断口

以上对疲劳破坏的解释与构件的疲劳破坏断口是吻合的。一般金属构件的疲劳断口都有如图 14.11 所示的光滑区和粗糙区。光滑区实际上就是裂纹扩展区，是经过长期"研磨"所致，而粗糙区是最后发生脆性断裂的那部分剩余截面。

构件在交变应力作用下发生失效时，具有以下明显的特征：

（1）破坏时的名义应力值远低于材料在静载荷作用下的强度的指标。

（2）构件在一定量的交变应力作用下发生破坏有一个过程，即需要经过一定数量的应力循环。

（3）构件在破坏前没有明显的塑性变形，即使塑性很好的材料，也会呈现脆性断裂。

（4）同一疲劳破坏断口，一般都有明显的光滑区域与颗粒状区域。

由于构件的疲劳破坏是在没有明显预兆的情况下突然发生的，因此往往会造成严重的事故。所以，了解和掌握交变应力的有关概念，并对交变应力作用下的构件进行疲劳计算，是十分必要的。

14.5　疲　劳　极　限

14.5.1　疲劳极限

构件在交变应力作用下的疲劳破坏是低应力脆断，因此材料的屈服极限或强度极限等静载荷下强度指标不再适用，材料的疲劳强度指标应通过专门试验测定。

材料在交变应力作用下是否发生破坏，不仅与最大应力 σ_{max} 有关，还与循环特征 r 和循环次数 N 有关。循环次数又称为**疲劳寿命**（fatigue life）。试验表明，在一定的循环特征 r 下，σ_{max} 越大，到达破坏时的循环次数 N 就越小，即寿命越短；反之，如 σ_{max} 越小，则到达破坏时的循环次数 N 就越大，即寿命越长。当 σ_{max} 减小到某一限值时，虽经"无限多次"应力循环，材料仍不发生疲劳破坏，这个应力限值就称为材料的**疲劳极限**（fatigue limit）或**持久极限**（endurance limit），以 σ_r 表示。同一种材料在不同循环特征下的疲劳极限 σ_r 是不相同的，对称循环下的疲劳极限 σ_{-1} 是衡量材料疲劳强度的一个基本指标。不同材料的 σ_{-1} 是不相同的。

材料的疲劳极限可由疲劳试验来测定，如材料在弯曲对称循环下的疲劳极限，可按国家标准 GB 4337—2015 以旋转弯曲疲劳试验来测定。在试验时，取一组标准光滑小试件，使每根试件都在试验机上发生对称弯曲循环且每根试件危险点承受不同的最大应力（称为应力水平），直至疲劳破坏，即可得到每根试件的疲劳寿命。然后，在以 σ_{max} 为纵坐标，疲劳寿命 N 为横坐标的坐标系内，可定出每根试件 σ_{max} 与 N 的相应点，从而可描出一条应力与疲劳寿命关系曲线，即 $\sigma\text{-}N$ 曲线，称为疲劳曲线。图 14.12 为某种钢材在弯曲对称循环下的疲劳曲线。

由疲劳曲线可见，试件达到疲劳破坏时的循环次数将随最大应力的减小而增大，当最大应力降至某一值时，$\sigma\text{-}N$ 曲线趋于水平，从而可作出一条 $\sigma\text{-}N$ 曲线的水平渐近线，对应的应力值就表示材料经过无限多次应力循环而不发生疲劳

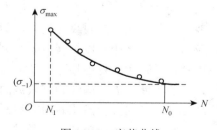

图 14.12　疲劳曲线

破坏，即为材料的疲劳极限（σ_{-1}）。事实上，如钢材和铸铁等黑色金属材料，$\sigma\text{-}N$ 曲线都具有趋于水平的特点，即经过很大的有限循环次数 N_0 而不发生疲劳破坏，N_0 称为循环基数。通常，钢的 N_0 取 10^7 次，某些有色金属的 N_0 取 10^8 次。

有些构件受到拉压交变应力作用，以上有关概念同样适用。此外，还有一些扭转构件受到交变切应力的作用，以上有关概念同样适用，只需将正应力 σ 改为切应力 τ 即可。

14.5.2　影响构件疲劳极限的因素

由疲劳试验测得材料的疲劳极限，是用标准试件在实验室环境下测得的。而工程中的实际、构件的疲劳极限，不仅与材料有关，还受到构件形状、尺寸大小、表面加工质量和工作环境等因素的影响。下面以对称循环为例介绍影响构件的疲劳极限的主要因素。

1. 构件外形

构件上的槽、孔、轴肩等尺寸突变处都存在应力集中，因而易形成疲劳裂纹源，会降低构件的疲劳极限。构件外形对疲劳极限的这种影响可用有效应力集中因数 k_σ 表示，在对称循环下，k_σ 定义为在尺寸相同的条件下测得的材料的疲劳极限 σ_{-1} 与包含应力集中因素构件的疲劳极限 $(\sigma_{-1})_k$ 之比，即

$$k_\sigma = \frac{\sigma_{-1}}{(\sigma_{-1})_k} \tag{14.13}$$

若交变应力为切应力，则只需将上式中 σ 改为 τ，即为表达式 k_τ。k_σ 或 k_τ 的数值大于 1，可在相关工程设计手册中查到。

2. 构件尺寸

材料的疲劳极限通常采用直径小于 10 mm 的小试件测定。弯曲与扭转疲劳试验表明，随着试件横截面尺寸的增大，疲劳极限相应地降低，对于高强度材料，这种尺寸效应更为显著。这种尺寸效应的影响可用尺寸因数 ε_σ 表示。在对称循环条件下，ε_σ 是光滑大尺寸试件与光滑小尺寸试件的疲劳极限之比，即

$$\varepsilon_\sigma = \frac{(\sigma_{-1})_d}{\sigma_{-1}} \tag{14.14}$$

ε_σ 数值小于 1，可在相关工程设计手册中查到。

3. 构件表面质量

当弯曲、扭转变形时，最大应力发生于构件的表层。由于加工条件所限，构件表层常常存在各种缺陷，如粗糙不平、擦伤、划痕等，使疲劳裂纹易于在表层形成，因而会降低疲劳极限。相反，若构件表面质量优于光滑小试件，疲劳极限则会增高。表面质量对疲劳极限的影响可用表面质量因数 β 表示，它是某种加工条件下构件的疲劳极限与光滑小试件的疲劳极限之比，在对称循环时，即

$$\beta = \frac{(\sigma_{-1})_\beta}{\sigma_{-1}} \tag{14.15}$$

试验表明，表面加工质量越差，疲劳极限降低越多；对于高强度材料，这一效应愈加显著。

14.6　思考与讨论

工程实际中的结构物往往是在比较复杂的条件下工作的，例如，舰艇、武器装备经常受到爆炸所引起的冲击载荷反复作用，石油化工设备中有些机器的工作温度很低，而内燃机或燃气轮机的工作温度很高；汽轮机的叶片在高温下长期受很大的离心力作用；预应力钢筋混凝土中的预应力钢筋或钢丝束则在常温下长期在很高的预拉应力下工作。因此，在强度计算时常需考虑这些因素对材料力学性能的影响。

14.6.1　冲击韧性

材料除了在交变应力作用下表现出与常温、静载时不同的力学性能外，载荷施加的快、慢同样会对材料的力学性能产生影响。试验研究表明，在**应变速率**（strain rate）超过 $\dot{\varepsilon} = \dfrac{\mathrm{d}\varepsilon}{\mathrm{d}t} = 3/\mathrm{s}$ 以后，这种影响更加显著，材料的塑性性能降低，在低温下更是如此，在低于某一温度（即转变温度）后，材料发生冷脆现象。

衡量材料抗冲击能力的力学指标是**冲击韧性**（impact toughness）。冲击韧性是指材料在冲击载荷作用下吸收塑性变形功和断裂功能力，常用标准试样的冲击吸收能量 K 表示。

材料的冲击吸收能量 K 是由冲击试验测得的。试验时，将如图 14.13（a）所示的标准试样置于冲击试验机机架上，并使 U 形切槽位于受拉的一侧，如图 14.13（b）所示。如试验机的摆锤从一定高度沿圆弧线自由落下将试样正好冲断，则试样变形和断裂所消耗的能量 K 就等于摆锤所做的功 W。将 W 除以试件切槽处的最小横截面积 A，就得到冲击韧度，即

$$\alpha_k = \frac{W}{A}$$

K 越大，表示材料的抗冲击能力越好。一般说来，塑性材料的 K 比脆性材料大，故塑性材料的抗冲击能力优于脆性材料。

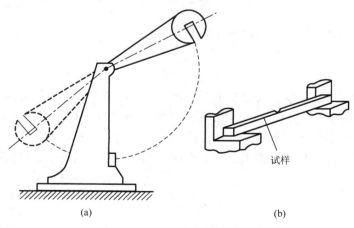

(a)　　　　　　　　　　　　　　　　　(b)

图 14.13　冲击韧度试验

试验结果表明，冲击吸收能量 K 的数值随温度的降低而减小。随着温度的降低，在某一狭窄的温度区间内，K 的数值骤然下降，材料变脆，这就是冷脆现象。使冲击韧性骤然下降的温度为**转变温度**（transition temperature）。因此，在低温条件下工作的构件，材料的冲击韧性对结构的可靠工作非常重要。例如，修建在寒冷地区的桥梁用钢要求在最低环境温度的条件下能保证冲击韧性。请思考去极地考察的船舶钢板应达到多少温度的韧性要求？

14.6.2　蠕变与松弛

大量实验表明，材料在超过某一温度的高温环境下拉伸试件在名义应力作用下的塑性变形将随着时间的增长而不断发展，这种现象称为**蠕变**（creep）。蠕变引起构件的真实应力不断增加，当真实应力达到材料的极限应力时，构件发生断裂；当构件发生蠕变时，若保持总伸长量不变，则构件中的应力会随着蠕变的发展而逐渐减小。这种现象称为应力松弛。如拉伸试样在高温和恒定载荷作用下维持两端位置固定不动，则材料随时间而发展的蠕变变形将逐步取代其初始的弹性变形，从而使试样中的应力随时间的增长而逐渐降低。

如图 14.14 所示为某一金属材料拉伸试样在某一恒定高温下，长期受恒定载荷作用时，蠕变变形（用线应变 ε 表示）随加载时间而发展的典型蠕变曲线。从图中可见，加载后材料首先产生应变 ε_0，此后进入蠕变阶段，蠕变曲线分为四个阶段。

（1）不稳定阶段。在蠕变开始的 AB 段内，蠕变变形增加较快，但其应变速率则逐渐降低，由于这一阶段的蠕变速率不稳定，因此称为不稳定阶段。

（2）稳定阶段。BC 段内蠕变速率达到最低并保持为常数。

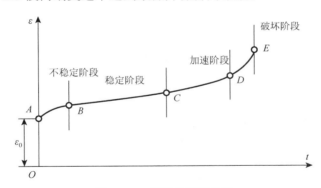

图 14.14　材料的蠕变曲线

（3）加速阶段。过了 C 点后直至 D 点，蠕变速率又逐渐增大，但其变化并不是很大。

（4）破坏阶段。到达 D 点后，蠕变速度骤然增加，经过较短时间试样就断裂了，有时在试样上也会出现"缩颈"。

影响蠕变的两个主要因素是温度和应力水平。构件的工作温度越高，蠕变速率就越大，当温度超过某一界限值后就会发生明显的蠕变变形，这一温度的界限值称为**蠕变临界温度**（creep critical temperature）。在给定的应力水平下，蠕变临界温度通常约为材料的熔点的一半，软金属（如铅）以及某些非金属材料（如塑料）在常温下即可发生蠕变变形。而对于高温合金，则在很高的温度下才会发生蠕变。在很高的拉应力水平下，冷拔预应力钢丝即使在常温下也可以看到明显的蠕变现象。

请说明高温下金属蠕变变形的机理与常温下金属塑性变形的机理有何不同。

14.6.3 工程中提高构件抗冲击能力的措施

由动应力 $\sigma_d = K_d \sigma_{st}$ 可知，提高构件的抗冲击能力应尽量降低动荷因数 K_d。当静载荷确定时，Δ_{st} 越大，动荷因数 K_d 越小，所以降低动荷因数的主要途径是增加载荷作用点的静位移 Δ_{st}。为使 Δ_{st} 增加，需使结构和杆件的刚度降低，通常可采用设置缓冲结构来实现。例如，如图 14.15（a）所示在车辆底架与轮轴之间安装叠板弹簧，如图 14.15（b）所示在碰碰车的外圈受冲击部位加弹性垫圈，如图 14.15（c）所示在码头设置防撞护舷等，都可以起到降低动应力的缓冲作用。此外，在工程和生活中还有哪些缓冲结构在降低动应力，试列举几例。

(a)　　　　　　　　　(b)　　　　　　　　　(c)

图 14.15　缓冲结构

思维导图 14

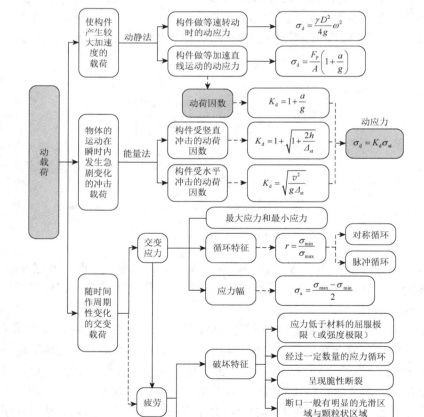

习　题　14

14-1　弹簧之所以能承受较大冲击载荷而难以破坏，是因为弹簧（　　　）。

A. 用高强度材料制成的　　　　　　　　　　B. 冲击韧度低

C. 刚度大　　　　　　　　　　　　　　　　D. 柔度大

14-2　题 14-2 图中有四根悬臂梁，受到重为 W 的重物由高度为 H 的自由落体冲击，其中（　　　）梁动载系数 K_d 最大。

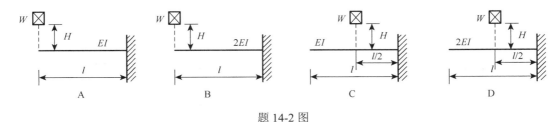

题 14-2 图

14-3　如题 14-3 图所示两尺寸相同的圆环均在水平面内做等速转动，密度 $\rho_a/\rho_b = 1/2$，角速度 $\omega_a/\omega_b = 2$，两圆环横截面上动应力之比 $(\sigma_d)_a/(\sigma_d)_b$ 是（　　　）。

A. 1/2　　　　　　　B. 2　　　　　　　C. 4　　　　　　　D. 1

14-4　如题 14-4 图所示，等直杆上端 B 受横向冲击，其动荷系数 $K_d = \sqrt{v^2/(g\Delta_{st})}$，当杆长 l 增加，其余条件不变时，杆内最大弯曲动应力将（　　　）。

A. 增加　　　　　　B. 减少　　　　　　C. 不变　　　　　　D. 可能增加或减少

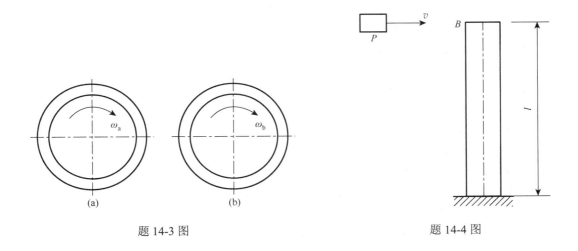

题 14-3 图　　　　　　　　　　　　　　　题 14-4 图

14-5　受水平冲击刚架如题 14-5 图所示，欲求 C 点的铅垂位移，则动荷系数表达式中的静位移 Δ_{st} 应是（　　　）。

A. C 点的铅直位移　　　　　　　　　　　B. B 点的铅直位移

C. B 点的水平位移　　　　　　　　　　　D. B 截面的转角

14-6　如题 14-6 图所示起重机吊起一根工字钢，已知工字钢等速上升时吊索内和工字钢内的最大应力分

别为 σ_1 和 σ_2，则当其以等加速度口上升时，吊索内和工字钢内的最大应力应分别为（　　）。

A. σ_1, σ_2

B. $\left(1+\dfrac{a}{g}\right)\sigma_1$，$\left(1+\dfrac{a}{g}\right)\sigma_2$

C. $\sigma_1, \left(1+\dfrac{a}{g}\right)\sigma_2$

D. $\left(1+\dfrac{a}{g}\right)\sigma_1, \sigma_2$

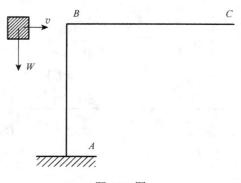

题 14-5 图

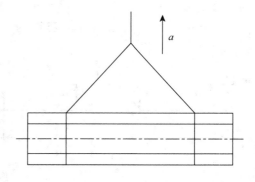

题 14-6 图

14-7　半径为 R 的薄壁圆环，绕其圆心以等角速度 ω 转动。采用（　　）的措施可以有效地减小圆环内的动应力。

A. 增大圆环的横截面积　　　　　　　B. 减小圆环的横截面积

C. 增大圆环的半径 R　　　　　　　　D. 降低圆环的角速度 ω

14-8　在设计承受冲击载荷的构件时，从强度观点出发，在条件允许情况下，应尽量（　　）。

A. 采用高弹性模量的材料　　　　　　B. 设计成接近于一个等刚度的构件

C. 减小构件的截面积　　　　　　　　D. 减小构件的长度

14-9　金属构件在交变应力下发生疲劳破坏的主要特征是（　　）。

A. 有明显的塑性变形，断口表面呈光滑状

B. 无明显的塑性变形，断口表面呈粗粒状

C. 有明显的塑性变形，断口表面分为光滑区及粗粒状区

D. 无明显的塑性变形，断口表面分为光滑区及粗粒状区

14-10　影响构件持久极限的主要因素是（　　）。

A. 材料的强度权限，应力集中，表面加工质量

B. 材料的塑性指标，应力集中，构件尺寸

C. 交变应力的循环特征，构件尺寸，构件外形

D. 反力集中，构件尺寸，表面加工质量

14-11　如题 14-11 图所示，长为 l、横截面积为 A 的杆以加速度 a 向上提升。若材料单位体积的重量为 γ，试求杆内的最大应力。

14-12　如题 14-12 图所示，飞轮的最大圆周速度 $v=25\ \mathrm{m/s}$，材料的比重是 $72.6\ \mathrm{kN/m^3}$。若不计轮辐的影响，试求轮缘内的最大正应力。

14-13　如题 14-13 图所示，在直径为 100 mm 的轴上装有转动惯量 $I=0.5\ \mathrm{kN\cdot m\cdot s^2}$ 的飞轮，轴的转速为 300 r/min。制动器开始作用后，在 20 s 内将飞轮刹停。试求轴内最大切应力。设在制动器作用前，轴已与驱动装置脱开，且轴承内的摩擦力可以不计。

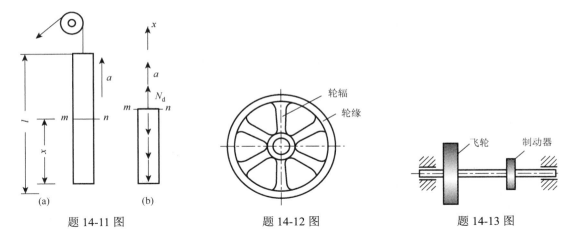

题 14-11 图　　　　　题 14-12 图　　　　　题 14-13 图

14-14　如题 14-14 图所示，重量为 Q 的重物自高度 H 下落冲击于梁上的 C 点。设梁的 E、I 及抗弯截面系数 W 皆为已知量。试求梁内最大正应力及梁的跨度中点的挠度。

14-15　如题 14-15 图所示，AB 杆下端固定，长度为 l，在 C 点受到沿水平运动的物体 G 的冲击。物体的重量为 Q，当其与杆件接触时的速度为 v。设杆件的 E、I 及 W 皆为已知量。试求 AB 杆的最大应力。

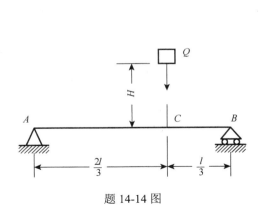

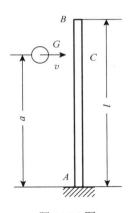

题 14-14 图　　　　　　　　　　　　　题 14-15 图

14-16　材料相同、长度相等的变截面杆和等截面杆如题 14-16 图所示。若两杆的最大横截面积相同，问哪一根杆件承受冲击的能力强？设变截面杆直径为 d 的部分长为 $\dfrac{2}{5}l$，为了便于比较，假设 H 较大，可以把动荷系数近似地取为 $K_\mathrm{d} = 1 + \sqrt{1 + \dfrac{2H}{\Delta_\mathrm{st}}} \approx \sqrt{\dfrac{2H}{\Delta_\mathrm{st}}}$。

14-17　如题 14-17 图直径 $d = 30\ \mathrm{cm}$、长为 $l = 6\ \mathrm{cm}$ 的圆木桩，下端固定，上端受重 $W = 2\ \mathrm{kN}$ 的重锤作用。木材的 $E_1 = 10\ \mathrm{GPa}$。求下列三种情况下木桩内的最大正应力。

（1）重锤以静载荷的方式作用于木桩上；

（2）重锤从离桩顶 0.5 m 的高度自由落下；

（3）在桩顶放置直径为 15 cm、厚为 40 mm 的橡皮垫，橡皮的弹性模量 $E = 8\ \mathrm{MPa}$。重锤也是从离橡皮垫顶面 0.5 m 的高度自由落下。

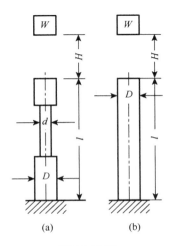

题 14-16 图

14-18　如题 14-18 图所示钢杆的下端有一固定圆盘，盘上放置弹簧。弹簧在 1 kN 的静载荷作用下缩短 0.0625 cm。钢杆的直径 $d = 4$ cm，$l = 4$ m，许用正应力$[\sigma] = 120$ MPa，弹性模量 $E = 200$ GPa。若有重为 15 kN 的重物自由落下，求其许可的高度 H。又若没有弹簧，则许可高度 H 将等于多大？

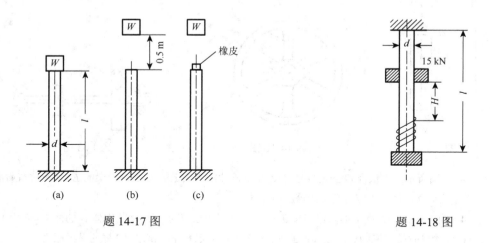

题 14-17 图　　　　　　　　　　　　　题 14-18 图

14-19　如题 14-19 图所示，钢吊索的下端悬挂一重量为 $Q = 25$ kN 的重物，并以速度 $v = 100$ cm/s 下降。当吊索长为 $l = 20$ m 时，滑轮突然被卡住。试求吊索受到的冲击载荷 F_d。设钢吊索的横截面积 $A = 4.14$ cm^2，弹性模量 $E = 170$ GPa，滑轮和吊索的质量可略去不计。

14-20　如题 14-20 图所示，速度为 v、重为 Q 的重物，沿水平方向冲击于梁的截面 C。试求梁的最大动应力。设已知梁的 E、I 和 W，且 $a = 0.6l$。

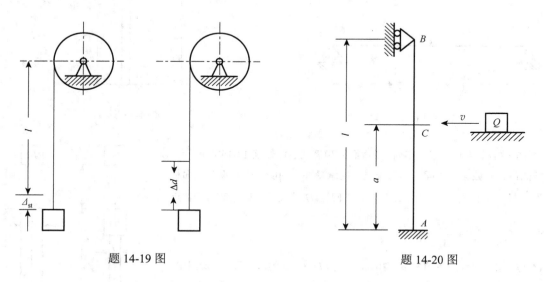

题 14-19 图　　　　　　　　　　　　　题 14-20 图

参 考 答 案

1-1　D　　　1-2　D　　　1-3　A　　　1-4　B　　　1-5　C　　　1-6　扭矩 $M_x = M_e$

1-7　轴力 $F_N = 200$ kN，弯矩 $M_z = 3.33$ kN·m

1-8　$(\gamma)_a = 0$，$(\gamma)_b = 2\alpha$

2-1　C　　　2-2　C　　　2-3　C　　　2-4　C　　　2-5　A　　　2-6　A

2-7　（1）$E = 70$ GPa，$\sigma_p = 230$ MPa，$\sigma_{0.2} = 325$ MPa

　　　（2）$\varepsilon_p = 0.003$，$\varepsilon_e = 0.0047$

2-8　$\Delta l = 0.61$ mm，$\Delta d = -0.0036$ mm

2-9　$\Delta l = -0.461$ mm

2-10　$E = 30$ GPa，$\sigma_s = 60$ MPa，$\sigma_b = 102$ MPa，$\varepsilon_e = 0.003$，$\Delta l = 2.35$ mm

2-11　$\Delta l = 0.126$ mm，$\Delta d = -0.00377$ mm

2-12　$E = 67.9$ GPa，$\mu = 0.344$，$G = 25.3$ GPa

2-13　$\varepsilon = 0.0866$，$\gamma = 0.140$ rad

3-1 D　　　3-2　D　　　3-3　A　　　3-4 B　　　3-5　A　　　3-6　A

3-7　（a）$F_{NAB} = 0$，$F_{NBC} = F$；（b）$F_{NAB} = 40$ kN，$F_{NBC} = 10$ kN，$F_{NCD} = -10$ kN

　　　（c）$F_{NAB} = -2F$，$F_{NBC} = 0$，$F_{NCD} = 2F$

　　　（d）$F_{NAB} = -10$ kN，$F_{NBC} = -30$ kN，$F_{NCD} = 10$ kN

3-8　（a）$\sigma_{max} = -191$ MPa；（b）$\sigma_{max} = -132.6$ MPa；（c）$\sigma_{max} = -127.3$ MPa

3-9　杆的最大工作应力在 CD 段内，其值为 70.7 MPa

3-10　等边角钢∟70×70×5

3-11　$[F_P] = 49.2$ kN

3-12　$d = 54$ mm

3-13　$[F_P] = 14.14$ kN

3-14　$\theta_{opt} = 45°$

4-1　D　　　4-2　B　　　4-3　C　　　4-4　B　　　4-5　C

4-6　$d/h = 12/5$

4-7　$\tau = 75.5$ MPa，$\sigma_{bs} = 88.9$ MPa，$\sigma_{max} = 57.1$ MPa　　连接强度足够

4-8　许用载荷$[F_P] = 54$ kN

4-9　许用载荷$[F_P] = 1257$ N

4-10　$d = 18$ mm

4-11　$\tau = 66.3$ MPa，$\sigma_{bs} = 102.1$ MPa，$\sigma = 159.2$ MPa

5-1　B　　　5-2　B

5-3　C　　　5-4　D　　　5-5　C

5-6　略

5-7　（1）略；（2）2.41 MPa，4.82 MPa，12.07 MPa；（3）0.01045 rad

5-8 （1）71.34 MPa；（2）0.0178 rad；（3）35.67 MPa

5-9 $\tau_{max} = 74.9$ MPa

5-10 $d = 44$ mm

5-11 50%

5-12 216 kN · m

5-13 $D^3 = 8\varphi d^2$

5-14 $\tau_{max} = 19.23$ MPa，强度足够

5-15 $d = 33$ mm

5-16 $d = 63$ mm

5-17 107 kW

6-1 D   6-2 D   6-3 D   6-4 C   6-5 A   6-6 A

6-7 C   6-8 C   6-9 D   6-10 A

6-11 （a）$F_{S1} = 0$，$M_1 = 0$，$F_{S2} = -qa$，$M_2 = -0.5qa^2$，$F_{S3} = -qa$，$M_3 = 0.5qa^2$

     （b）$F_{S1} = 0$，$M_1 = F_Pa$，$F_{S2} = 0$，$M_2 = F_Pa$，$F_{S3} = -F_P$，$M_3 = F_Pa$，$F_{S4} = -F_P$，$M_4 = 0$，$F_{S5} = 0$，$M_5 = 0$

     （c）$F_{S1} = -qa$，$M_1 = 0$，$F_{S2} = -qa$，$M_2 = -qa^2$，$F_{S3} = -qa$，$M_3 = qa^2$

     （d）$F_{S1} = -qa$，$M_1 = -0.5qa^2$，$F_{S2} = -1.5qa$，$M_2 = -2qa$

6-12 （a）$F_{SC左} = -F_P$，$M_{C左} = -0.5F_Pa$，$F_{SC右} = -F_P$，$F_{SD左} = -F_P$，$F_{SD右} = 0$，$M_{C右} = F_Pa$，$M_{D左} = 0$，$M_{D右} = 0$

     （b）$F_{SC左} = M_e/2a$，$M_{C左} = 0.5M_e$，$F_{SC右} = M_e/2a$，$M_{C右} = -0.5M_e$

6-13 略

6-14 （a）$F_{S,max} = F_P$，$M_{max} = F_Pa$

     （b）$F_{S,max} = 1.5qa$，$M_{max} = qa^2$

     （c）$F_{S,max} = 1.25qa$，$M_{max} = 1.5qa^2$

     （d）$F_{S,max} = qa$，$M_{max} = 0.5qa^2$

     （e）$F_{S,max} = 9$ kN，$M_{max} = 14.25$ kN·m

     （f）$F_{S,max} = 9$ kN，$M_{max} = 16.25$ kN·m

6-15 （a）$F_{S,max} = ql$，$M_{max} = 0.5ql^2$

     （b）$F_{S,max} = 2F_P$，$M_{max} = 2F_Pa$

     （c）$F_{S,max} = 3F_P$，$M_{max} = 4F_Pl$

     （d）$F_{S,max} = 1.75qa$，$M_{max} = 49qa^2/32$

     （e）$F_{S,max} = qa$，$M_{max} = qa^2$

     （f）$F_{S,max} = qa$，$M_{max} = qa^2$

     （g）$F_{S,max} = 5qa/8$，$M_{max} = qa^2/8$

     （h）$F_{S,max} = 30$ kN，$M_{max} = 15$ kN·m

6-16～6-19 略

6-20 $x = l/5$ 时，最合理

6-21 $a = 0.207l$

7-1 D   7-2 A   7-3 C   7-4 B   7-5 C，B   7-6 B

7-7 D   7-8 C   7-9 B   7-10 B   7-11 A   7-12 A

7-13 A

7-14　$\sigma_B = 32$ MPa（拉）；$\sigma_C = 120$ MPa（压）；$\sigma_{t, \max} = 60$ MPa

7-15　$\sigma_D = \sigma_{\max} = 34.13$ MPa（压）；$\sigma_E = 18.2$ MPa（压）；

　　　$\sigma_F = 0$；$\sigma_H = \sigma_{\max} = 34.13$ MPa（拉）；$\sigma_{\max} = 40.96$ MPa；$\sigma'_{\max} / \sigma_{\max} = 3$

7-16　$q_1 \leqslant 260.6$ kN/m；$q_2 \leqslant 443$ kN/m；$q_3 \leqslant 441$ kN/m

7-17　$q \leqslant 11.8$ kN/m

7-18　16 号工字钢

7-19　$a \geqslant 3l/13$

7-20　$\tau_{\max} = 141.8$ MPa；$\tau_{\max} = 18.1$ MPa

7-21　$[F_P] = 3.75$ kN

7-22　$\sigma_{t, \max} = 60.4$ MPa $> [\sigma_t]$，$\sigma_{c, \max} = 45.3$ MPa $> [\sigma_c]$，梁不满足正应力强度条件

7-23　$b = 510$ mm

7-24　$[F_P] = 44.21$ kN

7-25　$[F_P] = 3.94$ kN；$\sigma_{\max} = 9.45$ MPa

7-26　$d_{\max} = 114.7$ mm

7-27　$\dfrac{h}{b} = \sqrt{2}$；$d_{\min} = 227$ mm

7-28　$\sigma_{t, \max} = 28.5$ MPa，$\sigma_{c, \max} = 52.9$ Mpa，梁满足正应力强度条件

7-29　$[F_P] = 4.2$ kN

7-30　$[q] = 15.68$ kN/m

8-1　D　　　　8-2　D　　　　8-3　D　　　　8-4　B　　　　8-5　B　　　　8-6　B

8-7　B　　　　8-8　D　　　　8-9　D　　　　8-10　B　　　　8-11　B

8-12（a）$EI\dfrac{\mathrm{d}w}{\mathrm{d}x} = Mx$，$EIw = \dfrac{1}{2}Mx^2$，$w_B = \dfrac{Ml^2}{2EI}$，$\theta_B = \dfrac{Ml}{EI}$

　　　（b）$EI\dfrac{\mathrm{d}w}{\mathrm{d}x} = -\dfrac{3qa^2x}{2} + \dfrac{1}{2}qax^2$，$EIw = -\dfrac{3qa^2x^2}{4} + \dfrac{1}{2}qax^3$（AC 段）

　　　　　$EI\dfrac{\mathrm{d}w}{\mathrm{d}x} = -2qa^2x + qax^2 - \dfrac{1}{6}qx^3 + \dfrac{qa^3}{6}$

　　　　　$EIw = -qa^2x^2 + \dfrac{1}{3}qx^4 - \dfrac{1}{24}qx^4 + \dfrac{qa^3}{6}x - \dfrac{qa^4}{24}$（BC 段）

　　　　　$\theta_B = -\dfrac{7qa^3}{6EI}$，$w_B = -\dfrac{41qa^4}{24EI}$

8-13　$\theta(x) = \dfrac{1}{EI}\left(\dfrac{qlx^2}{4} - \dfrac{qx^3}{6} - \dfrac{ql^3}{24} \right)$，$w(x) = \dfrac{1}{EI}\left(\dfrac{qlx^3}{12} - \dfrac{qx^4}{24} - \dfrac{ql^3x}{24} \right)$

8-14（1）当 $x = 0.152l$ 时相等；（2）当 $x = \dfrac{l}{6}$ 时，有最大值

8-15（a）$\theta_B = -\dfrac{5Fl^2}{2EI}$，$w_B = -\dfrac{7Pl^3}{2EI}$；（b）$\theta_B = -\dfrac{ql^3}{4EI}$，$w_B = -\dfrac{5ql^4}{24EI}$；

　　　（c）$\theta_B = \dfrac{5ql^2}{6EI}$，$w_B = -\dfrac{2ql^4}{3EI}$；　　（d）$\theta_B = -\dfrac{7qa^3}{6EI}$，$w_B = \dfrac{11ql^4}{12EI}$

8-16　$w_{\max} = -\dfrac{3Pl^3}{16EI}$，$\theta_{\max} = -\dfrac{5Pl^2}{16EI}$

8-17　$\theta_C = \dfrac{5qa^3}{6EI}$，$y_C = \dfrac{2qa^4}{3EI}$

8-18　$w_{\max} = -\dfrac{17ql^4}{16EI_1}$

8-19　$d_{\min} = 112$ mm

8-20　16 号工字钢

8-21　$l \leqslant 10.3$ m

8-22　查表取槽№18a，其 $W_x = 141$ cm³，满足刚度要求

8-23　选择 $d_{中} = 0.158$ mm

8-24　刚度满足条件

8-25　$w_D = -\dfrac{Pa^3}{3EI}$

8-26　$w(x) = \dfrac{Px^2(l-x)^2}{3EIl}$

9-1　A　　　　9-2　B、C　　　　9-3　B

9-4　（1）$F = 32$ kN，（2）$\sigma_上 = 86$ MPa，$\sigma_下 = -78$ MPa

9-5　$\sigma_左 = -33.3$ MPa，$\sigma_右 = -66.6$ MPa

9-6　$F_{P,\max} = 697.9$ kN

9-7　$\sigma_{CE} = 61.5$ MPa，$\sigma_{BD} = 102.25$ MPa，杆 BD 和 CE 是安全的

9-8　$[F_P] = 50$ kN

9-9　（a）$F_A = 2F/3$，$F_B = F/3$，$F_{N,\max} = 2F/3$；（b）$F_A = F_B = F$，$F_{N,\max} = F$

9-10　$N_1 = 48$ kN，$N_2 = N_3 = 41.5$ kN

9-11　$N_1 = N_2 = 0.83F$

9-12　$F_{N1} = 5F/6$，$F_{N2} = F/3$，$F_{N3} = -F/6$

9-13　（a）$M_A = M_B = M_e$；（b）$M_A = M_B = M_e/3$

9-14　$d_2 = 2d_1 = 2\sqrt[3]{\dfrac{16M_e}{9\pi[\tau]}}$

9-15　$M_{x1} = 1.32$ kN·m，$M_{x2} = 0.68$ kN·m，$\tau_{1\max} = 41$ MPa，$\tau_{2\max} = 54.1$ MPa

9-16　（a）$F_N = \dfrac{F_P Aa^2}{6I + Aa^2}$；（b）$F_N = \dfrac{6qa^2 A}{3I + 8Aa^2}$

9-17　$\dfrac{\sigma_a}{\sigma_b} = \dfrac{4}{3}$

9-18　最大正应力为 $\sigma_{\max} = 65.04$ MPa（压），梁满足正应力强度条件

9-19　$R_B = 82.6$N

9-20　$M_{\max} = \dfrac{3EI\delta}{l^2}$

10-1　A　　　　10-2　D　　　10-3　A　　　　10-4　B

10-5　（a）$\tau_A = 76.4$ MPa，$\tau_B = 25.5$ MPa

（b）$\tau_A = 1.44$ MPa，$\sigma_A = -27.0$ MPa，$\tau_B = -1.44$ MPa，$\sigma_B = -27.0$ MPa；$\tau_C = 4.5$ MPa

（c）$\tau_A = 25.5$ MPa，$\sigma_A = 63.7$ MPa，$\tau_B = 25.5$ MPa

（d）$\sigma_A = 63.7$ MPa，$\tau_B = 50.9$ MPa，$\sigma_B = 63.7$ MPa，$\tau_C = -50.9$ MPa，$\sigma_C = 127.3$ MPa

10-6　（a）$\sigma_{45°} = -30$ MPa，$\tau_{45°} = 70$ MPa；（b）$\sigma_{30°} = 92.5$ MPa，$\tau_{30°} = 13.0$ MPa

（c）$\sigma_{30°} = -17.5$ MPa，$\tau_{45°} = -56.3$ MPa；（d）$\sigma_{135°} = 100$ MPa，$\tau_{135°} = 0$

10-7　（a）$\sigma_1 = 81.1$ MPa，$\sigma_2 = 0$，$\sigma_3 = -11.1$ MPa，$\alpha_1 = 20.3°$，$\tau_{max} = 46.1$ MPa

　　　　（b）$\sigma_1 = 81.1$ MPa，$\sigma_2 = 0$，$\sigma_3 = -11.1$ MPa，$\alpha_1 = -20.3°$，$\tau_{max} = 46.1$ MPa

　　　　（c）$\sigma_1 = 124.0$ MPa，$\sigma_2 = 0$，$\sigma_3 = -4.03$ MPa，$\alpha_1 = 25.7°$，$\tau_{max} = 64.0$ MPa

　　　　（d）$\sigma_1 = 50$ MPa，$\sigma_2 = 0$，$\sigma_3 = -50$ MPa，$\alpha_1 = -45°$，$\tau_{max} = 50$ MPa

10-8　（a）$\sigma_1 = 80$ MPa，$\sigma_2 = 54.2$ MPa，$\sigma_3 = -44.2$ MPa，$\tau_{max} = 62.1$ MPa

　　　　（b）$\sigma_1 = 100$ MPa，$\sigma_2 = -70$ MPa，$\sigma_3 = -100$ MPa，$\tau_{max} = 100$ MPa

10-9　$\sigma_1 = 232.5$ MPa，$\sigma_2 = 0$，$\sigma_3 = -107.5$ MPa

10-10　-3.547 MPa $\leqslant \sigma_x \leqslant 19.547$ MPa

10-11　$T = \dfrac{E\pi d^2 \varepsilon_{15°}}{8(1+\mu)}$

10-12　$F_p = -\dfrac{34\sqrt{3} Ebh\varepsilon_{30°}}{45(1+\mu)} = 13.1$ kN

10-13　A 点：$\sigma_1 = 123.9$ MPa，$\sigma_2 = 16.1$ MPa，$\sigma_3 = 0$，$\tau_{max} = 61.9$ MPa；B 点：$\sigma_1 = 96.6$ MPa，$\sigma_2 = 0$，

　　　　$\sigma_3 = -16.6$ MPa，$\tau_{max} = 56.6$ MPa；C 点：$\sigma_1 = 80$ MPa，$\sigma_2 = 7.0$ MPa，$\sigma_3 = -57.0$ MPa，$\tau_{max} = 68.5$ MPa。

　　　　按第一强度理论，应力状态（a）最危险，按第三强度理论，应力状态（c）最危险。

10-14　$\sigma_{max} = 106.4$ MPa，$\tau_{max} = 98.6$ MPa，$\sigma_{r4} = 120$ MPa

10-15　$\sigma_{r4} = 78.5$ MPa

11-1　切槽截面上 $\sigma_{max} = 140$ MPa

11-2　$b = 9$ cm；$h = 18$ cm

11-3　$b = 84$ mm；$h = 126$ mm

11-4　$\sigma_{c,\,max} = -0.721$ MPa，$D = 4.17$ m

11-5　$\sigma_A = -0.193$ MPa，$\sigma_B = -0.0114$ MPa

11-6　$d = 122$ mm

11-7　$\sigma_{t,\,max} = 5.09$ MPa，$\sigma_{c,\,max} = 5.29$ MPa

11-8　I-I 截面上的最大正应力：$\sigma_{t,\,max} = 79.9$ MPa，$\sigma_{c,\,max} = 118$ MPa；$\sigma_A = 51.9$ MPa

11-9　$\sigma_{r4} = 54.5$ MPa

11-10　$\sigma_a = 7.1$ MPa，$\sigma_b = -0.74$ MPa，$\sigma_c = -8.58$ MPa；$\alpha = 4.76°$

12-1　C　　　　　12-2　B　　　　12-3　C　　　　12-4　A　　　　12-5　B　　　　12-6　C

12-7　A，C　　　12-8　D　　　　12-9　C　　　　12-10　C　　　12-11　A　　　12-12　D

12-13　$F_{cr} = 3293$ kN

12-14　$F_{cr} = 2540$ kN，$F_{cr} = 4680$ kN，$F_{cr} = 4825$ kN

12-15　$n = 8.25 > n_{st}$ 安全

12-16　$n = 3.08 > n_{st}$ 安全

12-17　$F_{cr} = 400$ kN

12-18　（1）$F_{cr} = 121.3$ kN；（2）$n = 1.7 < n_{st}$ 不安全

12-19　$a = 4.31$ cm，$F_{cr} = 443$ kN

12-20　$n = 3.3$

12-21　$\sigma_{cr} = 7.4$ MPa

12-22　$n = 6.5 > n_{st}$ 安全

12-23　$[F_P] = 302$ kN

12-24　　$[F_P] = 15.5 \text{ kN}$

12-25　　$F_{cr} = \dfrac{\pi^2 EI}{2a^2}$, 　$F_{cr} = \dfrac{\pi^2 EI}{a^2}$

12-26　　$\theta = 18.43°$

12-27　　能

12-28　　安全

13-1　C　　　　　13-2　D　　　　　13-3　A

13-4　（a）$V_\varepsilon = \dfrac{2F_P^2 l}{\pi Ed^2}$ ；（b）$V_\varepsilon = \dfrac{7F_P^2 l}{8\pi Ed^2}$

13-5　　$V_\varepsilon = \dfrac{32M_e^2 l}{GEd^4}$

13-6　（1）$V_\varepsilon = \dfrac{EA}{48a}\left[(9 + 8\sqrt{3})\Delta_{Ax}^2 - 6\sqrt{3}\Delta_{Ax}\Delta_{Ay} + 3\Delta_{Ay}^2\right]$

　　　　（2）$V_\varepsilon = \dfrac{2aAB}{3}\left(\dfrac{\Delta_{Ay} - \sqrt{3}\Delta_{Ax}}{4a}\right)^{\frac{3}{2}} + \dfrac{\sqrt{3}aAB}{3}\left(\dfrac{\sqrt{3}\Delta_{Ax}}{3a}\right)^{\frac{3}{2}}$

13-7　　$\Delta_{AB} = \pi F_P R^3 \left(\dfrac{1}{EI} + \dfrac{3}{GI_P}\right)$

13-8　　$\Delta_A = \dfrac{\pi F_P R^3}{4EI} + \dfrac{(3\pi - 8)F_P R^3}{4GI_P}(\downarrow)$

13-9　　$\Delta_{CV} = \dfrac{2F_P a^3}{3EI} + \dfrac{F_P a^3}{GI_p}(\uparrow)$

13-10　$x_B = \dfrac{F_P R^3}{2EI}(\leftarrow), y_B = 3.36\dfrac{F_P R^3}{EI}(\downarrow)$

13-11　$w_C = \dfrac{2F_P a^3}{3EI} + \dfrac{8\sqrt{2}F_P a}{EA}, \theta_C = \dfrac{5F_P a^2}{6EI} + \dfrac{4\sqrt{2}F_P}{EA}$

13-12　$\theta_C = \dfrac{5F_P a^3}{6EI}(逆时针)$

13-13　$\Delta_A = \dfrac{qa^4}{8EI} + \dfrac{qal^3}{3EI} + \dfrac{qla^3}{3GI_P}(\downarrow)$

13-14　$y = \dfrac{q_0 x^2}{240EIl}(7l^3 - 9l^2 x + 2x^3)$

14-1　D　　　　14-2　D　　　　14-3　B　　　　14-4　B　　　　14-5　C　　　　14-6　　D

14-7　D　　　　14-8　B　　　　14-9　D　　　　14-10　D

14-11　$\sigma_{d,\max} = \gamma l\left(1 + \dfrac{a}{g}\right)$

14-12　$\sigma_{d,\max} = 4.63 \text{ MPa}$

14-13　$\tau_{d,\max} = 10 \text{ MPa}$

14-14　$\sigma_{d,\max} = \dfrac{2Ql}{9W}\left(1 + \sqrt{\dfrac{243EIH}{2Ql^3}}\right)$, 　$f_{l/2} = \dfrac{22Ql^3}{1296EI}\left(1 + \sqrt{\dfrac{243EIH}{2Ql^3}}\right)$

14-15　$\sigma_{d,\max} = \sqrt{\dfrac{3EIv^2 Q}{gaW^2}}$

14-16　$\sigma_{da} = \sqrt{\dfrac{8HWE}{\pi l d^2\left[\dfrac{3}{5}\left(\dfrac{d}{D}\right)^2 + \dfrac{2}{5}\right]}}$,　$\sigma_{db} = \sqrt{\dfrac{8HWE}{\pi l d^2}}$

14-17　（1）$\sigma_{st} = 0.0283$ MPa；（2）$\sigma_d = 6.9$ MPa；（3）$\sigma_d = 1.2$ MPa

14-18　有弹簧时 $H = 384$ mm，无弹簧时 $H = 9.56$ mm

14-19　$F_d = 94.7$ kN

14-20　$\sigma_{dmax} = \sqrt{\dfrac{3.05EIv^2Q}{glW^2}}$

A-1、A-2　略

A-3　$F_R = 161.2$ N，$\angle(F_R, y) = 29°44'$

A-4　$F_{AB} = 54.64$ kN，$F_{BC} = 74.64$ kN

A-5　（a）$F_{Ax} = 0$，$F_{Ay} = -(F + M/a)/2$，$F_B = (3F + M/a)/2$

　　　（b）$F_{Ax} = 0$，$F_{Ay} = -(F + M/a-5qa/2)/2$，$F_B = (3F + M/a-qa/2)/2$

A-6　$F_{Ax} = 2400$ N，$F_{Ay} = 1200$ N，$F_{BC} = 848.5$ N

A-7　$F_{Ax} = 0$，$F_{Ay} = -15$ kN，$F_B = 40$ kN，$F_C = 5$ kN，$F_D = 15$ kN

A-8　$F_{Ax} = 267$ N，$F_{Ay} = -87.5$ N，$F_B = 550$ N，$F_{Cx} = 209$ N，$F_{Cy} = -187.5$ N

A-9　$F_{Ax} = 0$，$F_{Ay} = 10$ kN，$M_A = 60$ kN · m，$F_B = 25$ kN，$F_{Cx} = 20$ kN，$F_{Cy} = 5$ kN

A-10　（a）$F_{Ax} = 0$，$F_{Ay} = 6$ kN，$M_A = 16$ kN·m（逆时针），$F_C = 18$ kN

　　　（b）$F_A = 10$ kN，$F_{Cx} = 0$，$F_{Cy} = 42$ kN，$M_C = 164$ kN·m（顺时针）

B-1　（a）$S_x = 24\times10^3$ mm³；（b）$S_x = 42.25\times10^3$ mm³；（c）$S_x = 280\times10^3$ mm³；

　　　（d）$S_x = 520\times10^3$ mm³

B-2　$S_x = S_y = 9500$ mm³，$x_C = y_C = 13.4$ mm

B-3　（1）29.45%；（2）$I'_x / I_x = 94.5\%$

B-4　（1）$I_{xC} = 1.38\times10^8$ mm⁴；（2）1.25；（3）1.74

B-5　$a = 111$ mm

B-6　$I_x = 1.73\times10^9$ mm⁴，$I_x = 15.57\times10^9$ mm⁴

B-7　$I_{xy} = 4.98\times10^5$ mm⁴

B-8　（a）$I_x = 5.843\times10^6$ mm⁴，$I_y = 1.792\times10^6$ mm⁴

　　　（b）$I_x = 4.239\times10^6$ mm⁴，$I_y = 1.674\times10^6$ mm⁴

参 考 文 献

（德）霍斯特·黑尔（Horst Herr）. 2013. 工程力学. 李科群，等译. 北京：机械工业出版社.

（美）Ferdinand P B，等. 2008. 材料力学. 4 版. 英文缩编版. 张燕，王红囡，彭丽，改编. 北京：清华大学出版社.

陈传尧. 1999. 工程力学基础. 武汉：华中理工大学出版社.

范钦珊，殷雅俊，唐靖林. 2015. 材料力学. 3 版. 北京：清华大学出版社.

季顺迎. 2018. 材料力学. 2 版. 北京：科学出版社.

李道奎. 2015. 工程力学. 2 版. 北京：科学出版社.

刘鸿文. 2017. 材料力学 I. 6 版. 北京：高等教育出版社.

刘鸿文. 2017. 材料力学 II. 6 版. 北京：高等教育出版社.

梅凤翔. 2003. 工程力学. 北京：高等教育出版社.

单辉祖. 2010. 材料力学（I）. 3 版. 北京：高等教育出版社.

单辉祖. 2010. 材料力学（II）. 3 版. 北京：高等教育出版社.

孙训方，方孝淑，关来泰. 2019. 材料力学 I. 6 版. 北京：高等教育出版社.

孙训方，方孝淑，关来泰. 2019. 材料力学 II. 6 版. 北京：高等教育出版社.

同济大学航空航天与力学学院基础力学教学研究部. 2011. 材料力学. 2 版. 上海：同济大学出版社.

杨少红，刘燕. 2016. 工程力学实验教程. 北京：科学出版社.

喻小明，李学罡. 2014. 工程力学. 北京：人民交通出版社.

章向明，刘燕，冯贵层. 2016. 工程力学教程. 3 版. 北京：科学出版社.

Hibbeler R C. 2013. 材料力学. 影印版原书. 8 版. 北京：机械工业出版社.

Irving H S，James M P. 2004. 固体力学引论. 3 版. 北京：清华大学出版社.

附录 A　静力学平衡问题

本附录介绍静力学平衡问题，学习力、刚体、力系、力矩、力偶等概念和静力学公理，对物体进行受力分析，研究平面汇交力系、平面力偶系、平面任意力系和空间力系的简化和平衡方程，目的是能熟练求解各种力系作用下物体系的平衡问题。

A.1　静力学基本概念和公理

A.1.1　力

力是物体间相互的机械作用。这种作用使物体运动状态发生变化（图 A.1）或使物体产生变形（图 A.2），前者称为力的运动效应或外效应，后者称为力的变形效应或内效应。

图 A.1　小车的运动

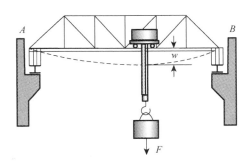

图 A.2　吊车梁变形

力对物体的作用效果取决于力的三要素：大小、方向和作用点。力的三要素表明，力是一个具有固定作用点的定位矢量，如图 A.3 所示。

体内任意两点之间距离不变的物体称为**刚体**。刚体是实际物体被抽象化了的力学模型。例如，在图 A.2 中，吊车梁的弯曲变形 w 一般不超过跨度（A、B 间距离）的 1/1500，水平方向变形更小。因此，研究吊车梁的平衡规律时，变形是次要因素，可略去不计。静力学研究的物体是刚体，故又称刚体静力学，是研究材料力学的基础。

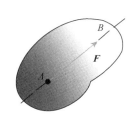

图 A.3　力是定位矢量

作用在物体上的力可分为主动力和约束反力。促使物体运动或使物体有运动趋势的力称为**主动力**，如重力、风力、水压力等。作用在物体上的一群力称为**力系**。按作用线所处位置可分为**平面力系和空间力系**。对于平面力系，如果作用线汇交于一点，称为平面汇交力系；如果作用线平行，则称为平面平行力系。

物体相对惯性参考系（如地面）保持静止或做匀速直线运动，称物体为平衡。

A.1.2 力矩

力对点之矩是度量力使刚体绕此点转动效应的物理量。

如图 A.4 所示，力 F 对点 O 之矩与力的大小和其作用线位置有关，等于力与力臂的乘积。即

$$M_O(F) = \pm Fh = \pm \Delta OAB \tag{A.1}$$

式中，O 点称为力矩中心，简称矩心；力臂 h 为 O 点到力 F 作用线的垂直距离。平面问题中力对点之矩是代数量。取绕矩心逆时针转动为正，反之为负。在空间问题中，力对点之矩为矢量。以 r 表示由点 O 到 A 的矢径，则矢积 $r \times F$ 的模等于该力矩的大小，指向与力矩转向符合右手螺旋定则。

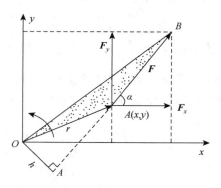

图 A.4　力对点之矩

A.1.3 力偶

大小相等、方向相反、作用线平行的两个力称为**力偶**。力偶是常见的一种特殊力系，例如图 A.5（a）和（b）所示的作用在汽车方向盘和电机转子上的力偶。

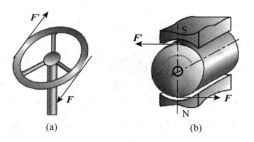

图 A.5　力偶

力偶只能使物体转动。因此，力偶与一个力不等效，它既不能合成一个力，也不能与一个力平衡。

力偶对物体的转动效应用**力偶矩**度量。它等于力偶中的力的大小与两个力之间的距离（力偶臂）的乘积，记为 $M(F, F')$，简记为 M。如图 A.6 所示。

$$M = \pm Fd \tag{A.2}$$

在平面问题中，力偶矩是代数量。取逆时针转向为正，反之为负。在空间问题中，力偶矩是矢量。

如取图 A.7 中任一点 O 为矩心，则力偶（$\boldsymbol{F}$，$\boldsymbol{F}'$）对该点之矩为

$$M_O(\boldsymbol{F}) + M_O(\boldsymbol{F}') = Fa + F'b = F(a + b) = Fd$$

可知，力偶对任一点之矩等于力偶矩，而与矩心位置无关。

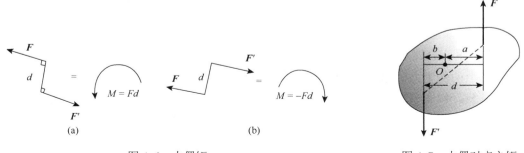

图 A.6　力偶矩　　　　　　　　　　　图 A.7　力偶对点之矩

综上所述，力偶对物体的作用效应，取决于（1）力偶矩大小；（2）力偶在其作用面（称力偶作用面）内的转向。

在同平面内的两个力偶，如力偶矩相等，则两力偶等效，如图 A.8 所示。

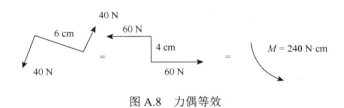

图 A.8　力偶等效

上述定理给出了同平面内力偶的等效条件，由此可得两个推论：

（1）力偶可在其作用面内任意移转，而不改变它对物体的作用；

（2）只要力偶矩不变，可任意改变力的大小和力偶臂的长短，而不改变力偶对物体的作用。

A.1.4　静力学公理

静力学公理概括了力的基本性质，是建立静力学理论的基础。

公理 1　力的平行四边形法则

作用在物体上同一点的两个力，可合成一个合力，合力的作用点仍在该点，其大小和方向由以此两力为边构成的平行四边形的对角线确定，如图 A.9（a）所示，矢量表达式为

$$\boldsymbol{F}_R = \boldsymbol{F}_1 + \boldsymbol{F}_2 \tag{A.3}$$

即合力等于分力的矢量和。合力 $\boldsymbol{F}_R$ 的大小和方向也可通过图 A.9（b）和（c）所示的力三角形法则得到，即自任一点 O 以 $\boldsymbol{F}_1$ 和 $\boldsymbol{F}_2$ 为两边作力三角形，第三边 $\boldsymbol{F}_R$ 即所求。

此公理给出了力系简化的基本方法。

平行四边形法则是力的合成法则，也是力的分解法则。例如，在图 A.10 中，拉力 $\boldsymbol{F}$ 作用在螺钉 A 上，与水平方向的夹角为 α，按此法则可将其沿水平及铅垂方向分解为两个分力 $\boldsymbol{F}_1$ 和 $\boldsymbol{F}_2$。

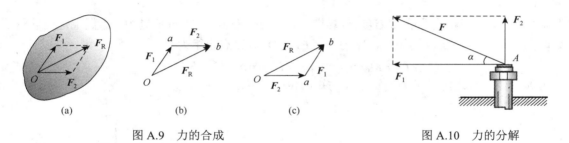

图 A.9　力的合成　　　　　　　　　　　　　图 A.10　力的分解

公理 2　二力平衡公理

作用在刚体上的两个力，使刚体平衡的必要和充分条件是：两个力的大小相等，方向相反，作用线沿同一直线，如图 A.11 所示，即

$$F_1 = -F_2 \tag{A.4}$$

此公理揭示了最简单的力系平衡条件。

只在两力作用下平衡的刚体称为二力体或二力构件。当构件为杆件时称为二力杆，如图 A.12 所示。

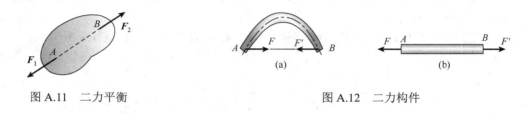

图 A.11　二力平衡　　　　　　　　　　　　图 A.12　二力构件

公理 3　加减平衡力系公理

在已知力系上加或减去任意平衡力系，并不改变原力系对刚体的作用。

此公理是研究力系等效的重要依据。由此公理可导出下列推论：

推论 1　力的可传性　作用在刚体上某点的力，可沿其作用线移动，而不改变它对刚体的作用，如图 A.13 所示。由此可知，力对刚体的作用取决于力的大小、方向和作用线。在此，力是有固定作用线的滑动矢量。

推论 2　三力平衡汇交定理　当刚体受到同平面内不平行的三力作用而平衡时，三力的作用线必汇交于一点，如图 A.14 所示。

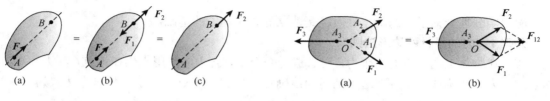

图 A.13　力的可传性　　　　　　　　　　图 A.14　三力汇交于一点

公理 4　作用与反作用定律

两物体间的相互作用力，大小相等，方向相反，作用线沿同一直线。

此公理概括了物体间相互作用的关系，表明作用力与反作用力成对出现，并分别作用在不同的物体上。

公理 5 刚化公理

变形体在某一力系作用下处于平衡时，如将其刚化为刚体，其平衡状态保持不变。

此公理提供了将变形体看成刚体的条件。如图 A.15 所示，将平衡的绳索刚化为刚性杆，其平衡状态不变。

刚体的平衡条件是变形体平衡的必要条件而非充分条件。如图 A.16 所示，在绳索上的作用力满足二力平衡条件，但绳索不一定平衡。

图 A.15 变形体刚化   图 A.16 变形体平衡

A.2 物体的受力分析

A.2.1 约束与约束反力

在空间的位移不受任何限制的物体称为自由体，如图 A.17 所示的飞行的飞机；位移受到限制的物体称为非自由体，如图 A.18 所示的曲柄冲压机，冲头只能沿铅垂方向平动，飞轮只能绕轴转动，冲头和飞轮是非自由体。工程结构中的构件或机械中的零件都是非自由体。

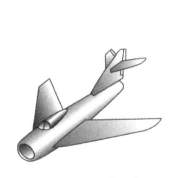

图 A.17 飞行的飞机

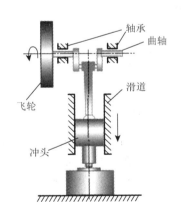

图 A.18 曲柄冲压机

对非自由体的某些位移起限制作用的周围物体称为约束。图 A.18 中，滑道是冲头的约束，轴承是飞轮和曲轴的约束。图 A.19 中，支座 A、B 是桥梁的约束。

约束作用于被约束物体上的力称为**约束反力**，简称**约束力**。约束力的方向总是和所限制的位移方向相反，由此可确定约束力的方向和作用线位置。约束力的大小是未知的，在静力学中，可用平衡条件由主动力求出。

图 A.19 桥梁结构

1. 光滑接触面约束

例如，支持物体的地面（图 A.20）和啮合齿轮的齿面（图 A.21）都属这类约束。此类约束限制物体沿接触面法线向约束内部的位移，故其约束力沿接触面的公法线指向被约束物体，常称为法向约束力。

2. 柔索约束

由绳索、链条或皮带等构成的约束，由于柔索本身只能承受拉力，故约束力沿柔索而背离物体，如图 A.22 和图 A.23 所示的绳索约束和皮带约束。

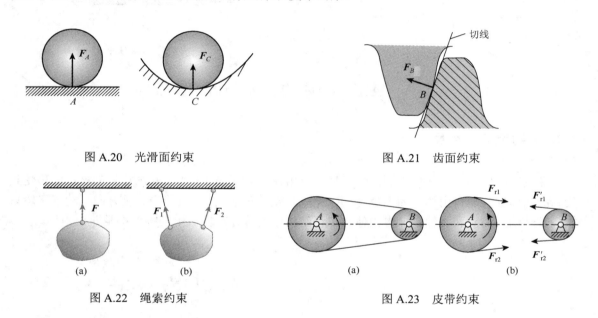

图 A.20　光滑面约束　　　　　　　图 A.21　齿面约束

图 A.22　绳索约束　　　　　　　　图 A.23　皮带约束

3. 光滑圆柱铰链约束

用销钉连接两个钻有相同大小孔径的构件构成铰链约束，不计摩擦，可看成光滑圆柱铰链约束。如其中一构件作为支座被固定，则称为固定铰链支座，其构造及简化图如图 A.24（a）、（b）和图 A.25（a）、（b）所示。

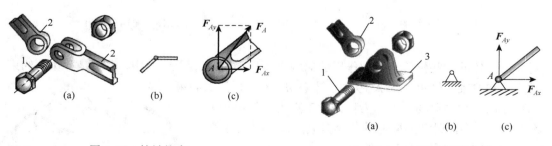

图 A.24　铰链约束　　　　　　　　图 A.25　固定铰链支座

1-销钉；2-被约束物体；3-固定构件

铰链约束限制物体沿径向的位移，故其约束力在垂直于销钉轴线的平面内并通过销钉中心。由于该约束接触点位置不能预先确定，约束力方向也不能确定，常以两个正交分量 F_{Ax} 和 F_{Ay} 表示，如图 A.24（c）和图 A.25（c）所示。

在分析铰链约束力时，通常将销钉固连在某个构件上，简化成只有两个构件的结构。例如，在图 A.26（a）所示的三铰拱结构中，如将铰链 C 处的销钉固连在构件 Ⅱ 上，则构件 Ⅰ、Ⅱ 互为约束。铰链约束力如图 A.26（b）所示。

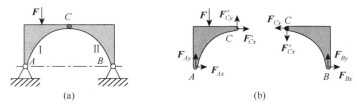

图 A.26　铰链约束力

图 A.27（a）是由轴承和轴颈构成的轴承约束（径向轴承），其约束力的特征和铰链的约束力完全相同，如图 A.27（b）和（c）所示。

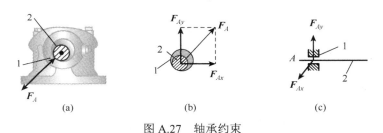

图 A.27　轴承约束

4. 活动铰链支座约束

该约束由在铰链支座与光滑支承面间安装几个辊轴构成，亦称辊轴支座约束。其构造及简图如图 A.28（a）和（b）所示。活动铰链支座的约束性质与光滑面约束相同，其约束力垂直于支承面，通过销钉中心，如图 A.28（c）所示。

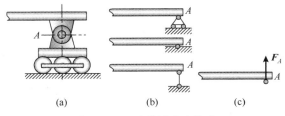

图 A.28　活动铰链支座约束

5. 球形铰链约束

图 A.29（a）所示的圆球和球壳的连接构成球形铰链约束。此类约束限制构件的球心沿任何方向的位移。其约束力通过球心，但方向不能确定，常用图 A.29（b）所示的三个正交分量表示。

6. 止推轴承约束

如图 A.30 所示，此类轴承除限制轴的径向位移外，还限制其轴向位移，约束力由图示三个正交分量表示出。

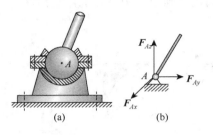

图 A.29　球形铰链约束

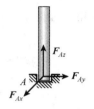

图 A.30　止推轴承约束

A.2.2　画受力图

确定物体受到哪些力，每个力的作用位置和方向，这一分析过程称为物体的受力分析。为了清晰地表示出物体（即研究对象）的受力情况，需将其从约束中分离出来，单独画出它的简图，这一步骤称为解除约束、取分离体。在分离体上表示物体受力情况的简图称为**受力图**。画受力图的步骤可概括如下：

（1）根据题意选取研究对象，并用尽可能简明的轮廓把它单独画出，即取分离体；

（2）画出作用在分离体上的全部主动力；

（3）根据各类约束性质逐一画出约束力。

在进行物体的受力分析时，有时可利用简单的平衡条件，如二力平衡条件、三力平衡汇交定理以及作用反作用定律，正确、简洁地画出物体的受力图。若所研究的问题由多个物体组成，也可取由几个物体组成的系统为研究对象，取分离体。此时，必须考虑作用力与反作用力，区分内力和外力。分离体内任何两部分间互相作用的力称为内力，它们成对出现，组成平衡力系，不必画出。

正确画出物体的受力图，是分析、解决力学问题的基础。下面举例说明画受力图的正确方法。

例 A.1　用力 F_T 拉动压路的碾子。已知碾子重 F_P，并受到固定石块 A 的阻挡，如图 A.31（a）所示。试画出碾子的受力图。

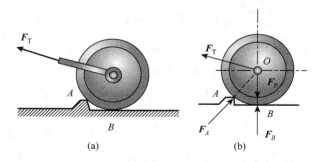

图 A.31　例 A.1 图

解 取碾子为研究对象。解除约束，画出碾子的轮廓图，如图 A.31（b）所示。

作用在碾子上的主动力有拉力 $\boldsymbol{F}_\mathrm{T}$ 和重力 $\boldsymbol{F}_\mathrm{P}$，碾子在 A、B 两点受到石块和地面的约束，约束力分别为 $\boldsymbol{F}_A$ 和 $\boldsymbol{F}_B$。不计摩擦，约束力都沿接触点的公法线而指向碾子的中心。

碾子的受力如图 A.31（b）所示。

在碾子即将越过石块的瞬时，其受力图有何变化呢？注意到：此时碾子将在 B 处脱离约束，约束力 $\boldsymbol{F}_B$ 消失，即 $\boldsymbol{F}_B = 0$。

例 A.2 水平梁 AB 在 A 端用铰链固定，B 端用斜杆 BC 支撑，斜杆在两端 B 和 C 都用铰链固定。梁上放一电动机 ［图 A.32（a）］。设梁重 $\boldsymbol{F}_{\mathrm{P1}}$，电动机重 $\boldsymbol{F}_{\mathrm{P2}}$，杆重不计。试分别画出杆 BC 和梁 AB 的受力图。

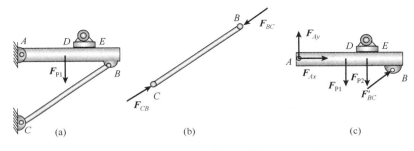

图 A.32 例 A.2 图

解 取杆 BC 为研究对象。由于杆重不计，只在两端受力而平衡，故为二力杆，有

$$\boldsymbol{F}_{CB} = -\boldsymbol{F}_{BC}$$

其受力如图 A.32（b）所示。再取梁 AB 和电机为研究对象，主动力有梁的自重 $\boldsymbol{F}_{\mathrm{P1}}$ 和电动机的重力 $\boldsymbol{F}_{\mathrm{P2}}$，约束力有 $\boldsymbol{F}'_{BC}$，且 $\boldsymbol{F}'_{BC} = -\boldsymbol{F}_{BC}$。铰链 A 的约束力 $\boldsymbol{F}_A$ 方向未知，以 $\boldsymbol{F}_{Ax}$ 和 $\boldsymbol{F}_{Ay}$ 表示。梁和电机系统的受力如图 A.32（c）所示。

A.3 力系的简化

A.3.1 平面汇交力系的简化

平面汇交力系是指各力的作用线在同一平面内且汇交于一点的力系，如图 A.33 所示作用在型钢 MN 上的力系及图 A.34（b）所示作用在吊钩上力系。

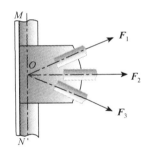

图 A.33 作用在型钢上的力系

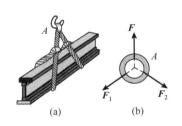

图 A.34 吊钩的受力图

如图 A.35（a）所示，作用在刚体上的四个力 F_1，F_2，F_3 和 F_4 汇交于点 O，连续应用平行四边形法则，即可求出通过汇交点 O 的合力 F_R。合力 F_R 的大小和方向也可用图 A.35（b）所示的力三角形法则或力多边形法则得到，或者，作出图示首尾相接的开口的力多边形 $abcde$，封闭边矢量 $\overrightarrow{ae}$ 即所求的合力。通过力多边形求合力的方法称为**几何法**。改变分力的作图顺序，力多边形改变，如图 A.35（c）所示，但其合力不变。

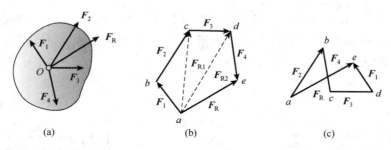

(a)　　　　　　　　　(b)　　　　　　　　　(c)

图 A.35　平面汇交力系的几何法

平面汇交力系可合成为通过汇交点的合力，其大小和方向等于各分力的矢量和。即

$$F_R = F_1 + F_2 + \cdots + F_n = \sum_{i=1}^{n} F_i$$

简写为

$$F_R = \sum F \tag{A.5}$$

如图 A.36 所示，力 F 与正交轴 x，y 的夹角分别为 α，β，则力在 x，y 轴上的投影为

$$\begin{cases} F_x = F\cos\alpha \\ F_y = F\cos\beta = F\sin\alpha \end{cases} \tag{A.6}$$

力的投影是代数量。当力与投影轴正向夹角为锐角时，其值为正；当夹角为钝角时，其值为负。力 F 的分力与其投影之间有下列关系：

$$F_x = F_x i, \quad F_y = F_y j$$

其解析表达式为

$$F = F_x i + F_y j \tag{A.7}$$

式中，i，j 分别为 x，y 轴的单位矢量。如已知力 F 在平面内两正交轴上的投影 F_x 和 F_y，则由式（A.5）可求出力 F 的大小和方向余弦

$$F = \sqrt{F_x^2 + F_y^2}$$
$$\cos(F, i) = \frac{F_x}{F} \tag{A.8}$$
$$\cos(F, j) = \frac{F_y}{F}$$

图 A.37 所示力系的合力 F_R 的解析表达式为

$$F_R = F_{Rx} i + F_{Ry} j$$

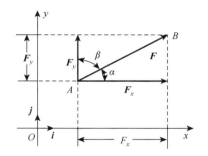

图 A.36 力在坐标轴上的投影

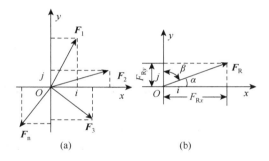

图 A.37 平面汇交力系的合力

合力投影定理：合力在某轴上的投影等于各分力在同一轴上投影的代数和。将式（A.5）向 x，y 轴上投影，得

$$\begin{cases} F_{Rx} = F_{1x} + F_{2x} + \cdots + F_{nx} = \sum F_{ix} \\ F_{Ry} = F_{1y} + F_{2y} + \cdots + F_{ny} = \sum F_{iy} \end{cases} \tag{A.9}$$

由式（A.8）可求出合力的大小和方向。这种方法称为**解析法**。下面举例说明。

例 A.3 如图 A.38 所示，作用于吊环螺钉上的四个力 F_1，F_2，F_3 和 F_4 构成平面汇交力系。已知各力的大小和方向为 $F_1 = 360\ \text{N}$，$\alpha_1 = 60°$；$F_2 = 550\ \text{N}$，$\alpha_2 = 0°$；$F_3 = 380\ \text{N}$；$\alpha_3 = 30°$；$F_4 = 300\ \text{N}$，$\alpha_4 = 70°$。试用解析法求合力的大小和方向。

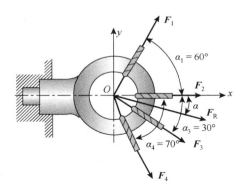

图 A.38 例 A.3 图

解 选取图示坐标系 xOy。由式（A.9）得

$$F_{Rx} = F_{1x} + F_{2x} + F_{3x} + F_{4x} = F_1 \cos\alpha_1 + F_2 \cos\alpha_2 + F_3 \cos\alpha_3 + F_4 \cos\alpha_4$$
$$= 360\cos 60° + 550\cos 0° + 380\cos 30° + 300\cos 70° = 1162(\text{N})$$

$$F_{Ry} = F_{1y} + F_{2y} + F_{3y} + F_{4y} = F_1 \sin\alpha_1 + F_2 \sin\alpha_2 - F_3 \sin\alpha_3 - F_4 \sin\alpha_4 = -160(\text{N})$$

合力的大小为

$$F_R = \sqrt{F_{Rx}^2 + F_{Ry}^2} = \sqrt{(1162)^2 + (-160)^2} = 1173(\text{N})$$

由

$$\tan\alpha = \left| F_{Ry} / F_{Rx} \right| = \left| -160 / 1162 \right| = 0.138$$

得

$$\alpha = 7°54'$$

由于 F_{Rx} 为正，F_{Ry} 为负，故合力 $\boldsymbol{F}_R$ 在第四象限，指向如图 A.38 所示。

A.3.2　平面力偶系的简化

几个平面力偶作用在刚体上构成平面力偶系。由于平面力偶为代数量，平面力偶系可合成为一合力偶，合力偶矩等于各分力偶矩的代数和，即

$$M = \sum M_i \tag{A.10}$$

平面力偶系平衡的必要和充分条件是：力偶系中各力偶矩的代数和等于零，即

$$\sum M_i = 0 \tag{A.11}$$

由一个独立的平衡方程，可解一个未知量。

A.3.3　力线平移定理

定理　作用在刚体上某点 A 的力 $\boldsymbol{F}$ 可平行移到任一点 B，平移时需附加一个力偶，附加力偶的力偶矩等于力 $\boldsymbol{F}$ 对平移点 B 的矩，如图 A.39 所示。

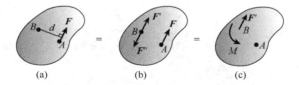

图 A.39　力的平移定理

证明　在点 B 上加一平衡力系($\boldsymbol{F}'$, $\boldsymbol{F}''$)，令 $\boldsymbol{F}' = -\boldsymbol{F}'' = \boldsymbol{F}$，则力 $\boldsymbol{F}$ 与力系($\boldsymbol{F}'$, $\boldsymbol{F}''$, $\boldsymbol{F}$)［图 A.39（b）］等效或与力系[$\boldsymbol{F}''$, ($\boldsymbol{F}$, $\boldsymbol{F}''$)]［图 A.39（c）］等效。后者即为力 $\boldsymbol{F}$ 向 B 点平移的结果。附加力偶($\boldsymbol{F}$, $\boldsymbol{F}''$)的力偶矩为

$$M = F \cdot d = M_B(\boldsymbol{F})$$

证毕。

该定理指出，一个力可等效于一个力和一个力偶，或一个力可分解为作用在同平面内的一个力和一个力偶。其逆定理表明，在同平面内的一个力和一个力偶可等效或合成一个力。

该定理既是复杂力系简化的理论依据，又是分析力对物体作用效果的重要方法。例如，单手攻丝时（图 A.40），由于力系($\boldsymbol{F}'$, M_O)的作用，不仅加工精度低，而且丝锥易折断。

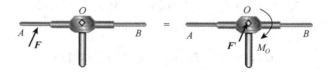

图 A.40　单手攻丝的作用力

A.3.4　平面任意力系的简化、主矢和主矩

力的作用线分布在同一平面内的力系称为平面任意力系，如图 A.41 和图 A.42 所示。

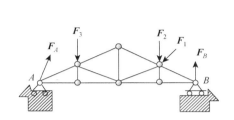

图 A.41　屋架上的力系

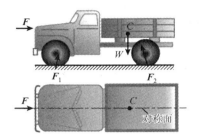

图 A.42　汽车上的力系

设力系 F_1，F_2，$\cdots$，F_n 作用在物体上，如图 A.43（a）所示。在力系作用面内任取一点 O（称为简化中心），应用力线平移定理，将各力平移至点 O，得到如图 A.43（b）所示的平面汇交力系和平面力偶系。再分别合成这两个简单力系得到通过简化中心的一个力和一个力偶矩为 M_O 的力偶，如图 A.43（c）所示。

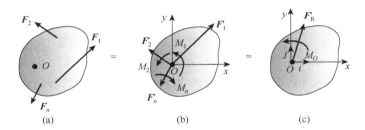

图 A.43　平面任意力系的简化

（1）**主矢**：力系中各力的矢量和称为力系的主矢量，简称主矢，即

$$F_R' = \sum F_i \qquad\qquad (A.12)$$

它与简化中心位置无关。

（2）**主矩**：力系中各力对简化中心 O 之矩的代数和称为力系对简化中心的主矩，即

$$M_O = \sum M_O(F_i) \qquad\qquad (A.13)$$

它与简化中心的位置有关。

（3）取坐标系 xOy，如图 A.43（b）所示，则主矢和主矩的解析表达式分别为

$$F_R' = \sum F_{ix}\boldsymbol{i} + \sum F_{iy}\boldsymbol{j} \qquad\qquad (A.14)$$

$$M_O = \sum M_O(F_i) = \sum (x_i F_{iy} - y_i F_{ix}) \qquad\qquad (A.15)$$

式中，x_i、y_i 为力 F_i 作用点的坐标。

由上述讨论可知：平面任意力系向作用面内任一点简化，得到一个力和一个力偶。力的大小和方向等于力系的主矢，力偶的矩等于力系对简化中心的主矩。主矢与简化中心位置无关，而主矩与简化中心位置有关。平面任意力系向任选点简化的结果可归结为计算力系的两个基本物理量——主矢和主矩。

图 A.44（a）所示的简化结果与原力系等效，将其直接向另一点 O' 简化，主矢大小方向不变，但主矩变为

$$M'_O = M_O + M_{O'}(\boldsymbol{F}'_R) \tag{A.16}$$

即力系对 O' 点的主矩等于力系对 O 点的主矩与通过 O 点的主矢对 O' 点之矩的代数和。

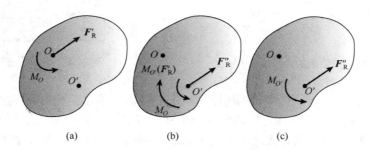

图 A.44　力系对不同简化中心的主矩

物体一端被约束固定，完全限制了物体在图示平面内的运动，构成固定端约束（或插入端约束），如图 A.45（a）和（b）所示的对车刀和工件的约束。图 A.45（c）为其约束简图。固定端约束的约束力是作用在接触面上的分布力系［图 A.46（a）］。将其向固定端处 A 简化得一力和一力偶，如图 A.46（b）所示，力的大小、方向未知，以两个未知的正交分量表示。固定端约束的约束力包括两个分力 F_{Ax}、F_{Ay} 和一个力偶矩为 M_A 的约束力偶，如图 A.46（c）所示。

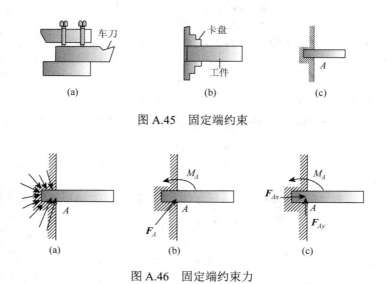

图 A.45　固定端约束

图 A.46　固定端约束力

将平面任意力系向作用面内一点简化，有三种可能结果：合力、合力偶和平衡，见表 A.1。

表 A.1   力系的简化结果

力系向任一点 O 简化			说明
主矢	主矩	简化结果	
$F_R' = 0$	$M_O = 0$	平衡	平衡力系
	$M_O \neq 0$	合力偶	主矩与简化中心位置无关
$F_R' \neq 0$	$M_O = 0$	合力	合力作用线通过简化中心
	$M_O \neq 0$		合力作用线离简化中心距离 $d = \dfrac{M_O}{F_R}$

当力系有合力时，由图 A.47 可知，$M_O(F_R) = F_R d = M_O$，而 $M_O = \sum M_O(F_i)$。合并两式得平面任意力系的**合力矩定理**

$$M_O(F_R) = \sum M_O(F_i) \tag{A.17}$$

即合力对某一点之矩等于力系中各力对同一点之矩的代数和。

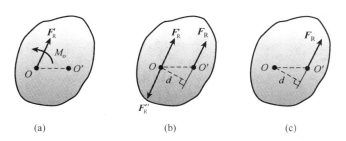

(a)   (b)   (c)

图 A.47   力系简化为一合力

例 A.4   重力坝受力如图 A.48（a）所示。设 $P_1 = 450$ kN，$P_2 = 200$ kN，$F_1 = 300$ kN，$F_2 = 70$ kN。求力系的合力。

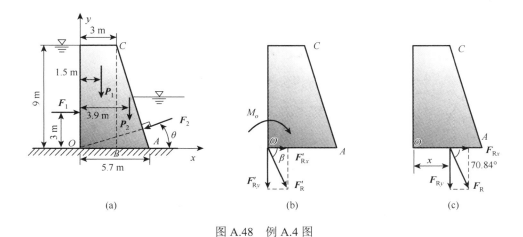

(a)   (b)   (c)

图 A.48   例 A.4 图

解 （1）先将力系向点 O 简化，求主矢 $\boldsymbol{F}'_R$ 和主矩 M_O，如图 A.48（b）所示。由图 A.48（a）计算主矢 $\boldsymbol{F}'_R$ 在 x、y 轴上的投影。

$$F'_{Rx} = \sum F_{ix} = F_1 - F_2 \cos\theta = 232.9 \text{ kN}$$

$$F'_{Ry} = \sum F_{iy} = -P_1 - P_2 - F_2 \sin\theta = -670.1 \text{ kN}$$

式中

$$\theta = \angle ACB = \arctan\frac{AB}{CB} = 16.7°$$

主矢 $\boldsymbol{F}'_R$ 的大小为

$$F'_R = \sqrt{\left(\sum F_{ix}\right)^2 + \left(\sum F_{iy}\right)^2} = 709.4 \text{ kN}, \quad \tan\beta = \frac{F'_{Ry}}{F'_{Rx}}, \quad \beta = -70.84°$$

因 F'_{Ry} 为负，故主矢 $\boldsymbol{F}'_R$ 在第四象限内，与 x 轴的夹角为 70.84°。

力系的主矩为

$$M_O = \sum M_O(F_i) = -3F_1 - 1.5P_1 - 3.9P_2 = -2.355 \text{ kN} \cdot \text{m} \quad （顺时针）$$

（2）合力 $\boldsymbol{F}_R$ 的大小和方向与主矢 $\boldsymbol{F}'_R$ 相同。其作用线位置根据合力矩定理求得［图 A.48（c）］，即

$$M_O = M_O(\boldsymbol{F}_R) = M_O(\boldsymbol{F}_{Rx}) + M_O(\boldsymbol{F}_{Ry})$$

解得

$$x = \frac{M_O}{F_{Ry}} = 3.514 \text{ m}$$

A.4　力系的平衡

A.4.1　空间力系的平衡

空间力系是物体受力最普遍和最一般的情形。应用力线平移定理，将力系（$F_1, F_2, F_3, \cdots$）中各力向任意简化中心 O 平移，得到与原力系等效的空间汇交力系（$F'_1, F'_2, F'_3, \cdots$）和空间力偶系（$M_1, M_2, M_3, \cdots$），如图 A.49（a）、（b）所示。再进一步合成这两个力系，得到一个力和一个力偶，如图 A.49（c）所示。力矢和力偶矩矢分别为

$$\boldsymbol{F}'_R = \sum \boldsymbol{F}_i \tag{A.18}$$

$$\boldsymbol{M}_O = \sum \boldsymbol{M}_i = \sum \boldsymbol{M}_O(\boldsymbol{F}_i) \tag{A.19}$$

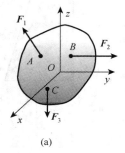 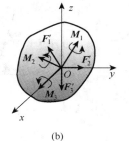 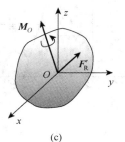

(a)　　　　　　　　　(b)　　　　　　　　　(c)

图 A.49　空间力系的简化

和平面任意力系一样，力系中各力的矢量和 $\sum \boldsymbol{F}_i$ 称为力系的主矢，各力对简化中心之矩的矢量和 $\sum \boldsymbol{M}_O(\boldsymbol{F}_i)$ 称为力系对简化中心的主矩。

由此得如下结论：空间力系对向任选点简化，可得一力和一力偶。力的大小、方向等于力系的主矢，作用线通过简化中心；而力偶矩矢等于力系对简化中心的主矩。

主矢与简化中心位置无关，主矩则与简化中心位置有关。

空间力系平衡的必要和充分条件是：**力系的主矢和对任一点的主矩都等于零**，即

$$\boldsymbol{F}_R' = 0, \quad \boldsymbol{M}_O = 0$$

空间力系平衡的平衡方程为

$$\begin{cases} \sum F_x = 0 \\ \sum F_y = 0 \\ \sum F_z = 0 \\ \sum M_x(\boldsymbol{F}_i) = 0 \\ \sum M_y(\boldsymbol{F}_i) = 0 \\ \sum M_z(\boldsymbol{F}_i) = 0 \end{cases} \qquad (\text{A.20})$$

即空间任意力系平衡的必要和充分条件是：力系中各力在三个坐标轴上投影的代数和分别等于零，各力对每个轴之矩的代数和也等于零。由六个独立的平衡方程，可解六个未知量。

A.4.2　平面任意力系的平衡

平面任意力系的平衡方程

$$\begin{cases} \sum F_x = 0 \\ \sum F_y = 0 \\ \sum M_O(\boldsymbol{F}_i) = 0 \end{cases} \qquad (\text{A.21})$$

即**力系中各力在任选的坐标轴上投影的代数和分别等于零，各力对任意点之矩的代数和等于零**。由三个独立的平衡方程，可解三个未知量。

主矢和主矩分别等于零的条件还可用其他形式的平衡方程表示。

（1）二矩式（图 A.50）

$$\begin{cases} \sum M_A(\boldsymbol{F}_i) = 0 \\ \sum M_B(\boldsymbol{F}_i) = 0 \\ \sum F_x = 0 \end{cases} \qquad (\text{A.22})$$

其中 A，B 连线不能与 x 轴垂直。

（2）三矩式（图 A.51）

$$\begin{cases} \sum M_A(\boldsymbol{F}_i) = 0 \\ \sum M_B(\boldsymbol{F}_i) = 0 \\ \sum M_C(\boldsymbol{F}_i) = 0 \end{cases} \qquad (\text{A.23})$$

其中 A、B、C 三点不能共线。

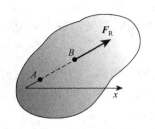

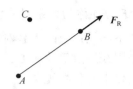

图 A.50　A、B 连线不能与 x 轴垂直　　　　　图 A.51　A、B、C 三点不能共线

　　求解平面任意力系平衡问题的方法和步骤：①根据问题条件和要求，选取研究对象。②分析研究对象的受力情况，画受力图。画出研究对象所受的全部主动力和约束力。③根据受力类型列写平衡方程。平面任意力系只有三个独立平衡方程，为计算简洁，应选取适当的坐标系和矩心，以使方程中未知量最少。④求未知量。校核和讨论计算结果。

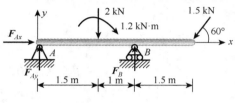

图 A.52　例 A.5 图

　　例 A.5　外伸梁的尺寸及载荷如图 A.52 所示，试求铰链支座 A 及辊轴支座 B 的约束力。

　　解　取 AB 梁为研究对象，受力如图 A.52 所示。建立图示坐标系，由平面任意力系的平衡方程

$$\sum F_x = 0, \quad F_{Ax} - 1.5 \times \cos 60° = 0$$

$$\sum M_A(\boldsymbol{F}_i) = 0, \quad F_B \times 2.5 - 1.2 - 2 \times 1.5 - 1.5 \times \sin 60° \times (2.5 + 1.5) = 0$$

$$\sum F_y = 0, \quad F_{Ay} + F_B - 2 - 1.5 \times \sin 60° = 0$$

得

$$F_{Ax} = 0.75 \text{ kN}$$

$$F_B = \frac{1}{2.5} \times (1.2 + 3 + 1.5 \times \sin 60° \times 4) = 3.76 \text{kN}$$

$$F_{Ay} = 2 + 1.5 \times \sin 60° - 3.76 = -0.46 \text{kN}$$

式中，F_{Ay} 为负数，表示实际方向与假设方向相反。为校核所得结果是否正确，可应用多余的平衡方程，如

$$\sum M_B(\boldsymbol{F}_i) = 2 \times 1 - F_{Ay} \times 2.5 - 1.2 - 1.5 \times \sin 60° \times 1.5$$

$$= 2 + 0.46 \times 2.5 - 1.2 - 1.5^2 \times \sin 60° = 0$$

A.4.3　物体系的平衡

　　物体系是指由几个物体通过约束组成的系统。在求解静定的物体系的平衡问题时，可以选每个物体为研究对象，列出全部平衡方程，然后求解。也可先取整个系统为研究对象，列出平衡方程，这样的方程因不包含内力，式中未知量较少，解出部分未知量后，再从系统中选取某些物体作为研究对象，列出另外的平衡方程，直至求出所有的未知量为止。在选择研究对象和列平衡方程时，应使每个平衡方程中的未知量个数尽可能少，最好是只含有一个未知量，以避免求解联立方程。

　　综上所述，物体系的平衡特点有：

（1）整体系统平衡，每个物体也平衡。可取整体或部分系统或单个物体为研究对象。

（2）分清内力和外力。在受力图上不考虑内力。

（3）灵活选取平衡对象和列写平衡方程。尽量减少方程中的未知量，使求解简洁。

（4）如系统由 n 个物体组成，而每个物体在平面任意力系作用下平衡，则有 $3n$ 个独立的平衡方程，可解 $3n$ 个未知量。可用不独立的方程校核计算结果。

例 A.6　已知梁 AB 和 BC 在 B 端铰接，C 为固定端（图 A.53）。若 $M = 20\ \text{kN·m}, q = 15\ \text{kN/m}$，试求 A、B、C 三处的约束力。

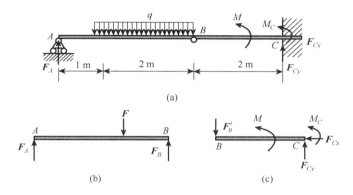

图 A.53　例 A.6 图

解　由整体受力图 A.53（a）可知：$F_{Cx} = 0$。取梁 AB 为研究对象，受力如图 A.53（b）所示，均布载荷的合力 $F = 2q$。由平衡方程

$$\sum M_A(\boldsymbol{F}_i) = 0, \quad 3F_B - 2F = 0$$

$$\sum M_B(\boldsymbol{F}_i) = 0, \quad -3F_A + F = 0$$

得

$$F_B = \frac{2}{3}F = 20\ \text{kN}, \qquad F_A = \frac{F}{3} = 10\ \text{kN}$$

再取梁 BC 为研究对象，受力如图 A.53（c）所示。由平衡方程

$$\sum M_C(\boldsymbol{F}_i) = 0, \quad 2F_B' + M + M_C = 0$$

$$\sum M_B(\boldsymbol{F}_i) = 0, \quad 2F_{Cy} + M + M_C = 0$$

得

$$M_C = -2F_B' - M = -2 \times 20 - 20 = -60(\text{kN·m})$$

$$F_{Cy} = \frac{-M_C - M}{2} = \frac{60 - 20}{2} = 20(\text{kN})$$

此题也可在求得 F_B 和 F_A 后，再取整体为研究对象，求 F_{Cy} 和 M_C。

例 A.7　平面构架由杆 AB、DE 及 DB 铰接而成 [图 A.54（a）]。已知重力为 F_P, $DC = CE = AC = CB = 2l$；定滑轮半径为 R，动滑轮半径为 r，且 $R = 2r = l$，$\theta = 45°$。试求：A、E 支座的约束力及 BD 杆所受的力。

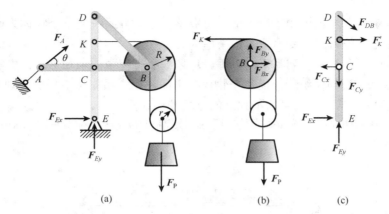

图 A.54　例 A.7 图

解　取整体为研究对象，受力如图 A.54（a）所示。由平衡方程

$$\sum M_E(\boldsymbol{F}_i) = 0, \quad -F_A \cdot \sqrt{2} \cdot 2l - F_P \cdot \frac{5}{2}l = 0$$

$$\sum F_x = 0, \quad F_A \cos 45° + F_{Ex} = 0$$

$$\sum F_y = 0, \quad F_A \sin 45° + F_{Ey} - F_P = 0$$

得

$$F_A = -\frac{5\sqrt{2}}{8}F_P, \quad F_{Ex} = \frac{5}{8}F_P, \quad F_{Ey} = \frac{13}{8}F_P$$

为方便求解二力杆 BD 的受力，取图 A.54（b）所示系统为研究对象。由平衡方程

$$\sum M_B(\boldsymbol{F}_i) = 0, \quad -F_P \cdot r + F_K \cdot R = 0$$

得

$$F_K = \frac{F_P}{2}$$

再取 DE 杆为研究对象，受力如图 A.54（c）所示，由平衡方程

$$\sum M_C(\boldsymbol{F}_i) = 0, \quad -F_{DB} \cdot \cos 45° \cdot 2l - F_K' l + F_{Ex} \cdot 2l = 0$$

得

$$F_{DB} = \frac{3\sqrt{2}}{8}F_P \quad （杆 BD 受拉）$$

习　题　A

A-1　画出题 A-1 图所示物体及整体的受力图。

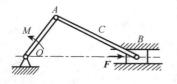
(a) 曲柄 OA、连杆 AB、滑块 B

(b) 杆 BC、AD 及整体

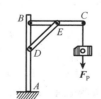
(c) 杆 AB、BC、DE 及整体

题 A-1 图

A-2　画出题 A-2 图所示铰链约束物体的受力图。

A-3　铆接薄板在孔心 A、B 和 C 处受三力作用，如题 A-3 图所示。$F_1 = 100$ N，沿铅直方向；$F_3 = 50$ N，沿水平方向，并通过点 A；$F_2 = 50$ N，力的作用线也通过点 A，尺寸如图（单位 mm）。求此力系的合力。

A-4　物体重 $F_P = 20$ kN，用绳子挂在支架的滑轮 B 上，绳子的另一端接在铰 D 上，如题 A-4 图所示。转动铰，物体便能升起。设滑轮的大小、AB 与 CB 杆自重及摩擦略去不计，A，B，C 三处均为铰链连接。当物体处于平衡状态时，求拉杆 AB 和支杆 CB 所受的力。

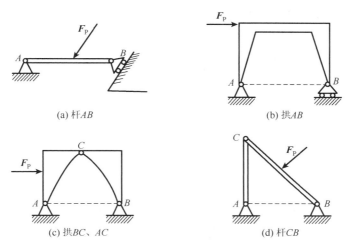

(a) 杆 AB　　　　　　　　　　　　　(b) 拱 AB

(c) 拱 BC、AC　　　　　　　　　　　(d) 杆 CB

题 A-2 图

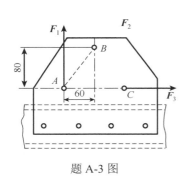

题 A-3 图

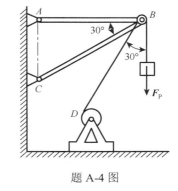

题 A-4 图

A-5　无重水平梁的支承和载荷如题 A-5 图（a）、（b）所示。已知力 F、力偶矩为 M 的力偶和强度为 q 的均布载荷。求支座 A 和 B 处的约束力。

A-6　水平梁 AB 由铰链 A 和杆 BC 所支持，如题 A-6 图所示。在梁上 D 处用销子安装半径为 $r = 0.1$ m 的滑轮。有一跨过滑轮的绳子，其一端水平地系于墙上，另一端悬挂有重 $F_P = 1800$ N 的重物。如 $AD = 0.2$ m，$BD = 0.4$ m，$\varphi = 45°$，且不计梁、杆、滑轮和绳的重量。求铰链 A 和杆 BC 对梁的约束力。

A-7　由 AC 和 CD 构成的组合梁通过铰链 C 连接。它的支承和受力如题 A-7 图所示。已知均布载荷强度 $q = 10$ kN/m，力偶矩 $M = 40$ kN·m，不计梁重。求支座 A，B，D 的约束力和铰链 C 处所受的力。

A-8　在题 A-8 图所示构架中，A，C，D，E 处为铰链连接，BD 杆上的销钉 B 置于 AC 杆的光滑槽内，力 $F_P = 200$ N，力偶矩 $M = 100$ N·m，不计各构件重量，各尺寸如图所示，求 A，B，C 处所受的力。

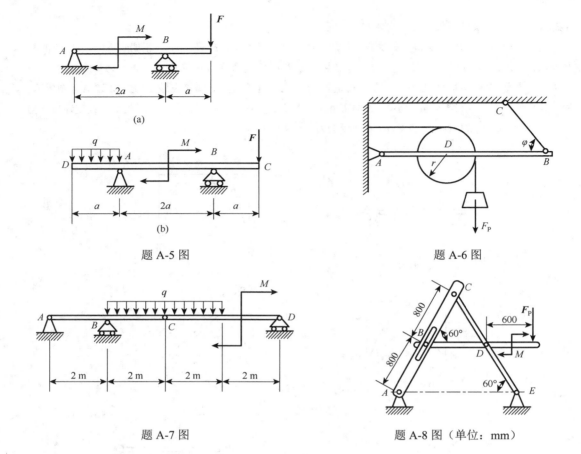

题 A-5 图

题 A-6 图

题 A-7 图

题 A-8 图（单位：mm）

A-9　在题 A-9 图所示构架中，载荷 $F_P = 10$ kN，A 处为固定端，B，C，D 处为铰链。求固定端 A 处及 B，C 铰链处的约束力。

A-10　求如题 A-10 图所示多跨梁 A、C 支座的约束力。

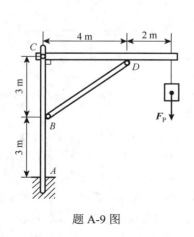

题 A-9 图

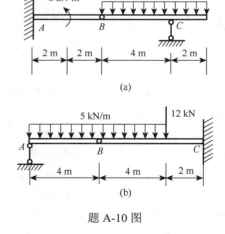

题 A-10 图

附录 B 截面的几何性质

受力构件的承载能力，不仅与材料性能和加载方式有关，而且与构件截面的几何形状和尺寸有关，包括静矩、形心、惯性矩、惯性积、极惯性矩等，统称为截面的几何性质。

B.1 静矩和形心

B.1.1 静矩

设有一表示任意截面的平面图形，其面积为 A，在图形平面内建立直角坐标系 xOy 如图 B.1 所示。在坐标 (x, y) 处取微面积 $\mathrm{d}A$，则 $y\mathrm{d}A$ 和 $x\mathrm{d}A$ 表示微面积 $\mathrm{d}A$ 对 x 轴和 y 轴的静矩，即

$$\mathrm{d}S_x = y\mathrm{d}A$$

$$\mathrm{d}S_y = x\mathrm{d}A$$

而在整个截面积上的积分，称为**截面（平面图形）对 x 轴和 y 轴的静矩**，分别用 S_x 和 S_y 表示为

$$S_x = \int_A y\mathrm{d}A \qquad (\text{B.1})$$

$$S_y = \int_A x\mathrm{d}A \qquad (\text{B.2})$$

静矩也称为一次矩，与坐标轴的位置有关，同一截面对不同坐标轴的静矩不同。静矩为代数量，其单位为 m^3 或 mm^3。

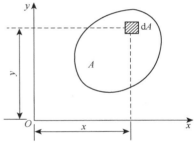

图 B.1 静矩的概念

B.1.2 形心

利用静矩可以确定截面图形的**形心**位置。若将面积视为垂直于图形面积的力，则形心为合力的作用点。如图 B.2 所示，设形心 C 的坐标为 (x_C, y_C)，则根据合力矩定理，得

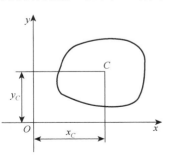

图 B.2 形心的概念

$$x_C = \frac{\int_A x\mathrm{d}A}{A} = \frac{S_y}{A}, \quad y_C = \frac{\int_A y\mathrm{d}A}{A} = \frac{Sx}{A} \qquad (\text{B.3})$$

或

$$S_x = A \cdot y_C, \quad S_y = A \cdot x_C \qquad (\text{B.4})$$

这两式就是截面形心坐标与静矩之间的关系。截面对通过其形心轴的静矩恒等于零，反之，截面对某轴的静矩为零，则该轴一定通过截面形心。

例 B.1 求图 B.3 所示半圆形形心的位置。

解 建立直角坐标系如图 B.3 所示，将半圆形划分为无数个细长条形区域，则图形对 x 轴的静矩为

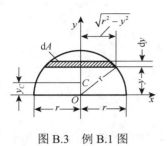

图 B.3 例 B.1 图

$$S_x = \int_A y\mathrm{d}A = \int_0^r y\left(2\sqrt{r^2 - y^2}\right)\mathrm{d}y = -\int_0^r (r^2 - y^2)^{1/2}\mathrm{d}(r^2 - y^2)$$

$$= -\frac{2}{3}(r^2 - y^2)^{3/2}\bigg|_0^r = \frac{2}{3}r^3$$

形心一定在横截面的对称轴 y 轴上，形心到 x 轴的距离为

$$y_C = \frac{S_x}{A} = \frac{2r^3/3}{\pi r^2/2} = \frac{4r}{3\pi}$$

B.1.3 组合图形的静矩和形心

有些复杂图形可以看成是由简单图形（矩形，圆形等）组合而成，故称为组合图形。如图 B.4 所示的 L 形可看成是矩形 I 和矩形 II 所组成，矩形 I 的面积为 A_1，形心在 $C_1(x_{C1}, y_{C1})$，矩形 II 的面积为 A_2，形心在 $C_2(x_{C2}, y_{C2})$，则组合图形 L 形对 x 轴的静矩为

$$S_x = \int_A y\mathrm{d}A = \int_{A_1+A_2} y\mathrm{d}A = \int_{A_1} y\mathrm{d}A + \int_{A_2} y\mathrm{d}A$$

$$= S_{x_1} + S_{x_2} = A_1 \cdot y_{C1} + A_2 \cdot y_{C2}$$

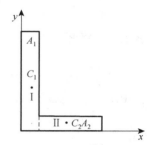

图 B.4 组合截面的形心

组合图形的面积为

$$A = A_1 + A_2 \tag{B.4}$$

由多个图形组成的组合图形的静矩和面积分别为

$$S_x = \sum S_{x_i} = \sum A_i \cdot y_{Ci}, \quad S_y = \sum S_{y_i} = \sum A_i \cdot x_{Ci} \tag{B.5}$$

代入式（B.4）可求出组合图形的形心位置，即

$$x_C = \frac{\sum A_i \cdot x_{Ci}}{\sum A_i}, \quad y_C = \frac{\sum A_i \cdot y_{Ci}}{\sum A_i} \tag{B.6}$$

例 B.2 求图 B.5 所示 L 形形心的位置。

解 建立直角坐标系如图 B.5 所示，将 L 形看成是两个矩形所组成，则 L 形对 x 轴的静矩为

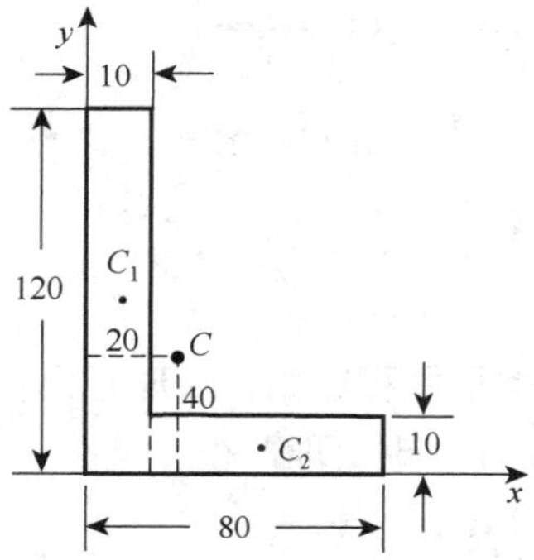

$$S_x = S_{x_1} + S_{x_2} = 10 \times 120 \times 60 + 70 \times 10 \times 5$$

$$= 75500(\mathrm{mm}^3)$$

图 B.5 例 B.2 图（单位：mm）

$$S_y = S_{y_1} + S_{y_2} = 10 \times 120 \times 5 + 70 \times 10 \times 45$$

$$= 37500(\mathrm{mm}^3)$$

$$A = A_1 + A_2 = 10 \times 120 + 70 \times 10$$

$$= 1900(\mathrm{mm}^2)$$

组合图形的形心坐标为

$$x_C = \frac{S_y}{A} = \frac{37500}{1900} = 20(\mathrm{mm}), \quad y_C = \frac{S_x}{A} = \frac{75500}{1900} = 40(\mathrm{mm})$$

B.2　惯性矩和惯性积

设一面积为 A 的任意截面，如图 B.6 所示。从截面中坐标为 (x, y) 处，取微面积 dA，则下列积分分别称为**截面图形对 x 轴和 y 轴的惯性矩**，用 I_x 和 I_y 表示为

$$I_x = \int_A y^2 dA \qquad (B.7)$$

$$I_y = \int_A x^2 dA \qquad (B.8)$$

惯性矩又称为截面二次矩，单位为 m^4 或 mm^4。

在工程应用中，常将惯性矩表示为截面积 A 与某长度平方的乘积，即

$$I_x = i_x^2 A, \qquad I_y = i_y^2 A$$

式中，i_x 和 i_y 分别为截面对 x 轴和 y 轴的**惯性半径**，单位为 m 或 mm。

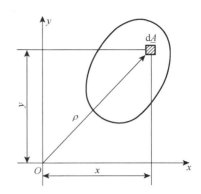

图 B.6　惯性矩和惯性积的概念

若已知截面面积和惯性矩，可由下式求出惯性半径

$$i_x = \sqrt{\frac{I_x}{A}} \qquad (B.9)$$

$$i_y = \sqrt{\frac{I_y}{A}} \qquad (B.10)$$

若微面积 dA 与其到原点 O 的距离为 ρ，则下列积分称为**平面图形对 O 点的极惯性矩**，用 I_p 表示为

$$I_p = \int_A \rho^2 dA \qquad (B.11)$$

由于有 $\rho^2 = x^2 + y^2$，故有

$$I_p = \int_A \rho^2 dA = \int_A (x^2 + y^2) dA = \int_A x^2 dA + \int_A y^2 dA$$

即

$$I_p = I_x + I_y \qquad (B.12)$$

式（B.10）表明，截面对某点的极惯性矩等于截面对通过该点的两个正交轴的惯性矩之和。

从截面中坐标为 (x, y) 处，取微面积 dA，则下列积分称为**截面图形对 x 轴与 y 轴的惯性积**，用 I_{xy} 表示为

$$I_{xy} = \int_A xy dA \qquad (B.13)$$

由以上定义可以看出，由于乘积 xy 可能为正，可能为负，所以惯性积 I_{xy} 可能为正，可能为负，也可能为零。惯性积的单位为 m^4 或 mm^4。

当截面具有对称轴，且 x 与 y 轴之一（例如 x 轴）位于该对称轴上时（图 B.7），由截面的对称性可知，对于任一个坐标为 (x, y) 的微面积 dA，在其对称位置必存在一面积相同而坐标为 $(x, -y)$ 的微面积 dA，它们对坐标轴 x 与 y 的惯性积分别为 $xy dA$ 与 $-xy dA$，二者之和为零，因此，整个截面对 x 与 y 轴的惯性积必为零。由此得出结论：当坐标轴 x 或 y 位于对称轴上时，截面对 x 与 y 轴的惯性积必为零。

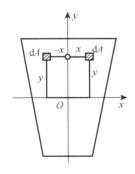

图 B.7　对称结构的惯性积

例 B.3 计算图 B.8 所示矩形截面对其形心轴 x 和 y 轴的惯性矩 I_x 和 I_y。

解 将矩形划分为无数水平条形区域，每个条形区域的面积为

$$\mathrm{d}A = b\mathrm{d}y$$

$$I_x = \int_A y^2 \mathrm{d}A = \int_{-h/2}^{+h/2} by^2 \mathrm{d}y = \frac{1}{12}bh^3$$

同样可得

$$I_y = \int_A x^2 \mathrm{d}A = \int_{-b/2}^{+b/2} bx^2 \mathrm{d}y = \frac{1}{12}b^3 h$$

例 B.4 计算图 B.9 所示圆形截面对其形心轴 x 和 y 轴的惯性矩 I_x 和 I_y。

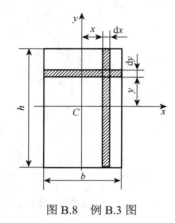

图 B.8　例 B.3 图

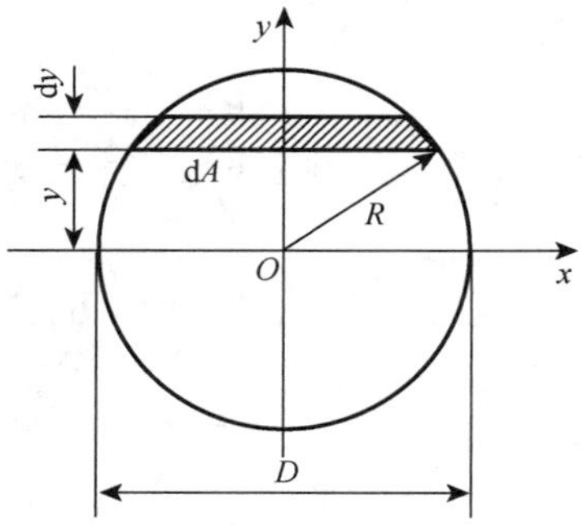

图 B.9　例 B.4 图

解 将圆形划分为无数水平条形区域，每个条形区域的面积为

$$\mathrm{d}A = 2\sqrt{R^2 - y^2}\,\mathrm{d}y$$

$$I_x = \int_A y^2 \mathrm{d}A = \int_{-R}^{R} y^2 2\sqrt{R^2 - y^2}\,\mathrm{d}y$$

$$= \frac{1}{4}\pi R^4 = \frac{1}{64}\pi D^4$$

根据对称性，截面对 x 和 y 轴的惯性矩相等，即

$$I_y = I_x = \frac{1}{64}\pi D^4$$

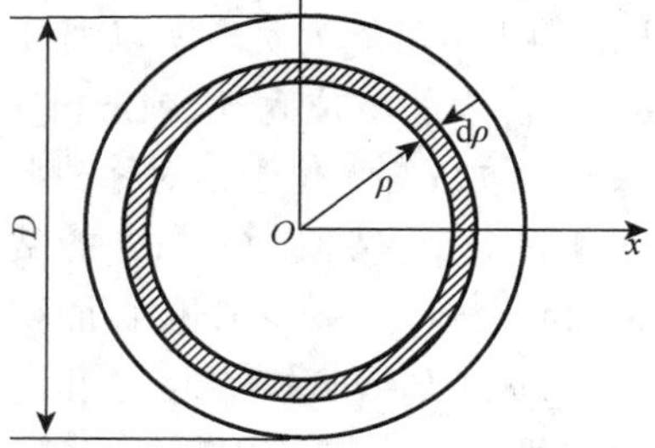

例 B.5 计算图 B.10 所示圆形截面对其形心的极惯性矩。

解 将圆形截面剖分为无穷个环形微小区域，每个环形区域的面积为 $\mathrm{d}A = 2\pi\rho\mathrm{d}\rho$，圆形截面对其形心轴的极惯性矩为

$$I_{\mathrm{p}} = \int_A \rho^2 \mathrm{d}A = \int_0^{D/2} \rho^2 2\pi\rho\mathrm{d}\rho = \frac{1}{2}\pi\rho^4 \bigg|_0^{D/2} = \frac{1}{32}\pi D^4$$

由于圆形截面的对称性，所以有 $I_x = I_y$，由式（B.10）立即可得

图 B.10　例 B.5 图

$$I_y = I_x = \frac{1}{2}I_p = \frac{1}{64}\pi D^4$$

用上述方法可求出常用简单截面对其形心轴的惯性矩列于表 B.1 中。

表 B.1 常用简单截面对其形心轴的惯性矩

截面及形心 C	面积 A	惯性矩 I	惯性半径 i
	bh	$I_x = \dfrac{bh^3}{12}$ $I_y = \dfrac{hb^3}{12}$	$i_x = \dfrac{\sqrt{3}}{6}h$ $i_y = \dfrac{\sqrt{3}}{6}b$
	$\dfrac{bh}{2}$	$I_x = \dfrac{bh^3}{36}$ $I_y = \dfrac{hb}{36}(b^2 - bc + c^2)$	$i_x = \dfrac{\sqrt{2}}{6}h$ $i_y = \sqrt{\dfrac{b^2 - bc - c^2}{18}}$
	$\dfrac{\pi D^2}{4}$	$I_x = I_y = \dfrac{\pi D^4}{64}$	$i_x = i_y = \dfrac{D}{4}$
	$\dfrac{\pi}{4}(D^2 - d^2)$	$I_x = I_y$ $= \dfrac{\pi}{64}(D^4 - d^4)$	$i_x = i_y = \dfrac{D}{4}\sqrt{1+\alpha^2}$
	$\dfrac{\pi R^2}{4}$	$I_x = \left(\dfrac{\pi}{8} - \dfrac{8}{9\pi}\right)R^4$ $I_y = \dfrac{\pi R^4}{8}$	$i_x = \dfrac{R}{6\pi}\sqrt{9\pi^2 - 64}$ $i_y = \dfrac{R}{2}$

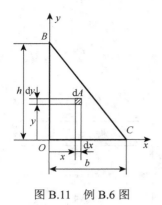

图 B.11　例 B.6 图

例 B.6　如图 B.11 所示，直角三角形截面 COB，高为 h，底为 b，坐标轴 y 与 x 别沿直角边 OB 与 OC，试计算该截面对 y 与 x 轴的惯性积。

解　斜边 BC 的方程为

$$y = \frac{h(b-x)}{b}$$

所以，若取高为 dy、宽为 dx 的矩形区域为微面积，直角三角形截面对坐标轴 y 与 x 的惯性积为

$$I_{yz} = \int_0^b \int_0^{h(b-z)/b} yz\,dy\,dz = \frac{b^2 h^2}{24}$$

B.3　平行移轴公式

设一面积为 A 的任意形状的截面，如图 B.12 所示，形心在 C，截面对任意的 x、y 两坐标轴的惯性矩和惯性积分别为 I_x、I_y 和 I_{xy}。通过截面形心 $C(b, a)$ 有分别与 x、y 轴平行的 x_C、y_C 轴，称为**形心轴**。截面对形心轴的惯性矩和惯性积分别为 I_{x_C}、I_{y_C} 和 $I_{x_C y_C}$。

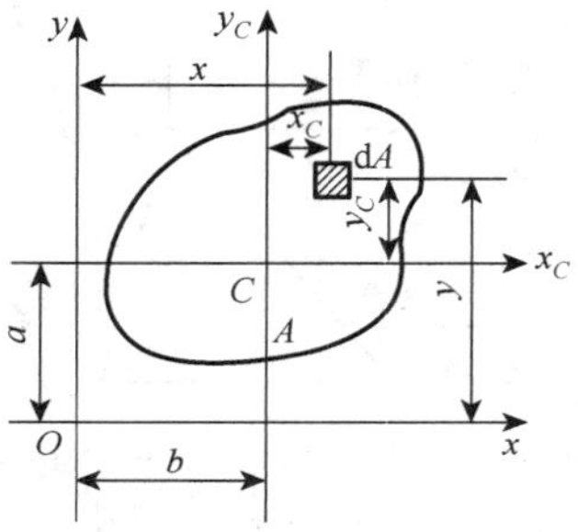

微面积 dA 在坐标系 $x_C C y_C$ 中的坐标为 (x_C, y_C)，在坐标系 xOy 中的坐标为 (x, y)，注意到 $x = x_C + a$，$y = y_C + b$，将 y 代入式（B.7）有

$$\begin{aligned} I_x &= \int_A y^2 dA = \int_A (y_C + a)^2 dA \\ &= \int_A y_C^2 dA + 2a \int_A y_C dA + a^2 \int_A dA \\ &= I_{x_C} + 2a S_{x_C} + a^2 A \end{aligned}$$

图 B.12　平行移轴公式

式中，S_{x_C} 是截面对形心轴 x_C 的静矩，其值为零，因此有

$$I_x = I_{x_C} + a^2 A \tag{B.14}$$

同样有

$$I_y = I_{y_C} + b^2 A \tag{B.15}$$

$$I_{xy} = I_{x_C y_C} + A x_C y_C \tag{B.16}$$

上述三式表明：截面对任一轴的惯性矩等于截面对平行于该轴的形心轴的惯性矩加上截面面积与两轴之间距离的平方的乘积，截面对任一直角坐标轴 x 与 y 的惯性积等于该截面对平行形心坐标轴 x_C 与 y_C 的惯性积加上其形心 C 的坐标积 $x_C y_C$ 与截面积 A 之乘积。这就是**惯性矩和惯性积的平行移轴公式**。

根据惯性矩和惯性积的定义可知：组合图形对某轴的惯性矩（惯性积）等于其组成部分各简单图形对同一轴的惯性矩（惯性积）之和。利用平行移轴公式可计算组合图形的惯性矩和惯性积。

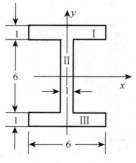

图 B.13　例 B.7 图

例 B.7　计算图 B.13 所示工字形截面对其形心轴 x 的惯性矩 I_x，图中尺寸单位为 cm。

解　根据图形的对称性，截面的形心在截面的半高处。将工字形看成是由 Ⅰ、Ⅱ、Ⅲ 三个矩形组合而成。由平行移轴公式，矩形 Ⅰ 对

形心轴 x 的惯性矩为

$$I_x^{\mathrm{I}} = \frac{1}{12} \times 6 \times 1^3 + 1 \times 6 \times 3.5^2 = 74\,\mathrm{cm}^4$$

矩形 II、III对形心轴 x 的惯性矩分别为

$$I_x^{\mathrm{II}} = \frac{1}{12} \times 1 \times 6^3 = 18\,\mathrm{cm}^4$$

$$I_x^{\mathrm{III}} = I_x^{\mathrm{I}} = 74\,\mathrm{cm}^4$$

则工字形截面对形心轴 x 的惯性矩为

$$I_x = I_x^{\mathrm{I}} + I_x^{\mathrm{II}} + I_x^{\mathrm{III}} = 166\,\mathrm{cm}^4$$

此例也可将工字形看成是由一个 6×8 的大矩形切去两个 2.5×6 的小矩形，则工字形截面对形心轴 x 的惯性矩为

$$I_x = \frac{1}{12} \times 6 \times 8^3 - 2 \times \frac{1}{12} \times 2.5 \times 6^3 = 166\,\mathrm{cm}^4$$

例 B.8　求图 B.14 所示 T 形截面对其形心轴 x_C 的惯性矩，尺寸单位为 mm。

解　（1）形心的位置。为了便于计算静矩，建立坐标系 xOy，如图 B.14（a）所示，形心应在对称轴上，因此，形心的位置坐标为

$$x_C = 0$$

$$y_C = \frac{S_x}{A} = \frac{80 \times 30 \times 115 + 20 \times 100 \times 50}{80 \times 30 + 20 \times 100}85.5(\mathrm{mm})$$

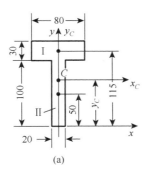
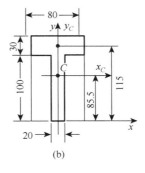

图 B.14　例 B.8 图

（2）惯性矩［图 B.14（b）］。

$$I_{x_C} = I_{x_C}^{\mathrm{I}} + I_{x_C}^{\mathrm{II}} = \frac{1}{12} \times 80 \times 30^3 + 80 \times 30 \times (115-85.5)^2 + \frac{1}{12} \times 20 \times 100^3$$

$$+ 100 \times 20 \times (85.5-50)^2$$

$$= 646 \times 10^4 (\mathrm{mm}^4)$$

例 B.9　试计算图 B.15 所示截面对坐标轴 x 与 y 的惯性积。

解　由图 B.15 可知，在 xOy 坐标系内，形心 C 的坐标为

$$y_C = 0.040\,\mathrm{m}$$

$$x_C = 0.030\,\mathrm{m}$$

又由于 y_0（或 x_0）轴是截面的对称轴，因而截面对形心轴 y_0 与 x_0 的惯性积为

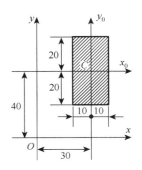

图 B.15　例 B.9 图
（单位：mm）

$$I_{x_0 y_0} = 0$$

所以，根据惯性积的平行轴公式，得

$$I_{xy} = 0 + 0.040 \times 0.030 \times 0.020 \times 0.040 = 9.6 \times 10^{-7} (\text{m}^4)$$

B.4　转轴公式与主惯性矩

B.4.1　转轴公式

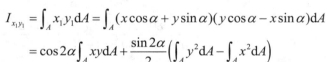

如图 B.16 所示任意截面，该截面对坐标轴 x 与 y 的惯性矩及惯性积分别为 I_x、I_y 与 I_{xy}，现在研究当坐标轴旋转 α 角后，截面对新坐标轴 x_1 与 y_1 的惯性矩 I_{x_1}、I_{y_1} 与惯性积 $I_{x_1 y_1}$，α 角以坐标 y 为始边并以逆时针转向者为正。

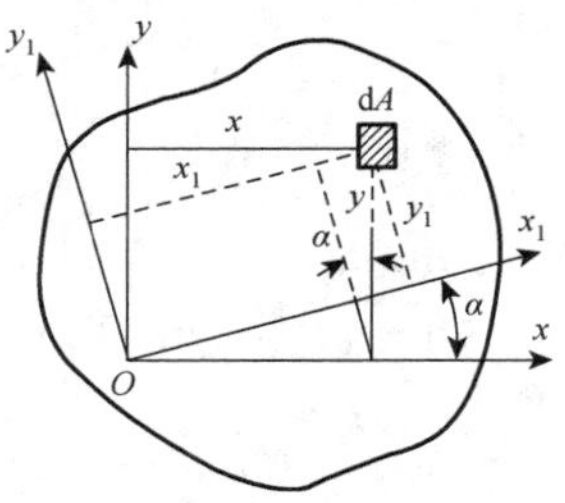

从图中可以看出，坐标的转换关系为

$$x_1 = x \cos \alpha + y \sin \alpha$$
$$y_1 = y \cos \alpha - x \sin \alpha$$

图 B.16　转轴公式

可见，截面对坐标轴 x_1 与 y_1 的惯性积为

$$I_{x_1 y_1} = \int_A x_1 y_1 \mathrm{d}A = \int_A (x \cos \alpha + y \sin \alpha)(y \cos \alpha - x \sin \alpha)\mathrm{d}A$$

$$= \cos 2\alpha \int_A xy \mathrm{d}A + \frac{\sin 2\alpha}{2} \left(\int_A y^2 \mathrm{d}A - \int_A x^2 \mathrm{d}A \right)$$

于是得

$$I_{x_1 y_1} = -\frac{I_x - I_y}{2} \sin 2\alpha + I_{xy} \cos 2\alpha \tag{B.17}$$

同理可得

$$\left. \begin{array}{c} I_{x_1} \\ I_{y_1} \end{array} \right\} = \frac{I_x + I_y}{2} \pm \frac{I_x - I_y}{2} \cos 2\alpha \mp I_{xy} \sin 2\alpha \tag{B.18}$$

式（B.17）与式（B.18）分别称为**惯性积与惯性矩的转轴公式**。

B.4.2　主惯性轴与主惯性矩

式（B.17）反映了惯性积随坐标轴旋转的变化规律。由该式可以看出：当 $\alpha = 0°$ 时，$I_{y_1 x_1} = I_{yx}$；而当 $\alpha = 90°$ 时，$I_{y_1 x_1} = -I_{yx}$。这说明，当坐标轴由 $\alpha = 0°$ 旋转至 $\alpha = 90°$ 的过程中，惯性积的正负号发生改变。由此可见，在以 O 点为共同原点的所有坐标系中，一定存在一个特殊的坐标系 $\bar{y}O\bar{x}$（图 B.17），截面对坐标轴 $\bar{y}$ 与 $\bar{x}$ 的惯性积 $I_{\bar{y}\bar{x}}$ 为零。原点位于 O 并使惯性积为零的坐标轴 $\bar{y}$ 与 $\bar{z}$，称为截面 O 点的**主惯性轴**，截面对主惯性轴的惯性矩，称为**主惯性矩**。如果坐标系的原点位于截面形心，则相应的主惯性轴与主惯性矩，分别称为**形心主惯性轴**和**形心主惯性矩**。

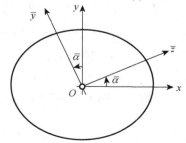

图 B.17　形心主惯性轴

设主惯性轴的方位角为 $\bar{\alpha}$，则由式（B.17）并令 $I_{y_1x_1}$ 为零，得

$$I_{xy} = \frac{I_x - I_y}{2}\sin 2\bar{\alpha} + I_{xy}\cos 2\bar{\alpha} = 0$$

于是得

$$\tan 2\bar{\alpha} = \frac{2I_{xy}}{I_x - I_y} \tag{B.19}$$

由此式可确定主惯性轴 $\bar{y}$ 的方位。

主惯性轴的方位确定后，将所得 $\bar{\alpha}$ 值代入式（B.18），即得截面的主惯性矩为

$$\left.\begin{array}{c}I_{\bar{x}}\\I_{\bar{y}}\end{array}\right\} = \frac{I_x + I_y}{2} \pm \frac{I_x - I_y}{2}\cos 2\bar{\alpha} \mp I_{xy}\sin 2\bar{\alpha} \tag{B.20}$$

还应指出，当截面具有对称轴时，该对称轴以及垂直于该轴的形心轴均为形心主惯性轴，因为截面对此互垂形心轴的惯性积为零。

例 B.10　图 B.18（a）所示直角三角形截面，高为 h，底为 b，且 $h = 2b$。试确定截面的形心主惯性轴与形心主惯性矩。

解　（1）计算 I_{x_0}，I_{y_0} 与 $I_{x_0y_0}$。

形心 C 的位置及参考坐标系 xOy 与 x_0Oy_0 如图 B.18（b）所示。截面对坐标轴 x_0 与 y_0 的惯性矩分别为

$$I_{y_0} = \frac{hb^3}{36} = \frac{b^4}{18}, \quad I_{x_0} = \frac{bh^3}{36} = \frac{2b^4}{9}$$

由惯性积的平行轴公式与例 B.6 可知，截面对坐标轴 x_0 与 y_0 的惯性积为

$$I_{x_0y_0} = I_{xy} - x_Cy_CA = \frac{b^2h^2}{24} - x_Cy_CA = -\frac{b^4}{18}$$

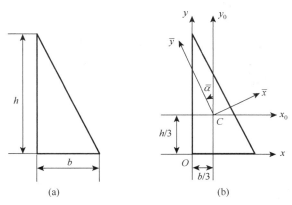

图 B.18　例 B.10 图

（2）确定形心主惯性轴 $\bar{y}$，$\bar{z}$ 的方位。

由式（B.19），得

$$\tan 2\bar{\alpha} = \frac{-2I_{x_0y_0}}{I_{x_0} - I_{y_0}} = \frac{-2(-b^4/18)}{2b^4/9 - b^4/18} = \frac{2}{3}$$

由此得主形心轴 $\bar{y}$ 的方位角为

$$\overline{\alpha} = 16°51'$$

（3）计算形心主惯性矩。

由式（B.20），得

$$\left.\begin{array}{c}I_{\overline{x}}\\I_{\overline{y}}\end{array}\right\} = \frac{I_x + I_y}{2} \pm \frac{I_x - I_y}{2}\cos 2\overline{\alpha} \mp I_{xy}\sin 2\overline{\alpha}$$

$$\left.\begin{array}{c}I_{\overline{x}}\\I_{\overline{y}}\end{array}\right\} = \frac{1}{2}\left(\frac{2b^4}{9} + \frac{b^4}{18}\right) \pm \frac{1}{2}\left(\frac{2b^4}{9} + \frac{b^4}{18}\right)\cos 33°41' \mp \left(-\frac{b^4}{18}\right)\sin 33°41'$$

由此得截面的形心主惯性矩为

$$I_{\overline{x}} = 0.239b^4, \quad I_{\overline{y}} = 0.0387b^4$$

习　题　B

B-1　试求如题 B-1 图所示各截面的阴影线面积对 x 轴的静矩。

B-2　计算题 B-2 图所示图形对 x、y 轴的静矩和形心坐标值，x_C、y_C。

B-3　如题 B-3 图所示，一矩形 $b = 2h/3$，从左右两侧切去半圆形（$d = h/2$），试求：

（1）切去部分面积占原面积的百分比；

（2）切后的惯性矩 I'_x 与原矩形的惯性矩 I_x 之比。

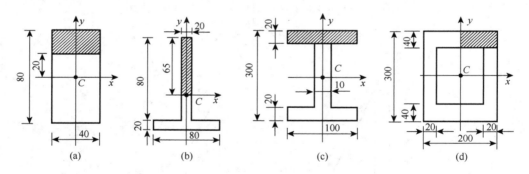

题 B-1 图（单位：mm）

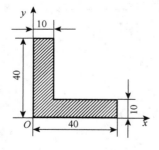

题 B-2 图（单位：mm）

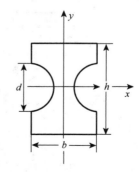

题 B-3 图（单位：mm）

B-4 对题 B-4 图（a）所示矩形截面，求：

（1）截面对水平形心轴 x_C 的惯性矩 I_{x_C}；

（2）若去掉图（a）中的虚线围成的部分，求去掉后的截面与原截面对 x_C 轴的惯性矩之比；

（3）若将去掉部分移到上下边缘，组成图（b）所示的工字形截面，求图（b）的工字形截面与原截面对 x_C 轴的惯性矩之比。

B-5 如题 B-5 图所示由两个 20a 号槽钢组成的组合截面，如欲使此两截面对两对称轴的惯性矩 I_x 和 I_y 相等，则两槽钢的间距 a 应为多少？

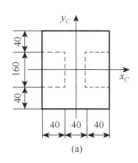 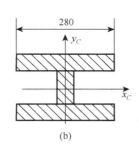 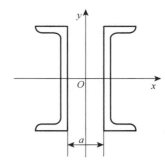

题 B-4 图（单位：mm）　　　　　　　　　题 B-5 图（单位：mm）

B-6 试计算如题 B-6 图所示截面对水平形心轴 x 的惯性矩。

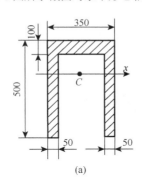 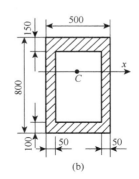

题 B-6 图（单位：mm）

B-7 求题 B-7 图所示截面的惯性积 I_{xy}。

B-8 确定题 B-8 图所示图形的主形心轴和主形心惯性矩。

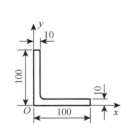 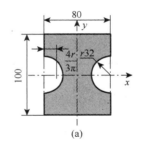 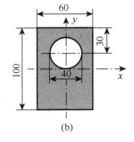

题 B-7 图（单位：mm）　　　　　　　　　题 B-8 图（单位：mm）

附录 C 应 变 分 析

C.1 应变状态概念

在实际工程中往往有一些构件由于形状不规则，或者受力情况复杂，难以进行理论计算，或者按其计算简图进行理论计算得到的结果与实际情况出入太大。为了解决这类问题，需要通过实验的方法对实际构件或模型进行应力、应变测量，以便了解构件的应力变化，并求得最大应力，作为强度计算的依据。例如，电阻应变计法通过电阻应变片来测量受力构件表面上某点处几个方向上的应变，然后确定最大正应变，进而确定该点处的最大正应力。当构件表面某点处不承受表面外力时，该点处于平面应力状态。下面主要研究平面应力状态下一点处的应变。

构件内任一点处在不同方位截面的应力一般不同，与此相似，构件内任一点处在不同方位的应变一般也不相同。凡提到应变，必须指明是哪一点，沿哪个方向。

与应力状态概念相对应，一点应变状态，即指通过一点不同方向上的应变情况，或指所有方向上应变分量的集合。应变分析就是研究一点不同方向上应变的变化规律。

与空间一般应力状态的 9 个应力分量相对应，空间一般应变状态也有 9 个应变分量：ε_x，γ_{xy}，γ_{xz}，ε_y，γ_{yz}，γ_{yx}，ε_z，γ_{zx}，γ_{zy}。同样有 $\gamma_{xy} = \gamma_{yx}$，$\gamma_{yz} = \gamma_{zy}$，$\gamma_{zx} = \gamma_{xz}$，同理可以应用解析法或应变圆法找到某一空间方位上的三个主应变 ε_1，ε_2，ε_3（同样约定 $\varepsilon_1 \geqslant \varepsilon_2 \geqslant \varepsilon_3$）。对于各向同性材料，主应力方向与主应变方向是重合的。

C.2 平面应力状态下的应变分析

C.2.1 任意方向的应变

如图 C.1（a）、（b）所示，为 x、y 平面内物体受力后各材料质点位移与变形情况。在平面应力状态情况下，$O(x, y)$ 点有 x，y 方向上的位移分量 $u(x, y)$，$v(x, y)$。微元体 $OACB$ 在 x，y 方向上有正应变分量 ε_x，ε_y（相应于 OA，OB 的正应变），切应变 γ_{xy}（相应于直角 $\angle BOA$ 的改变量）。

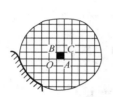

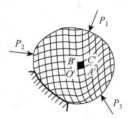

(a) 负载前，在物体上画出的微小单元，
如 O 点的微元体 $OACB$

(b) 物体受力后产生变形，各点有了位移，
各线段有了变形，$OACB$ 变形后成为 $O'A'C'B'$

图 C.1 物体受力前后的状态

为求得任意方向上的应变 ε_α 和 γ_α，可将坐标轴绕 O 点转动一个 α 角，形成新的坐标轴 n_α 和 $n_{\alpha+90°}$，并规定 α 角逆时针转动为正 [图 C.2（a）]。在小变形条件下，可分别求出 ε_x，ε_y 和 γ_{xy} 单独存在引起的正应变 ε_α 和切应变 γ_α，然后采用叠加原理，求得同时存在时的 ε_α 和 γ_α。

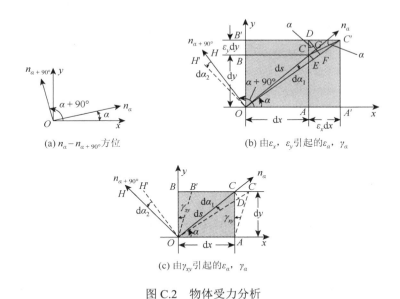

(a) $n_\alpha - n_{\alpha+90°}$方位

(b) 由ε_x，ε_y引起的ε_α，γ_α

(c) 由γ_{xy}引起的ε_α，γ_α

图 C.2 物体受力分析

（1）由 ε_x，ε_y 引起的 ε_α，γ_α。

如图 C.2（b）所示，设微元体 $OACB$ 的边长分别为 dx、dy，对角线 $OC = ds$。变形后，$AA' = \varepsilon_x dx = DC'$，$BB' = \varepsilon_y dy = CD$，过 C、D 点向 OC' 作垂线交于 E、F 点。考虑小变形，OC 的正应变为

$$\begin{aligned}
\varepsilon_\alpha &= \frac{C'E}{EO} = \frac{C'E}{CO} = \frac{1}{ds}(C'F + FE) = \frac{1}{ds}(DC'\cos\alpha + CD\sin\alpha) \\
&= \frac{1}{ds}(\varepsilon_x dx\cos\alpha + \varepsilon_y dy\sin\alpha) = (\varepsilon_x\cos\alpha)\cdot\frac{dx}{ds} + (\varepsilon_y\sin\alpha)\cdot\frac{dx}{ds} \qquad ① \\
&= \varepsilon_x\cos^2\alpha + \varepsilon_y\sin^2\alpha
\end{aligned}$$

考虑到直角 $\angle BOA$ 变小切应变为正，即

$$\gamma_\alpha = -d\alpha_1 - d\alpha_2 \qquad ②$$

从 C 点作 OC' 的平行线交 DF 于 G 点，则

$$CE = GF = DF - DG = (\varepsilon_x dx)\sin\alpha - (\varepsilon_y dy)\cos\alpha$$

$$\begin{aligned}
d\alpha_1 &= \frac{CE}{OC} = \frac{GF}{OC} = \frac{DF - DG}{OC} = \frac{(\varepsilon_x dx)\sin\alpha - (\varepsilon_y dy)\cos\alpha}{ds} \\
&= \varepsilon_x\sin\alpha\frac{dx}{ds} - \varepsilon_y\cos\alpha\frac{dy}{ds} = (\varepsilon_x - \varepsilon_y)\sin\alpha\cos\alpha
\end{aligned}$$

同理

$$d\alpha_2 = -(\varepsilon_x - \varepsilon_y)\sin(\alpha+90°)\cos(\alpha+90°) = (\varepsilon_x - \varepsilon_y)\sin\alpha\cos\alpha$$

代入式②，得

$$\gamma_\alpha = -2(\varepsilon_x - \varepsilon_y)\sin\alpha\cos\alpha = -(\varepsilon_x - \varepsilon_y)\sin 2\alpha \qquad ③$$

（2）由 γ_{xy} 引起的 ε_α, γ_α。

如图 C.2（c）所示，过 C 点向 OC' 作垂线交于 D 点。考虑小变形，得

$$\varepsilon_\alpha = \frac{C'D}{OC} = \frac{C'C\cos\alpha}{ds} = (\gamma_{xy}dy)\frac{\cos\alpha}{ds} = \gamma_{xy}\sin\alpha\cos\alpha = \frac{1}{2}\gamma_{xy}\sin 2\alpha \qquad ④$$

$$d\alpha_1 = \frac{CD}{OC} = \frac{C'C\sin\alpha}{ds} = (\gamma_{xy}dy)\frac{\sin\alpha}{ds} = \gamma_{xy}\sin^2\alpha$$

$$d\alpha_2 = \gamma_{xy}\sin^2(\alpha + 90°) = \gamma_{xy}\cos^2\alpha$$

由于直角 $\angle BOA$ 变小时切应变为正，所以

$$\gamma_\alpha = d\alpha_2 - d\alpha_1 = \gamma_{xy}(\cos^2\alpha - \sin^2\alpha) = \gamma_{xy}\cos 2\alpha \qquad ⑤$$

（3）由 ε_x, ε_y 和 γ_{xy} 共同引起的 ε_α, $\varepsilon_{\alpha+90°}$, γ_α。

将式①与式④相加，得

$$\begin{aligned}\varepsilon_\alpha &= \varepsilon_x\cos^2\alpha + \varepsilon_y\sin^2\alpha + \frac{1}{2}\gamma_{xy}\sin 2\alpha \\ &= \frac{1}{2}(\varepsilon_x + \varepsilon_y) + \frac{1}{2}(\varepsilon_x - \varepsilon_y)\cos 2\alpha + \frac{1}{2}\gamma_{xy}\sin 2\alpha\end{aligned} \qquad (C.1)$$

让 $\alpha + 90°$ 替换式（C.1）中的 α，得

$$\varepsilon_{\alpha+90°} = \frac{1}{2}(\varepsilon_x + \varepsilon_y) - \frac{1}{2}(\varepsilon_x - \varepsilon_y)\cos 2\alpha - \frac{1}{2}\gamma_{xy}\sin 2\alpha$$

将式③与式⑤相加，并写成 $-\frac{1}{2}\gamma_\alpha$ 形式，得

$$-\frac{1}{2}\gamma_\alpha = \frac{1}{2}(\varepsilon_x - \varepsilon_y)\sin 2\alpha - \frac{\gamma_{xy}}{2}\cos 2\alpha \qquad (C.2)$$

通过式（C.1）和（C.2）可以求出任意方向上的正应变和切应变。

C.2.2　主应变及方向

从式（C.1）和式（C.2）看出，$n_\alpha \sim n_{\alpha+90°}$ 方向上的应变公式与平面一般应力状态中 $n_\alpha \sim n_{\alpha+90°}$ 斜面上的应力公式完全相似。其对应关系如表 C.1 所示。

表 C.1　应力和应变的对应关系

应力	σ_x	σ_y	τ_{xy}	σ_α	$\sigma_{\alpha+90°}$	τ_α
应变	ε_x	ε_y	$-\dfrac{1}{2}\gamma_{xy}$	ε_σ	$\varepsilon_{\alpha+90°}$	$-\dfrac{1}{2}\gamma_\alpha$

假设直角 $\angle BOA$ 变大，切应变为负。以 ε 为横坐标，$\dfrac{(-\gamma)}{2}$ 为纵坐标，可以通过式（C.1）和式（C.2）绘制出平面应力状态下的应变圆。其与应力圆对照如图 C.3 所示。

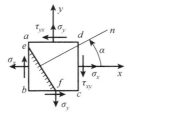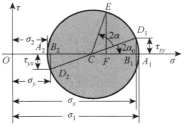

(a) 平面一般应力状态及其应力圆

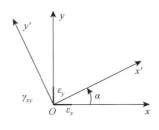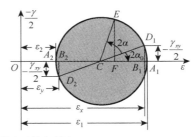

(b) 平面一般应变状态及其应变圆

图 C.3 平面应力和应变状态下的应力圆与应变圆

对于平面一般应力状态，其极值应力及主方向分别为

$$\left.\begin{array}{c}\sigma_{\max}\\\sigma_{\min}\end{array}\right\}=\frac{1}{2}(\sigma_x+\sigma_y)\pm\frac{1}{2}\sqrt{(\sigma_x-\sigma_y)^2+4\tau_{xy}^2}$$

$$\tan 2\alpha_0=-\frac{2\tau_{xy}}{\sigma_x-\sigma_y}$$

对图 C.3 所示平面应力状态，主应力由 $\sigma_{\max}$、$\sigma_{\min}$、0 组成。

对于平面一般应变状态，其极值应变及方向分别为

$$\left.\begin{array}{c}\varepsilon_{\max}\\\varepsilon_{\min}\end{array}\right\}=\frac{1}{2}(\varepsilon_x+\varepsilon_y)\pm\frac{1}{2}\sqrt{(\varepsilon_x-\varepsilon_y)^2+\gamma_{xy}^2} \tag{C.3}$$

$$\tan 2\alpha_0=\frac{\gamma_{xy}}{\varepsilon_x-\varepsilon_y} \tag{C.4}$$

对图 C.3 所示平面应变状态，主应变由 $\varepsilon_{\max}$、$\varepsilon_{\min}$、0 组成。

附录 D 型 钢 表

表 D.1 热轧普通槽钢（摘自 GB707—1988）

h——高度
b——腿宽
d——腰厚
t——平均腿厚
r——内圆弧半径

r_1——腿端圆弧半径
I——惯性矩
W——截面系数
i——惯性半径
z_0——y-y 与 y_0-y_0 轴线间距离

型号	尺寸/mm						截面面积/mm²	理论重量/(kg/m)	参考数值							
									x-x			y-y			y₀-y₀	z₀/mm
	h	b	d	t	r	r_1			W_x	I_x	i_x	W_y	I_y	i_y	I_{y0}	
									10^3 mm³	10^4 mm⁴	mm	10^3 mm³	10^4 mm⁴	mm	10^4 mm	
5	50	37	4.5	7.0	7.0	3.5	693	5.44	10.4	26.0	19.4	3.55	8.30	11.0	20.9	13.5
6.3	63	40	4.8	7.5	7.5	3.8	845	6.63	16.1	50.8	24.5	4.50	11.9	11.9	28.4	13.6
8	80	43	5.0	8.0	8.0	4.0	1 024	8.04	25.3	101	31.5	5.79	16.6	12.7	37.4	14.3
10	100	48	5.3	8.5	8.5	4.2	1 274	10.00	39.7	198	39.5	7.80	25.6	14.1	54.9	15.2
12.6	126	53	5.5	9.0	9.0	4.5	1 569	12.37	62.1	391	49.5	10.2	38.0	15.7	77.1	15.9
14a	140	58	6.0	9.5	9.5	4.8	1 851	14.53	80.5	564	55.2	13.0	53.2	17.0	107	17.1
14b	140	60	8.0	9.5	9.5	4.8	2 131	16.73	87.1	609	53.5	14.1	61.1	16.9	121	16.7
16a	160	63	6.5	10.0	10.0	5.0	2 195	17.23	108	866	62.8	16.3	73.3	18.3	144	18.0
16	160	65	8.5	10.0	10.0	5.0	2 515	19.74	117	935	61.0	17.6	83.4	18.2	161	17.5
18a	180	68	7.0	10.5	10.5	5.2	2 569	20.17	141	1270	70.4	20.0	98.6	19.6	190	18.8
18	180	70	9.0	10.5	10.5	5.2	2 929	22.99	152	1370	68.4	21.5	111	19.5	210	18.4
20a	200	73	7.0	11.0	11.0	5.5	2 883	22.63	178	1780	78.6	24.2	128	21.1	244	20.1
20	200	75	9.0	11.0	11.0	5.5	3 283	25.77	191	1910	76.4	25.9	144	20.9	268	19.5
22a	220	77	7.0	11.5	11.5	5.8	3 184	24.99	218	2390	86.7	28.2	158	22.3	298	21.0
22	220	79	9.0	11.5	11.5	5.8	3 624	28.45	234	2570	84.2	30.1	176	22.1	326	20.3
25a	250	78	7.0	12.0	12.0	6.0	3 491	27.48	270	3370	98.2	30.6	176	22.4	322	20.7
25b	250	80	9.0	12.0	12.0	6.0	3 991	31.39	282	3530	94.1	32.7	196	22.2	353	19.8
25c	250	82	11.0	12.0	12.0	6.0	4 491	35.32	295	3690	90.7	35.9	218	22.1	384	19.2
28a	280	82	7.5	12.5	12.5	6.2	4 002	31.42	340	4760	109	35.7	218	23.3	388	21.0
28b	280	84	9.5	12.5	12.5	6.2	4 562	35.81	366	5130	106	37.9	242	23.0	428	20.2
28c	280	86	11.5	12.5	12.5	6.2	5 122	40.21	393	5500	104	40.3	268	22.9	463	19.5
32a	320	88	8.0	14	14	7	4 870	38.22	475	7 600	125	46.5	305	25.0	552	22.4
32b	320	90	10.0	14	14	7	5 510	43.25	509	8 140	122	49.2	336	24.7	593	21.6

续表

型号	尺寸/mm						截面面积/mm²	理论重量/(kg/m)	参考数值							
									x-x			y-y			y0-y0	z0/mm
	h	b	d	t	r	r_1			W_x	I_x	i_x	W_y	I_y	i_y	I_{y0}	
									$10^3\,mm^3$	$10^4\,mm^4$	mm	$10^3\,mm^3$	$10^4\,mm^4$	mm	$10^4\,mm$	
32c	320	92	12.0	14	14	7	6 150	48.28	543	8 690	119	52.6	374	24.7	643	20.9
36a	360	96	9.0	16	16	8	6 089	47.8	660	11 900	140	63.5	455	27.3	818	24.4
36b	360	98	11.0	16	16	8	6 809	53.45	703	12 700	136	66.9	497	27.0	880	23.7
36c	360	100	13.0	16	16	8	7 529	59.11	746	13 400	134	70.0	536	26.7	948	23.4
40a	400	100	10.5	18	18	9	7 505	58.91	879	17 600	153	78.8	592	28.1	1 070	24.9
40b	400	102	12.5	18	18	9	305	65.19	932	18 600	150	82.5	640	27.8	1 140	24.4
40c	400	104	14.5	18	18	9	9 105	71.47	986	19 700	147	86.2	688	27.5	1 220	24.2

表 D.2 热轧普通工字钢（摘自 GB 706—1988）

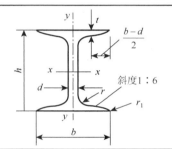

h——高度　　　　r_1——腿端圆弧半径
b——腿宽　　　　I——惯性矩
d——腰厚　　　　W——截面系数
t——平均腿厚　　i——惯性半径
r——内圆弧半径　z_0——y-y 与 y_0-y_0 轴线间距离

型号	尺寸/mm						截面面积/mm²	理论重量/(kg/m)	参考数值						
									x-x				y-y		
	h	b	d	t	r	r_1			I_x	W_x	i_x	$i_s:S_s$	I_y	W_y	i_y
									$10^3\,mm^3$	$10^4\,mm^4$	mm	$10^3\,mm^3$	$10^4\,mm^4$	mm	$10^4\,mm$
10	100	68	4.5	7.6	6.5	3.3	1 430	11.2	245	49.0	41.4	85.9	33.0	9.72	15.2
12.6	126	74	5.0	8.4	7.0	3.5	1 810	14.2	488	77.5	52.0	108	46.9	12.7	16.1
14	140	80	5.5	9.1	7.5	3.8	2 150	16.9	712	102	57.6	120	64.4	16.1	17.3
16	160	88	6.0	9.9	8.0	4.0	2 610	20.5	1 130	141	65.8	138	93.1	21.2	18.9
18	180	94	6.2	10.7	8.5	4.3	3 060	24.1	1 660	185	73.6	154	122	26.0	20.0
20a	200	100	7.0	11.4	9	4.5	3 550	27.9	2 370	237	81.5	172	158	31.5	21.2
20b	200	102	9.0	11.4	9	4.5	3 950	31.1	2 500	250	79.6	169	169	33.1	20.6
22a	220	110	7.5	12.3	9.5	4.8	4 200	33.0	3 400	309	89.9	189	225	40.9	23.1
22b	220	112	9.5	12.3	9.5	4.8	4 640	36.4	3 570	325	87.8	187	239	42.7	22.7
25a	250	116	8.0	13	10	5	4 850	38.1	5 020	402	102	216	280	48.3	24.0
25b	250	118	10.0	13	10	5	5 350	42.0	5 280	423	99.4	213	309	52.4	24.0
28a	280	122	8.5	13.7	10.5	5.3	5 545	43.4	7 110	508	113	246	345	56.6	25.0
28b	280	124	10.5	13.7	10.5	5.3	6 105	47.9	7 480	534	111	242	379	61.2	24.9
32a	320	130	9.5	15	11.5	5.8	6 705	52.7	11 100	692	128	275	460	70.8	26.2
32b	320	132	11.5	15	11.5	5.8	7 345	27.7	11 600	726	126	271	502	76.0	26.1
32c	320	134	13.5	15	11.5	5.8	7 995	62.8	12 200	760	123	267	544	81.2	26.1

型号	尺寸/mm						截面面积/mm²	理论重量/(kg/m)	参考数值						
									x-x				y-y		
	h	b	d	t	r	r_1			I_x	W_x	i_x	$i_s : S_s$	I_y	W_y	i_y
									10^3 mm³	10^4 mm⁴	mm	10^3 mm³	10^4 mm⁴	mm	10^4 mm
36a	360	136	10	15.8	12	6	7 630	59.5	15 800	875	144	307	552	81.2	26.9
36b	360	138	12	15.8	12	6	8 350	65.6	16 500	919	141	303	582	84.3	26.4
36c	360	140	14	15.8	12	6	9 070	71.2	17 300	962	138	299	612	87.4	26.0
40a	400	142	10.5	16.5	12.5	6.3	8 610	67.6	21 700	1 090	159	341	660	93.2	27.7
40b	400	144	12.5	16.5	12.5	6.3	9 410	73.8	22 800	1 140	156	336	692	96.2	27.1
40c	400	146	14.5	16.5	12.5	6.3	10 200	80.1	23 900	1 190	152	332	727	99.6	26.5
45a	450	150	11.5	18	13.5	6.8	10 200	80.4	32 200	1 430	177	386	855	144	28.9
45b	450	152	13.5	18	13.5	6.8	11 100	87.4	33 800	1 500	174	380	894	118	28.4
45c	450	154	15.5	18	13.5	6.8	12 000	94.5	35 300	1570	171	376	938	122	27.9
50a	500	158	12	20	14	7	11 900	93.6	46 500	1 860	197	428	1120	142	30.7
50b	500	160	14	20	14	7	12 900	101	48 600	1 940	194	424	1170	146	30.1
50c	500	162	16	20	14	7	13 900	109	50 600	2 080	190	418	1220	151	29.6
56a	560	166	12.5	21	14.5	7.3	13 525	1.6	65 600	2 340	220	477	1370	165	31.8
56b	560	168	14.5	21	14.5	7.3	14 645	115	68 500	2 450	216	472	1490	174	31.6
56c	560	170	16.5	21	14.5	7.3	15 785	124	71 400	2 550	213	467	1560	183	31.6
63a	630	176	13	22	15	7.5	15 490	121	93 900	2 980	246	542	1700	193	33.1
63b	630	178	15	22	15	7.5	16 750	131	98 100	3 160	242	535	1810	204	32.9
63c	630	180	17	22	15	7.5	18 010	141	102 000	3 300	238	529	1920	214	32.7

注：截面图和表中标注的圆弧半径 r、r_1 的数据，用于孔型设计。

附录E 主要符号表

表 E.1 主要符号表

符号	量的含义	符号	量的含义
A	面积	GI_P	扭转刚度
A_{bs}	挤压面积	h	高度
a	距离	I	惯性矩
b	宽度，距离	I_P	极惯性矩
d	直径、距离、力偶臂	I_{xy}	惯性积
D	直径	K	理论应力集中因数、冲击吸收能量
e	偏心距	k	弹簧刚度系数
E	弹性模量	l	杆长
EA	拉伸（压缩）刚度	M，M_y，M_z	弯矩、力偶矩
EI	弯曲刚度	m	质量
F	力	M_O	力系对点 O 的主矩
F_A、F_B	支座反力	$M_O(\boldsymbol{F})$	力 $\boldsymbol{F}$ 对点 O 之矩
F_b	最大载荷、破坏载荷	M_e	外力偶矩
F_{bs}	挤压力	M_x，M_y，M_z	力对 x、y、z 轴之矩
F_N	轴力	n	安全因数，转速，数目
F_P	载荷、外力、重力	n_{st}	规定的稳定安全因数
F_{cr}	临界力	n_s、n_b	安全因数
F_R	合力、主矢	P	功率、外力、重力
F_S，F_{Sy}，F_{Sz}	剪力	p	应力
F_T	拉力	q	均布载荷集度
F_x，F_y，F_z	x,y,z 方向的分力	R，r	半径
$[F_P]$	许用载荷	S	静矩、面积
G	剪切模量	ρ	密度、曲率半径
T	扭矩、温度	λ，λ_p，λ_s	柔度（长细比）
t	厚度、时间	μ	泊松比
u	水平位移、轴向位移	ψ	断面收缩率
V_c	余能	σ	正应力
V_ε	应变能	σ_{-1}	对称循环时的疲劳极限
v_d	畸变能密度	$\sigma_{0.2}$	条件屈服应力
v_V	体积改变能密度	σ_u	极限应力
v_ε	应变能密度	σ_0	名义应力

符号	量的含义	符号	量的含义
W	功、重量、弯曲截面模量	σ_b	强度极限
W_c	余功	σ_{bs}	挤压应力
W_P	扭转截面模量	σ_{cr}	临界应力
w	挠度、位移	σ_e	弹性极限
α	夹角、内外径之比	σ_{max}	最大应力
α_1	线膨胀系数	σ_{min}	最小应力
β	角、表面加工质量系数	σ_p	比例极限
θ	梁横截面的转角、单位长度相对扭转角	$\sigma_1, \sigma_2, \sigma_3$	主应力
$[\theta]$	单位长度许用扭转角	σ_s	屈服极限
φ	相对扭转角	σ_{bc}	抗压强度
γ	切应变、角应变	σ_{bt}	抗拉强度
Δ	变形、位移	$[\sigma]$	许用应力
Δl	轴向变形、伸长	$[\sigma_{bs}]$	许用挤压应力
δ	延伸率、位移	$[\sigma_t]$	许用拉应力
ε	正应变、线应变	$[\sigma_c]$	许用压应力
ε'	横向正应变	τ	切应力
ε_e	弹性应变	τ_b	剪切极限应力、抗扭强度
ε_p	塑性应变	$[\tau]$	许用切应力
ε_V	体积应变		